国家级一流本科专业建设成果教材

人工智能及其固体废物处置与资源化应用

林坤森　周雪飞　赵由才　主编

化学工业出版社

·北京·

内容简介

《人工智能及其固体废物处置与资源化应用》系统介绍了人工智能技术与固体废物处置领域的交叉融合与应用实践。全书共6章，从人工智能基础理论入手，逐步深入固体废物处置各个环节的具体应用。教材内容涵盖图像识别技术与智能分类、深度学习与毒性预测、机器学习与热化学转化机理分析等核心应用场景，并结合热力学分析、微生物因子交互效应等环境工程专业知识，展现了AI技术在解决传统固体废物处置难题中的独特优势。教材特别设置了资源化与循环经济应用章节，探讨再生材料性能预测、精细化分类效益评估等。最后展望了大语言模型、多模态学习、生成式AI等前沿技术在固体废物治理中的应用前景，为环境工程专业学生构建了完整的“AI＋固废”知识体系，培养学生在智慧环保领域的创新能力和技术应用能力。

本书可供高等学校环境工程、资源循环科学与工程、市政工程、环境科学、环境生态工程等专业的本科生作为教材使用，同时也适合作为相关专业研究生及从事环保科技工作的工程技术人员的入门参考书，还可供固体废物处理、处置与资源化利用的科研人员参考阅读。

图书在版编目（CIP）数据

人工智能及其固体废物处置与资源化应用 / 林坤森，周雪飞，赵由才主编. -- 北京 : 化学工业出版社，2025. 12. --（国家级一流本科专业建设成果教材）.
ISBN 978-7-122-49385-9

Ⅰ. X705-39

中国国家版本馆CIP数据核字第2025K39X33号

责任编辑：满悦芝　　文字编辑：贾羽茜
责任校对：边　涛　　装帧设计：张　辉

出版发行：化学工业出版社
（北京市东城区青年湖南街13号　邮政编码100011）
印　　装：北京科印技术咨询服务有限公司数码印刷分部
787mm×1092mm　1/16　印张 9½　字数 225 千字
2026年2月北京第1版第1次印刷

购书咨询：010-64518888　　售后服务：010-64518899
网　　址：http://www.cip.com.cn
凡购买本书，如有缺损质量问题，本社销售中心负责调换。

定　　价：39.80元

前言

随着全球经济的快速发展和城市化进程的加速，固体废物的产生量呈现逐年递增的趋势，给环境、资源和社会经济发展带来了严峻的挑战。高效地处理固体废物并实现资源化，已经成为环境工程领域急需解决的核心问题之一。在这一背景下，人工智能技术以其在数据处理、模式识别和优化控制方面的显著优势，逐步应用于固体废物处置与资源化的各个环节，推动了传统环境工程技术的智能化转型。

《人工智能及其固体废物处置与资源化应用》的编写，旨在填补当前环境工程领域人工智能应用研究与实践之间的鸿沟。通过系统性阐述人工智能技术在固体废物处置与资源化中的应用方法和实际案例，力求为从事相关工作的科研人员、工程技术人员以及环境工程专业的学生提供一部理论与实践相结合的教材。

当前，固体废物处置领域正面临多重挑战。一方面，传统技术在处置复杂废物种类、提高资源化效率和降低运行成本等方面存在局限性；另一方面，随着传感器、物联网、大数据等技术的兴起，环境工程领域正在迅速积累海量数据，而这些数据尚未得到充分挖掘和利用。人工智能技术，尤其是机器学习与深度学习，在大数据分析、模式识别和预测建模方面展现出了巨大的潜力。然而，目前针对人工智能在固体废物处置领域应用的系统化教材和文献尚匮乏。这种知识体系的缺失不仅限制了人工智能技术的推广应用，也阻碍了该领域的技术创新。

因此，本教材全面梳理人工智能在固体废物处置与资源化中的应用现状、技术方法和未来发展方向，帮助相关领域的学生、科研人员和从业者更好地理解和掌握人工智能技术，并将其有效应用于实践中，以应对固体废物处置面临的复杂问题。

本书分为 6 章，内容涵盖从基础理论到前沿展望的多个层面：

第 1 章介绍人工智能与固体废物处置的基本概念和发展背景，描述两者融合的必要性与潜在价值，以及固体废物处置领域中存在的关键问题与人工智能的介入点。

第 2 章阐述人工智能的基础知识，包括机器学习与深度学习的核心原理、数据预处理与分析技术，以及模型评价与优化方法，为人工智能应用奠定理论基础。

第 3 章通过人工智能与固体废物处置技术相结合，介绍废物分类与识别、毒性识别与预测以及尾气重组的智能方法，展示人工智能技术在提升处置效率与资源化水平中的应用潜力。

第 4 章聚焦于具体处置工艺的智能化应用，包括焚烧与热解工艺的智能优化、厌氧发酵过程的智能分析，以及高风险工业溶剂替代品的人工智能技术应用。

第 5 章描述人工智能在资源化与循环经济领域的应用，介绍人工智能在再生材料性能预测和智能化环境评估中的应用，促进固体废物资源化与循环经济体系的构建。

第 6 章展望人工智能技术在固体废物领域的未来应用，重点分析大语言模型、多模态学习、生成式人工智能、边缘计算、数字孪生等前沿技术的发展方向，以及这些技术在固体废物处置中的创新潜力与落地挑战。

本书各章节具体编写分工如下：第 1 章由林坤森、周雪飞、赵由才编写；第 2 章由林坤森、廖博洋、庄佳炜编写；第 3 章由林坤森、庄佳炜、陈潇川、谭智超编写；第 4 章由林坤森、叶豪、谌建豪、陈庆华编写；第 5 章由薛超、林坤森编写；第 6 章由林坤森和周雪飞编写。

由于编写时间和水平有限，书中难免存在疏漏，敬请广大读者批评指正。

林坤森　周雪飞　赵由才
2025 年 12 月

目 录

第1章 导论

1.1 人工智能与固体废物处置概述

1.1.1 人工智能的基本概念及发展简史

人工智能（artificial intelligence，AI）是一门旨在研究、开发用于模拟、延伸和扩展人类智能的理论、方法、技术及应用系统的交叉学科，其核心目标是使机器能够完成通常需要人类智能才能执行的任务，包括感知、推理、学习、决策和自然语言处理等。随着计算能力的增强、数据资源的丰富以及算法体系的成熟，人工智能已逐渐从理论探索走向广泛应用，成为信息科学和工程领域的重要研究方向。

人工智能的起源可以追溯至20世纪40年代的神经网络模型和自动机理论。1943年，McCulloch和Pitts提出了第一个人工神经元模型，为机器模拟人脑神经活动提供了理论基础。1950年，图灵提出了“图灵测试”，首次系统地探讨了机器是否具有人类智能的判别标准，标志着人工智能哲学思考的开端。

1956年，达特茅斯会议正式提出“人工智能”这一术语，标志着人工智能作为一门独立学科的诞生。此后，人工智能经历了多个发展阶段。20世纪50年代至60年代初期为“符号主义”阶段，以专家系统、逻辑推理和知识表示为主要研究内容，强调基于规则的智能推理。然而，由于计算资源受限以及对人类知识建模的复杂性，该阶段的技术发展受到了明显制约。

20世纪80年代，人工神经网络理论的复兴带动了“连接主义”的崛起，以多层感知机（MLP）和误差反向传播算法（BP）为代表的神经网络模型逐步获得关注，标志着人工智能从符号处理转向数据驱动的智能系统。同时，专家系统在医疗诊断、工业控制等领域的初步应用也验证了人工智能的工程潜力。然而，受限于数据获取与计算能力，神经网络模型在当时尚未形成规模化应用。

进入21世纪，尤其是2006年深度学习（deep learning）概念提出以来，人工智能进入快速发展阶段。2006 年，Hinton 等提出深度信念网络（DBN），开启深层神经网络结构的研究热潮。2012 年，基于卷积神经网络（CNN）的 AlexNet 在图像识别比赛 ImageNet 中取得突破性成绩，标志着深度学习进入主流视野。此后，循环神经网络（RNN）、长短期记忆网络（LSTM）、生成对抗网络（GAN）等相继发展，极大地推动了人工智能在语音识别、图像处理、自然语言处理和智能控制等多个领域的广泛应用。

近年来，人工智能进一步融合了大数据、物联网、边缘计算与云计算等新兴技术，形成了以“数据-算法-计算”三要素驱动的智能体系。特别是自 2017 年 Transformer 架构提出以来，预训练模型（如 BERT、GPT 系列）在自然语言理解、代码生成、多模态感知等任务中表现出超越传统模型的能力，使得“基础模型＋微调”的范式成为主流。此外，大语言模型和生成式人工智能（generative AI）正逐步扩展人工智能的应用边界，推动其在科研、工业和社会治理等领域的深入融合。

总体来看，人工智能的发展呈现出由“弱人工智能”（narrow AI）向“通用人工智能”（AGI）迈进的趋势。从功能上看，AI 技术已实现从感知智能（如图像识别、语音识别）到认知智能（如语言理解、逻辑推理）的跨越；从方法上看，AI 系统从以规则为核心的传统算法，逐步转向以数据为核心的自学习模型；从应用上看，人工智能正从实验室走向实际工程场景，推动传统产业的智能化转型。

1.1.2 固体废物处置与资源化的意义与挑战

固体废物的高效处置与资源化利用是实现可持续发展目标、建设资源节约型与环境友好型社会的关键环节。随着工业化与城市化进程的加快，固体废物的种类愈加复杂、产量持续增长，其环境影响、资源压力与管理难度日益凸显。传统的“填埋-焚烧”处理模式已难以适应新时代绿色低碳发展的要求，急需构建以减量化、资源化与无害化为核心的现代固体废物处置体系。

从环境保护角度看，固体废物若未得到有效处置，极易引发土壤、水体及大气污染，甚至对生态系统和人类健康造成长期、不可逆的负面影响。垃圾渗滤液、有毒有害成分的迁移释放、微塑料的环境富集等问题，均在固体废物的不当处置过程中频繁发生。有效的处理措施不仅有助于减少污染物排放、保障生态安全，也在一定程度上提升了整体环境承载力。

从资源利用角度出发，固体废物蕴含大量可回收利用的资源，如废旧金属、塑料、纸类、玻璃等。通过技术手段实现其高效分选、再生加工和材料循环，不仅可显著降低对原始资源的依赖，减轻开采带来的生态负担，还能促进循环经济的发展。特别是在碳中和战略背景下，固体废物资源化在减少碳排放、优化能源结构方面发挥着重要作用。

然而，实现固体废物的高效处置与资源化利用仍面临诸多挑战，主要体现在以下几个方面。

（1）废物流复杂性与异质性

不同来源的固体废物具有显著的理化差异和复杂的组分结构。城市生活垃圾中含有可燃物、厨余有机质、不可燃残渣等，工业固废则可能富含重金属、有机溶剂等有害成分，农业固废如秸秆、畜禽粪便则表现出高度可生物降解性。这种高度异质性对分选、处理工艺提出了差异化和精准化的技术要求，增加了系统设计与运行的复杂度。

(2) 资源化路径多样与工艺集成难度大

固体废物的资源化不仅包括物质回收，还涵盖能源回收（如生物质热解、垃圾发电）及功能材料的再制（如生物炭、再生建材等）。这些路径的技术成熟度、经济性与适用性存在较大差异，且需根据废物特性、区域条件与政策导向进行动态匹配与优化。此外，不同工艺间的集成协调，如分选与热化学处理、生物处理与后续资源回收之间的衔接问题，限制了整体系统的协同效率。

(3) 污染控制与副产物管理问题突出

固体废物处置过程中伴随的次生污染控制是系统设计的重要考量。例如，焚烧过程中需严格控制二噁英、氮氧化物和重金属的排放，堆肥与厌氧发酵过程可能产生温室气体和臭气，需评估热解和气化残渣的环境稳定性。如何在保障资源回收效率的同时，实现全过程污染最小化，是当前研究和工程实践中的重要难题。

(4) 管理体系有待进一步健全与公众参与有待提高

固体废物处置涉及政策制定、监管执行、技术推广及社会参与等多重维度。个别地区存在分类制度落实不到位、末端处置设施布局不合理、资金投入不足等问题，影响了整体处置成效。同时，部分公众环保意识薄弱与源头分类不规范，也增加了后端处置负担，制约了资源化水平的提升。

(5) 数字化与智能化程度有待提升

在信息化、智能化技术快速发展的背景下，固体废物领域的数字化转型仍处于初级阶段。大量过程数据尚未被有效采集与利用，处理系统缺乏动态感知与精准控制能力，资源化工艺的智能调控与优化空间尚未充分释放。这一现状也限制了人工智能等先进技术在实际场景中的深入应用。

综上所述，固体废物处置与资源化工作具有重要的环境意义与资源价值，其复杂性、多样性与动态性决定了该领域技术体系构建的难度与挑战性。在当前“双碳”目标与生态文明建设的双重驱动下，急需借助前沿技术，特别是人工智能、物联网与大数据等信息技术手段，推动传统处理方式的智能化转型与系统优化，以实现固体废物处置的高效、安全与可持续。

1.1.3 人工智能与固体废物管理的融合趋势

固体废物管理正处于由传统经验驱动向数据驱动、模型驱动转型的关键阶段。前文已指出，固体废物处置与资源化面临废物流复杂、资源化路径多样、副产物控制难、系统智能化水平低等多重挑战，而AI以其在高维数据建模、非线性问题求解和智能决策支持方面的显著优势，正逐步成为重塑固体废物管理范式的核心技术力量。人工智能与固体废物管理的深度融合，不是简单的技术叠加，而是推动治理体系从“静态响应”走向“动态感知”“预测调控”“自适应优化”的根本性变革。

(1) 从数据孤岛走向信息集成：AI驱动下的废物数据治理体系重构

固体废物管理涉及源头分类、收运调度、处理处置、资源回收等多个环节，长期以来由于信息化程度不高、系统分割严重，形成了大量“数据孤岛”，制约了全过程管理效能的提升。人工智能的发展推动了传感器、射频识别（RFID）、图像识别、遥感等数据采集技术在固废管理中的部署，通过构建多源异构数据融合平台，AI可实现对废物流属性、时空动态、资源含量、污染潜势等信息的精准建模。

例如，基于卷积神经网络的图像识别算法已被广泛应用于垃圾分类机、智能回收柜，实现对不同类型固废（如塑料、纸张、玻璃、厨余垃圾）的快速自动识别与分选；无人机与遥感技术结合深度学习，可实现对非法倾倒、堆放区域的动态监测；强化学习模型结合运输调度系统，可实现垃圾收运路线的最优决策。在这些应用场景中，AI不仅提升了数据获取的广度与精度，更重要的是通过特征抽取与建模优化，实现从原始数据到智能决策的有效转化。

（2）从经验决策走向预测优化：AI提升处置与资源化工艺的智能调控能力

固体废物处置过程往往涉及复杂的物理、化学与生物转化过程，其运行状态高度依赖多参数动态耦合，传统依赖人工经验调控难以满足高效、稳定、低排放的目标要求。人工智能模型在此背景下发挥出对复杂非线性系统的建模与预测优势，通过学习历史运行数据与工况变化规律，为工艺控制与资源转化路径提供优化策略。

以焚烧与热解工艺为例，深度神经网络可基于炉温、含氧量、水分、进料构成等参数预测燃烧效率与污染物生成水平，辅助操作人员调节风量、投料速率等参数，减少二噁英等有害物质排放。在生物处理领域，如堆肥与厌氧发酵过程中，基于循环神经网络构建的时间序列预测模型可对发酵温度、pH、产气率等关键参数进行动态预测与调控，提高有机质降解效率与能源回收率。

此外，AI还可用于资源化产物性能预测与产品质量分级管理。例如，通过迁移学习与集成建模方法预测由建筑垃圾再生而成的混凝土骨料强度等级，或利用图神经网络构建废塑料裂解产物分布预测模型，实现“废料特性—产物结构—工艺参数”的智能映射。

（3）从线性流转走向闭环优化：AI赋能循环经济系统构建

固体废物资源化不仅涉及技术路径选择，更牵涉到整个产业链条的协同优化，包括回收网络设计、再生产品市场预测、生命周期评价等。人工智能，特别是在组合优化、知识图谱与强化学习等方面的能力，正在重塑传统线性流转模式下的资源管理逻辑，推动形成更高效、闭环、动态调节的循环经济系统。

AI可协助构建区域级别的废物流时空分布图谱，结合强化学习实现最优回收路径与资源流动规划。在逆向物流管理中，通过图优化算法设计“多节点、多目标、多约束”的回收体系，实现资源最大回收量与运输能耗最小化的平衡。在生命周期评价中，AI模型能够处理高维度、多尺度的输入数据，支持更为精细化的环境负荷与碳足迹估算，为绿色工艺选择与资源化路径优选提供科学依据。

更进一步，结合数字孪生技术，可实现对城市固废系统的虚拟映射与实时反馈，形成“感知—诊断—预测—决策—执行”闭环体系，为区域固废智能治理与应急响应提供支撑。

（4）融合趋势的驱动力与发展方向

人工智能与固体废物管理融合趋势的快速发展，本质上源于二者在问题本质与目标功能上的高度契合。一方面，固体废物管理典型特征为数据密集、过程复杂、不确定性高，正好与AI所擅长的建模与优化场景相吻合；另一方面，AI的引入可显著提升管理体系的响应速度、系统稳健性与资源利用效率，为实现生态环境治理现代化提供关键支撑。

未来，人工智能在固体废物管理中的应用将更加系统化与平台化。多模态学习将推动图像、文本、传感数据融合建模，大语言模型将为知识驱动的决策支持系统提供语义推理能力；生成式人工智能可辅助设计新型资源化工艺与再生产品合成路径；边缘计算与联邦学习将提升数据处理的隐私安全性与实时响应能力。

综上所述，人工智能正以其强大的建模、学习与决策能力，深刻重构固体废物管理的理念与实践路径。其在全过程的嵌入式融合，将推动该领域从“被动治理”向“智能协同”“自我演化”方向跃升，构建面向未来的高效、清洁、低碳的固体废物治理新体系。

1.2 固体废物处置中的关键问题

1.2.1 传统方法的局限性

传统固体废物处置方法主要依赖机械分选、物理/化学处理、生物转化和热处理技术，配合以静态设计的管理与调控体系。这些方法虽然在过去数十年中支撑了城市与工业固废的基本处置需求，但在应对当前“高异质性、高流动性、高不确定性”废物流时，逐渐显示出以下几个方面的系统性局限。

(1) 源头分类依赖人力，准确性与效率均难保障

传统分类机制高度依赖居民主动分类和人工分拣，面临着准确率低、执行力弱、管理成本高等问题。尤其在生活垃圾、建筑垃圾与电子废物等多源混合体系中，误分类频繁导致后端处理系统运行效率下降、资源回收率大幅降低，进一步加剧末端处置压力。此外，现有的机械分选设备难以有效识别多种复合型材料与异构废物，对于轻质、微小、高污染物含量的物质识别效果较差，易造成回收物质质量下降与污染扩散。

(2) 处理工艺参数固定，难以适应输入变异与环境扰动

焚烧、热解、厌氧发酵等主流处置技术在传统工程设计中大多采用静态参数配置，依赖固定投料组成和运行条件。这种“设定—执行”模式难以应对实际运行中固废组分波动、气候变化、进料水分变化等扰动，导致工艺性能波动剧烈，运行稳定性差，甚至引发污染物超标排放或能源利用效率低下等问题。例如，在高水分厨余废物比例上升的情况下，焚烧系统能效显著下降，而现有工控系统缺乏快速识别与反馈机制。

(3) 资源化效率依赖经验，缺乏定量优化手段

传统资源化路径（如堆肥、有机肥生产、建筑材料回收）通常基于经验参数与静态流程控制，缺乏对输入废物组成与资源转化潜力的定量分析与动态适配机制。这不仅制约了产品质量和经济性提升，也限制了新型资源化工艺（如功能型材料制备、生物转化平台）的高效实现。此外，生命周期评价（LCA）工具在现有工程实践中应用受限，资源回收路径缺乏环境负荷与经济收益的综合权衡。

(4) 管理模式滞后，缺乏跨阶段协同优化机制

传统固废处置系统采用“点对点”管理逻辑，即分类、收集、运输、处理等环节相互独立，缺乏全流程的数据驱动与协同机制。例如，收运调度无法实时响应分类投放变化，处理端无法预判进料成分差异，资源输出难以适配市场需求。这种碎片化体系不仅增加运营成本，也抑制了系统协同效率与智能化水平的提升。

综上所述，传统固体废物处置方法在识别精准度、控制灵活性、资源转化效率及管理协同等方面存在显著短板，急需借助智能化技术体系的介入与重构，以适应未来环境治理的高标准、多维度需求。

1.2.2 人工智能技术的介入点

人工智能技术的本质优势在于其对复杂系统中高维、多源、不确定数据的建模与决策能力，能够在感知—建模—预测—优化全链条上构建智能化机制。针对传统方法的局限性，人工智能的介入可分为以下五类关键节点，每一节点都直指固体废物处置的痛点与瓶颈。

（1）在分类识别阶段，实现多模态感知与自动化决策

固废分类的准确性是整个系统效能的基础。AI 技术可通过融合图像识别（基于 CNN）、传感器数据解析（基于随机森林、梯度提升树等）以及语义分割技术（如 U-Net、Mask R-CNN）实现对混合固废的自动识别与分拣。例如，基于深度卷积模型的智能识别设备能实时判断废物材质、颜色与形态，并驱动机械臂执行自动分类操作，显著提升精度与处理速度。更进一步，结合联邦学习可实现多个分类终端间模型共享与协同进化，在保障数据安全前提下推动智能分类网络优化。

（2）在处理过程控制阶段，构建预测驱动的自适应调控模型

AI 可通过数据驱动方法替代传统工控系统中基于规则的反馈逻辑，构建“工况—响应—污染物排放”之间的非线性映射模型。以深度神经网络（DNN）、长短期记忆网络（LSTM）等为代表的模型可实现多变量时序预测，辅助调控关键工艺参数（如温度、化学需氧量、pH 值）以提升处理稳定性与效率。同时，强化学习（RL）在此阶段亦显示出强大潜力，通过与仿真环境交互学习最优控制策略，实现全过程运行优化。

（3）在资源化路径设计阶段，引入生成式模型与组合优化算法

针对复杂废物流的资源化工艺选择问题，人工智能可协助实现工艺组合优化与资源转化路径模拟。例如，基于生成对抗网络（GAN）或扩散模型的 AI 系统可预测不同裂解路径下的产物组成，为新型资源化材料的设计提供理论基础。结合图优化与整数规划算法，还可在“原料—转化工艺—产品”之间建立最优路径模型，兼顾资源转化率、能耗与环境影响。

（4）在全生命周期与碳足迹评估中，辅助建模与敏感性分析

AI 可基于多源数据构建生命周期评价或碳足迹分析模型，实现对固废管理方案的全流程环境影响模拟。例如，利用贝叶斯网络或多任务学习框架整合处理工艺参数、资源流动路径、能源消耗等变量，可评估不同策略下的碳排放趋势与生态代价，为政策优化与战略选择提供支撑。同时，AI 可自动执行灵敏度分析与不确定性量化，提升评估结果的透明性与稳健性。

（5）在系统管理层面，实现跨阶段数据联动与决策协同

AI 系统可嵌入整个固废处置系统的信息化架构中，形成从前端感知、数据传输、模型分析到后台决策支持的智能管理闭环。通过构建数字孪生平台，系统可实现对城市级固废管理网络的仿真、诊断与优化控制。此外，知识图谱结合自然语言处理（NLP）技术可实现管理规程、运行数据与专家知识的结构化表达与推理，为智能调度、资源流向监管与应急处置提供决策依据。

课后思考与练习

1. 请简述人工智能发展的三个关键阶段，并结合技术特点说明其对固体废物处置的潜

在影响。

2. 分析传统固体废物处置方法在应对“高异质性废物流”方面存在的技术瓶颈，并提出基于人工智能的改进方向。

3. 结合“数据-算法-决策”的人工智能核心体系，论述其在推动固体废物管理系统转型中的作用。

4. 设想一个城市生活垃圾处理系统，引入人工智能技术实现智能分选与智能调度。请简要设计其关键技术环节，并说明各自的 AI 应用类型。

5. 当前大语言模型与多模态学习快速发展，请结合本章内容，分析其在固体废物智能治理中的应用潜力与风险。

参考文献

[1] Lin K S，Zhao Y C，Kuo J H，et al. Toward smarter management and recovery of municipal solid waste：A critical review on deep learning approaches[J]. Journal of Cleaner Production，2022，346：130943.

[2] 陈杰皓，胡宇鹏，费凡，等. 基于数字技术的城市垃圾分类全链条模式构建及案例研究[J]. 资源科学，2024，46 (04)：687-699.

[3] 朱鑫. 基于卷积神经网络的建筑固废识别方法研究[D]. 哈尔滨：哈尔滨工业大学，2023.

[4] 邹惠煌，何品晶，吕凡，等. 基于人工智能的危险废物（医疗废物）智能识别：多源数据驱动的研究进展与未来方向[J]. 中国环境科学，1-11.

[5] 陈秋月，刘雪飞，刘玉强，等. 固体废物领域研究展望：基于 CiteSpace 的可视化分析[J]. 环境科学研究，1-18.

第 2 章 人工智能基础

2.1 机器学习与深度学习基础

2.1.1 监督学习、无监督学习与强化学习

机器学习的核心任务是基于数据建立输入特征空间 X 与输出目标空间 Y 之间的映射关系 $f:X\to Y$，并在此基础上进行模式识别、预测或最优决策。根据是否使用标注数据，以及学习目标的不同，机器学习可划分为监督学习、无监督学习和强化学习三种基本范式。

2.1.1.1 监督学习

监督学习（supervised learning）的核心任务是在给定训练集 $D=\{(x_i, y_i)\}$ 的基础上，学习一个映射函数 $f(x;\theta)$，使其在测试数据上能良好地预测标签 y，即最小化期望损失：

$$\min_{\theta} E_{(x,y)} \sim D^{[L(f(x;\theta),y)]} \tag{2-1}$$

典型算法及表达式如下。

（1）线性回归（linear regression）

目标为拟合 $y=\boldsymbol{w}^{\mathrm{T}}x+b$，最小化均方误差（MSE）损失：

$$L_{\mathrm{MSE}}=\frac{1}{n}\sum_{i=1}^{n}(y_i-\boldsymbol{w}^{\mathrm{T}}x_i-b)^2 \tag{2-2}$$

（2）支持向量机（SVM）

线性可分二分类 SVM 的优化目标：

$$\min_{\boldsymbol{w},b}\frac{1}{2}\|\boldsymbol{w}\|^2 \tag{2-3}$$

$$\text{s.t.}\ \ y_i(\boldsymbol{w}^{\mathrm{T}}x_i-b)\geqslant 1$$

在非线性可分的情况下，SVM 可借助核函数技巧将输入特征映射到高维特征空间，从而在该空间中寻找线性可分超平面。其对偶问题的优化形式为：

$$\max_{\alpha}\sum_{i=1}^{n}\alpha_i-\frac{1}{2}\sum_{i=1}^{n}\sum_{j=1}^{n}\alpha_i\alpha_j y_i y_j K(x_i,x_j) \tag{2-4}$$

$$\text{s. t.}\ \sum_{i=1}^{n}\alpha_i y_i=0,\quad 0\leqslant\alpha_i\leqslant C \tag{2-5}$$

式中，α 为拉格朗日乘子，$K(x_i,x_j)$是核函数，用于计算样本在高维空间下的相似性。常见核函数如下：

线性核：
$$K(x_i,x_j)=x_i^t x_j \tag{2-6}$$

多项式核：
$$K(x_i,x_j)=(x_i^t x_j+C)^D \tag{2-7}$$

高斯径向核（RBF）：
$$K(x_i,x_j)=\exp(-\gamma\times\|x_i-x_j\|^2) \tag{2-8}$$

（3）逻辑回归（logistic regression）

输出为概率 $\sigma(\boldsymbol{w}^{\mathrm{T}}x+b)$，交叉熵损失为：

$$L=\frac{1}{n}\sum[y_i\lg\hat{y}_i+(1-y_i)\lg(1-\hat{y}_i)] \tag{2-9}$$

（4）决策树（decision tree）

信息增益定义为：

$$信息增益=熵(原始样本)-\sum(子样本比例\times子样本熵) \tag{2-10}$$

（5）梯度提升树（XGBoost）

通过迭代拟合残差来优化目标函数：

$$L=\sum 损失(y_i,\hat{y}_i)+正则项 \tag{2-11}$$

2.1.1.2 无监督学习

无监督学习（unsupervised learning）是指在没有标签数据的情况下，从数据中挖掘结构、模式或分布规律。常见的无监督学习任务包括聚类、降维和异常检测。以下将详细介绍代表性的无监督学习算法。

（1）k 均值聚类（k-means clustering）

k 均值聚类算法的目标是将数据集划分为 k 个不重叠的簇，使得每个样本点与其所属簇的中心之间的距离最小。目标函数：

$$J=\sum_{i=1}^{k}\|x_i-\mu_{c_i}\|^2 \tag{2-12}$$

式中，x_i 为第 i 个样本数据；μ_{c_i} 为 x_i 所属簇的中心；c_i 为 x_i 所属的簇编号；k 为样本总数。

参数设置：k 为簇的个数，需要人为指定；初始中心可随机选择或使用 k-means++方法初始化；停止条件为聚类中心变化小于阈值或达到最大迭代次数。

（2）主成分分析（principal component analysis，PCA）

PCA 是一种线性降维方法，通过对协方差矩阵求解特征值与特征向量，选取前 d 个最大特征值对应的特征向量作为主成分方向。数学步骤：①对数据矩阵 $\boldsymbol{X}$（$n\times p$）进行中心化处理；②计算协方差矩阵 $\boldsymbol{S}=\frac{1}{n}\times\boldsymbol{X}^{\mathrm{T}}\boldsymbol{X}$；③求解 $\boldsymbol{S}$ 的特征值和特征向量；④选取前 d 个最大特征值对应的特征向量组成降维矩阵 $\boldsymbol{W}$；⑤计算降维结果 $\boldsymbol{Z}=\boldsymbol{X}\times\boldsymbol{W}$。

式中，$\boldsymbol{X}$ 为原始数据矩阵；$\boldsymbol{W}$ 为特征向量构成的投影矩阵；$\boldsymbol{Z}$ 为降维后的数据矩阵。

(3) 高斯混合模型 (Gaussian mixture model，GMM)

GMM 假设数据由多个高斯分布混合而成，每个簇对应一个高斯分布。使用最大期望 (EM) 算法进行参数估计。模型公式：

$$p(x)=\sum_{i=1}^{k}\pi_k \times N(x \mid \boldsymbol{\mu}_k, \boldsymbol{\Sigma}_k) \tag{2-13}$$

式中，π_k 为第 k 个高斯分布的混合系数，满足 $\sum\pi_k=1$；$\boldsymbol{\mu}_k$ 为第 k 个高斯分布的均值向量；$\boldsymbol{\Sigma}_k$ 为第 k 个高斯分布的协方差矩阵；k 为高斯分布数目；$N(x|\boldsymbol{\mu}_k, \boldsymbol{\Sigma}_k)$为多元高斯分布的概率密度函数。

参数设置：初始 π_k、$\boldsymbol{\mu}_k$、$\boldsymbol{\Sigma}_k$ 可使用 k 均值聚类结果初始化；收敛条件，对数似然函数的变化量小于阈值或达到最大迭代次数。

(4) 自编码器 (AutoEncoder)

自编码器是一种神经网络结构，用于实现无监督的特征学习与降维，由编码器和解码器两部分组成。结构：

编码器，将输入 x 映射到潜在空间 z：

$$z=f(\boldsymbol{w}_1 x+b_1) \tag{2-14}$$

解码器，从潜在空间 z 重构输入：

$$\hat{x}=g(\boldsymbol{w}_2 z+b_2) \tag{2-15}$$

损失函数：

$$L=\sum\|x-\hat{x}\|^2 \tag{2-16}$$

式中，$\boldsymbol{w}_1$ 和 $\boldsymbol{w}_2$ 为权重矩阵；b_1 和 b_2 为偏置项；f 和 g 为激活函数，如 ReLU 或 Sigmoid；$\hat{x}$ 为重构后的数据。

2.1.1.3 强化学习

强化学习 (reinforcement learning) 是一种智能体通过与环境交互，不断试错，以最大化长期奖励的学习方法。核心由状态空间、动作空间、奖励函数、策略函数组成。

(1) Q 学习 (Q-learning)

Q 学习是一种基于值函数的强化学习方法，目标是学习状态-动作值函数 $Q(s,a)$。更新公式：

$$Q(s,a) \leftarrow Q(s,a)+\alpha \times [r+\gamma \times \max Q(s',a')-Q(s,a)] \tag{2-17}$$

式中，s 为当前状态；a 为当前动作；r 为执行动作 a 后获得的即时奖励；s'为下一状态；α 为学习率，控制新旧知识的权衡，一般设置为 0.01～0.1；γ 为折扣因子，衡量未来奖励的重要性，通常设为 0.9。

(2) 深度 Q 网络 (deep Q-network，DQN)

DQN 将 Q 值函数通过深度神经网络拟合，输入为状态，输出为所有可能动作的 Q 值。损失函数：

$$L=[r+\gamma \times \max Q(s',a')-Q(s,a)]^2 \tag{2-18}$$

使用经验回放和目标网络技术提升训练稳定性。

(3) 策略梯度 (policy gradient)

该方法直接对策略 $\pi(a|s;\theta)$进行建模，通过最大化累积奖励对策略参数进行优化。优化目标：

$$J(\theta)=E[\sum r\times \lg \pi(a|s;\theta)] \tag{2-19}$$

参数更新方向：

$$\nabla\theta J(\theta)=E[\nabla\theta \lg \pi(a|s)\times Q(s,a)] \tag{2-20}$$

（4）近端策略优化（proximal policy optimization，PPO）

PPO 通过限制策略更新幅度，防止策略发生剧烈变化，增强训练稳定性。核心思想是引入裁剪项：

$$L(\theta)=\min\{r(\theta)\times\hat{A},\mathrm{clip}[r(\theta),1-\varepsilon,1+\varepsilon]\times\hat{A}\} \tag{2-21}$$

式中，$r(\theta)$为当前策略与旧策略概率比值；$\hat{A}$ 为优势函数的估计；ε 为裁剪系数，通常为 0.2。

2.1.2 神经网络与深度学习

2.1.2.1 人工神经网络

（1）概述

人工神经网络（artificial neural network，ANN）通过使用大量非线性并行处理器来模拟大脑神经元之间的突触行为来实现学习的功能。人工神经网络不是关注详细的物理或化学过程，而是从输入和输出数据之间的关系中学习，这就是人工神经网络被视为黑匣子的原因。图 2-1(a) 为人工神经网络结构，它由输入层、隐藏层和输出层组成。输入层的神经元形成输入特征，而隐藏层的神经元模拟突触行为传递信息。如图 2-1(b) 所示，隐藏层中的一个神经元接收来自输入层的不同权重的神经元，例如 w_0、w_1 和 w_2。此外，隐藏层中的神经元在 Sigmoid 等激活函数作用下获取信息 $f(\sum w_i x_i+b)$作为下一个神经元的输入层数据。

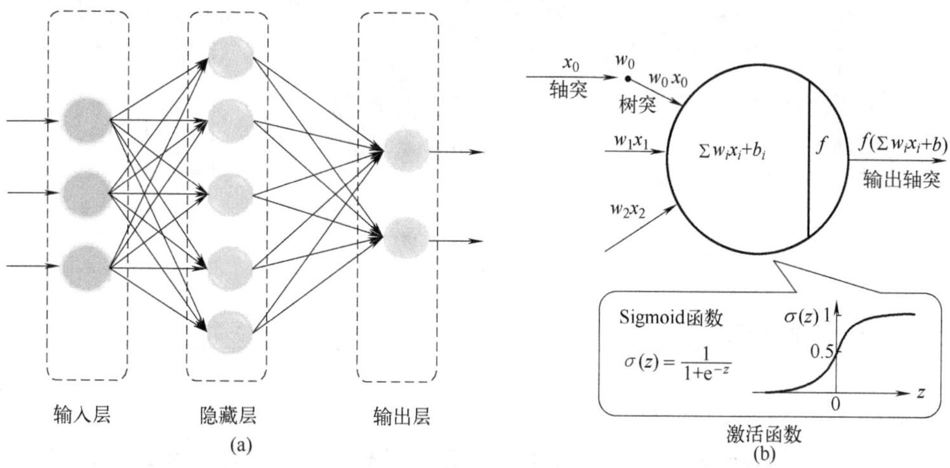

图 2-1 (a) 人工神经网络结构；(b) 神经元实现机理

（2）算法

如上所述，人工神经网络由一系列不同层的神经元组成，这些神经元相互连接，其数学表达式如下：

$$y_i = f(\sum w_i x_i + b) \tag{2-22}$$

Sigmoid 数学表达式为：

$$\sigma(z) = \frac{1}{1+e^{-z}} \tag{2-23}$$

此外，Sigmoid 的值范围为 0～1。

迭代 t 处的任意权重 w^1 根据式（2-24）从其先前状态 $t-1$ 值更新：

$$w_{ij}^1(t) = w_{ij}^1(t-1) + \Delta w_{ij}^1(t) \tag{2-24}$$

对于 $\Delta w_{ij}^1(t)$，可通过式（2-25）计算：

$$\Delta w_{ij}^1(t) = r y_{ij}^{l-1}(t-1) + \mu \Delta w_{ij}^1 \tag{2-25}$$

式中，r 是学习率，μ 是动量系数，y_{ij}^{l-1} 是 $l\text{-}1_{th}$ 的输入层间。

2.1.2.2 卷积神经网络

（1）概述

传统 ANN 模型或反向传播神经网络（BP-NN）存在过拟合、局部最优、梯度消失和梯度爆炸问题，尤其是随着神经网络层数的增加该现象尤为明显。Krizhevsky 等指出多层隐藏层可提升 ANN 模型的学习能力，逐层预训练可有效解决训练深度神经网络的困境。Krizhevsky 等使用 CNN 模型赢得 ImageNet 大规模视觉识别挑战赛，该事件极大推动了现代 CNN 的发展。CNN 最早由 Fukushima 提出，在图像分类、目标检测和自然语言处理等方面取得了辉煌的成就。图 2-2 为经典的 CNN 结构 CaffeNet，由卷积层、池化层和全连接层组成。

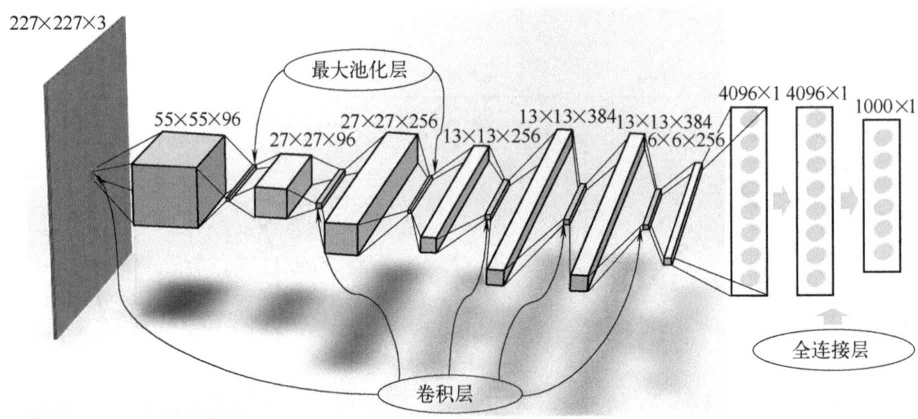

图 2-2 CaffeNet 卷积网络框架

（2）算法

CNN 是一种前馈神经网络，它通过使用其卷积层和池化层自动从数据中提取表示或抽象特征。如图 2-3(a) 所示，卷积层可按照式（2-26）计算：

$$\text{conv}_i^f[j] = F * \left(\sum_{k=0}^{K_{i-1}} w_{ki}^f S_j [j+k] + b_{ki}^f\right) \tag{2-26}$$

式中，$\text{conv}_i^f[j]$ 是第 i 层第 j 个神经元的输出；F 是非线性函数；w_{ki}^f 和 b_{ki}^f 分别为第 i 层第 j 个神经元权重和偏差；S_j 表示输入映射。

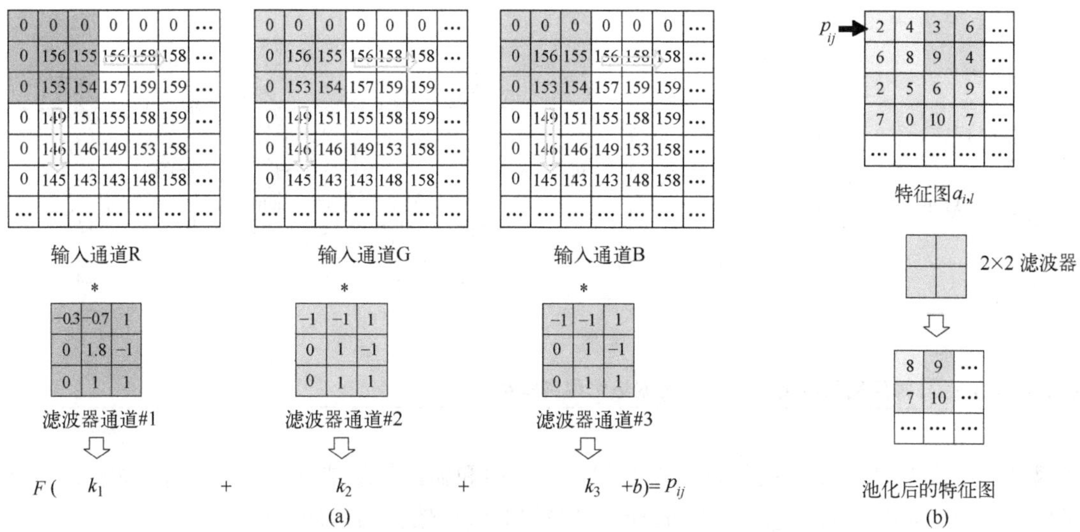

图 2-3 (a) 卷积层作用机理；(b) 最大池化层作用机理

对于池化层，如图 2-3(b) 所示，数学表达式如式 (2-27) 所示：

$$
池化层=\begin{cases}\mathrm{Max}(\mathrm{conv}_i^f)\\ \mathrm{Average}(\mathrm{conv}_i^f)\end{cases} \tag{2-27}
$$

池化层神经元的输出可表示如下：

$$
s_j^{l+1}=f\left[u_j^l+\sum_{i\in M_j}\mathrm{conv}(v_{ij}^{l-1},x_i^{l-1})\right] \tag{2-28}
$$

神经元的权重和值作为输入数据传输到下一个节点（神经元）或作为输出结果。此外，CNN 训练过程中涉及大量参数需要调节：如激活函数的选择，核函数大小、填充大小的设定，过滤器的选择，还需要考虑损失函数及动量等优化器、均方根误差和自适应动量。CNN 需要调节大量的参数，消耗了大量的人力物力，限制 CNN 算法推广使用。为此，Li 等对卷积神经网络超参数的调节提供了一些经验法则。

2.1.2.3 循环神经网络

(1) 概述

循环神经网络（recurrent neural network，RNN）提升了机器翻译、语音识别和 $PM_{2.5}$ 预测等与时间模式相关的各个领域的性能。RNN 循环反馈机制可维护神经元内部状态记忆，该记忆隐含有关序列所有元素的历史信息。图 2-4(a) 说明了隐藏单元在不同稀疏时间步长的输出可看作是多层网络中不同神经元的输出。

时间序列数据不完整严重限制了数据的分析和挖掘能力，而 RNN 正在成为处理不规则时间序列数据的有效工具之一。传统的机器学习，例如最邻近算法和支持向量回归，试图在单变量和多变量不规则数据中建立线性关系。然而，这些方法在处理缺失值百分比很高的离散数据时表现不佳。RNN 为数据插补提供了更复杂的策略，它不仅考虑了单变量和多变量不规则数据中观测值之间的关系，而且还结合了许多变量之间的相关性。

尽管 RNN 是一个强大的动态模型，但与 ANN 模型一样，也存在梯度消失、爆炸问题和缺乏长期记忆能力的问题。为了解决 RNN 的局限性，Hochreiter 等首先介绍了长短期记

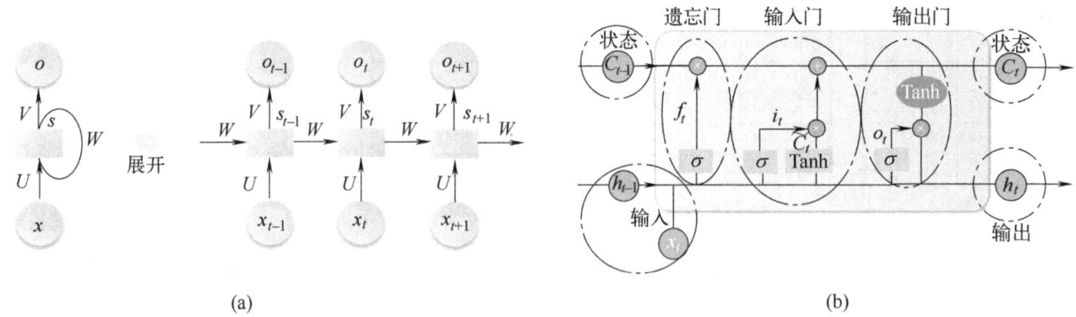

图 2-4 (a) 循环神经网络框架；(b) 长短期记忆网络框架

忆网络。经典 LSTM 单元的结构由遗忘门、输入门和输出门组成［图 2-4(b)］。这些门可从序列数据中学习有用的信息，并决定打开或关闭对常量错误的访问。

(2) 算法

如上所述，每个 RNN 单元同时获取当前和先前的输入数据，输出结果可看作是深层多层网络中的不同节点。隐藏层中的信息流被分类为离散时间，如图 2-4(a) 所示。不同时间 t 的参数 x、s 和 o 分别表示为 x_t、s_t 和 o_t，隐藏层中的神经元在同一步骤中共享参数值 (W,U,V)。RNN 数学表达为式 (2-29) 和式 (2-30)，其中式 (2-31) 表示每次迭代的误差总和。

$$h_t = Wf(h_{t-1}) + W^{(hx)} x_t \tag{2-29}$$

$$y_t = W^{(s)} f(h_t) \tag{2-30}$$

$$\frac{\partial E}{\partial W} = \sum_{t=1}^{T} \frac{\partial E}{\partial W} \tag{2-31}$$

Alex 解释了 RNN 和 LSTM 的基本原理，并总结了训练标准 RNN 带来的挑战，该研究进一步解释了 RNN 和 LSTM 工作机制。

2.1.2.4 注意力机制

(1) 概述

迄今为止，注意力机制已经成为深度学习领域最重要的技术之一，因为它可以有效提高深度学习算法训练过程中的工作效率。注意力机制基于人类生物系统，不会一次提取所有信息。例如，人类可快速关注图像某部分，而不是专注于整个场景。根据注意力机制的产生方式，可分为基于显著性注意力机制 (saliency-based attention) 和焦点注意力机制 (focus attention)。基于显著性注意力机制的定义是自下而上的无意识注意，它是由外部刺激驱动的；而焦点注意力是自上而下的有意识的注意，它依赖于特定的任务。深度学习领域的注意力算法大部分是焦点注意力机制。2014 年，Bahdanau 等提出了一种机器翻译的注意力模型，该模型与双向 RNN 结合以最大化翻译性能。

图 2-5 显示了 Bahdanau 等引入的带有 RNN 的注意力模型结构，在前向 RNN 中，数据是按顺序输入的，因此第 j 个隐藏层状态只能携带第 j 个神经元本身以及之前的一些信息。在反向 RNN 中，数据是逆序输入的，则包含第 j 个神经元及之后的信息。如果把这两个隐藏层状态结合起来，就包含了第 j 个神经元的前后信息。该模型让人们对深度学习领域中注

意力算法产生了极大的兴趣。许多研究人员在与文本分类、动作识别、语音识别，甚至城市生活垃圾量产量预测相关的领域中，将注意力模型与其他神经网络结合使用。

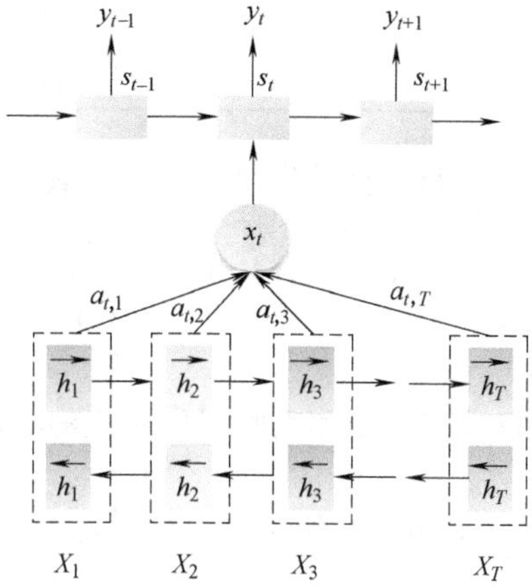

图 2-5　注意力机制和循环神经网络结合

（2）算法

如图 2-6 所示，注意力机制由阶段Ⅰ、阶段Ⅱ和阶段Ⅲ三部分组成，其中阶段Ⅰ计算各个编码器隐藏层 $Q_1 \sim Q_t$ 与解码器隐藏层状态 S_{t-1} 之间的相似度，可用表 2-1 中表达式计算。

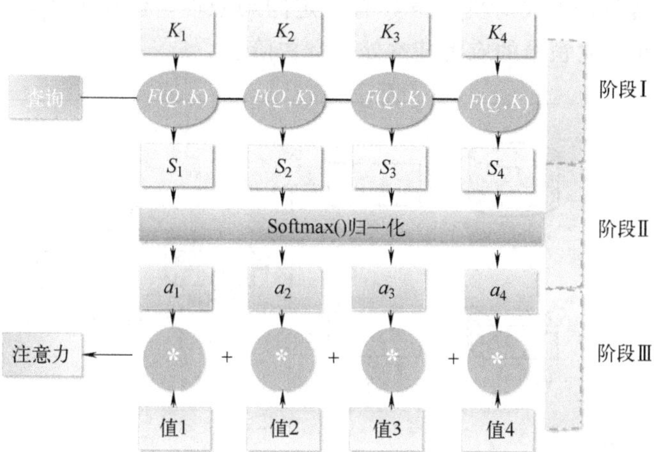

图 2-6　注意力机制机理

表 2-1　键与序列相似度计算

方法	表达式	
点积(Dot-product)	$F(Q,K_i)=QK_i$	(2-32)
加性(Additive)	$F(Q,K_i)=v^{\mathrm{T}}\mathrm{act}(W_1+W_2Q+b)$	(2-33)
余弦相似度(Cosine similarity)	$F(Q,K_i)=\dfrac{QK_i}{\lVert Q\rVert \times \lVert K_i\rVert}$	(2-34)

续表

方法	表达式	
通用型(General)	$F(Q,K_i)=\mathrm{MLP}(QK_i)$	(2-35)
拼接型(Concat)	$F(Q,K_i)=v^{\mathrm{T}}\mathrm{act}(W[K;Q]+b)$	(2-36)
基于位置(Location-based)	$F(Q,K_i)=F(Q)$	(2-37)

阶段Ⅱ目的是，利用 Softmax 归一化操作得到每个隐藏层向量权重 a_i：

$$a_i=\mathrm{Softmax}(F_i)=\frac{\mathrm{e}^{F_i}}{\sum_{j=1}^{L_x}\mathrm{e}^{F_j}} \tag{2-38}$$

阶段Ⅲ对输出计算数值加权求和得到此次解码所对应的输入序列，见式（2-39）：

$$\mathrm{Attention}(Q,K_i,v_i)=\sum_{i=1}^{L_x}a_i*v_i \tag{2-39}$$

2.1.2.5 生成对抗网络

（1）概述

2014 年 Goodfellow 提出了生成对抗网络（generative adversarial network，GAN）算法，它已广泛应用于图像处理、语音和音频处理、医学信息处理和其他方面。

图 2-7 显示了生成对抗网络框架图，它源于博弈论中的零和博弈。生成对抗网络可以归类为无监督学习。生成对抗网络的本质是生成器和鉴别器两个神经网络之间的竞争，直到损失达到纳什均衡。然而，生成对抗网络具有一定的局限性，例如模式崩溃、不收敛和不稳定。然而，该算法在环境领域的应用基本处于空白阶段。

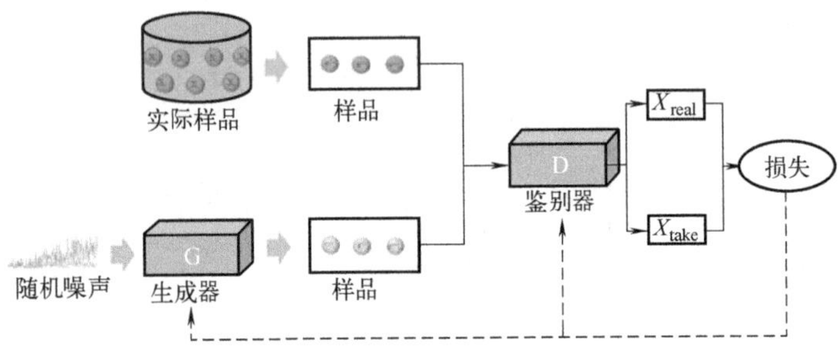

图 2-7 生成对抗网络框架

（2）算法

如上所述，GAN 的训练是生成模型和判别模型之间的极小极大零和博弈，可用数学表示如下：

$$\min_G \max_D V(D,G)=E_{x\sim P_{\mathrm{data}}(x)}[\lg D(x)]+E_{z\sim P_{\mathrm{data}}(z)}\{\lg[1-D(x)]\} \tag{2-40}$$

2.1.2.6 LSTM 信息向前和向后传播机制

图 2-8 为 LSTM 的结构示意图，式（2-41）～式（2-60）为信息在 LSTM 神经元单元中进行前向和后向传播时，通过每个门的数学推导形式。

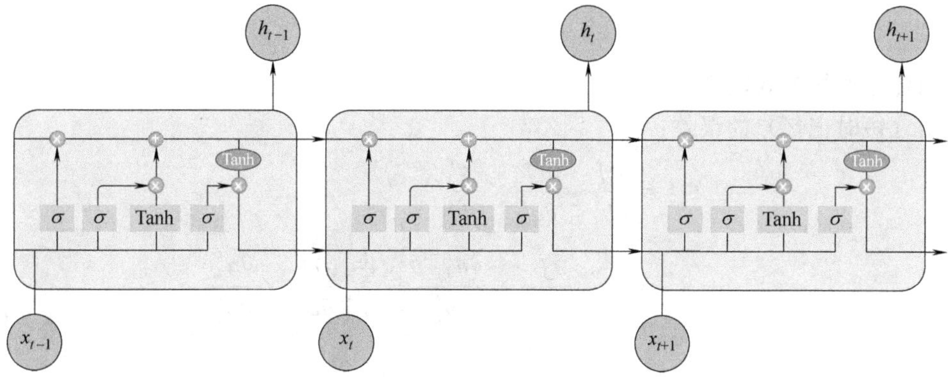

图 2-8　LSTM 结构示意图

（1）LSTM 信息向前传播机制

遗忘门：

$$a_{\varnothing}^{t}=\sum_{i=1}^{I}\omega_{i\varnothing}x_{i}^{t}+\sum_{h=1}^{H}\omega_{h\varnothing}b_{h}^{t-1}+\sum_{c=1}^{C}\omega_{c\varnothing}S_{c}^{t-1} \tag{2-41}$$

$$b_{\varnothing}^{t}=f(a_{\varnothing}^{t}) \tag{2-42}$$

输入门：

$$a_{1}^{t}=\sum_{i=1}^{I}\omega_{i1}x_{i}^{t}+\sum_{h=1}^{H}\omega_{h1}b_{h}^{t-1}+\sum_{c=1}^{C}\omega_{c1}S_{c}^{t-1} \tag{2-43}$$

$$b_{1}^{t}=f(a_{1}^{t}) \tag{2-44}$$

神经网络单元：

$$a_{c}^{t}=\sum_{i=1}^{I}\omega_{ic}x_{i}^{t}+\sum_{h=1}^{H}\omega_{hc}b_{h}^{t-1} \tag{2-45}$$

$$C_{t}=f_{t}*C_{t-1}+i_{t}*\widetilde{C}_{t} \tag{2-46}$$

$$S_{c}^{t}=b_{\varnothing}^{t}*s_{c}^{t-1}+b_{1}^{t}*g(a_{c}^{t}) \tag{2-47}$$

输出门：

$$a_{\omega}^{t}=\sum_{i=1}^{I}\omega_{i\omega}x_{i}^{t}+\sum_{h=1}^{H}\omega_{h\omega}b_{h}^{t-1}+\sum_{c=1}^{C}\omega_{c\omega}S_{c}^{t-1} \tag{2-48}$$

$$b_{\omega}^{t}=f(a_{\omega}^{t}) \tag{2-49}$$

神经网络单元输出：

$$h_{t}=O_{t}*\tan(c_{t}) \tag{2-50}$$

$$b_{c}^{t}=b_{\omega}^{t}*h(s_{c}^{t}) \tag{2-51}$$

（2）LSTM 信息向后传播机制

误差的定义如下：

单元输出（短时记忆）的误差：

$$\in_{c}^{t}=\frac{\partial J}{\partial b_{c}^{t}} \tag{2-52}$$

单元输出（长时记忆）的误差：

$$\in_s^t=\frac{\partial J}{\partial b_s^t} \tag{2-53}$$

反向传播遵循链式法则：

输出（短时记忆）的误差：

$$\begin{aligned}\in_c^t &=\frac{\partial J}{\partial b_c^t}=\frac{\partial J}{\partial a_j^t}\times\frac{\partial a_j^t}{\partial b_c^t}\\ &=\sum_{h=1}^{H}\frac{\partial J}{\partial a_h^{t+1}}\times\frac{\partial a_h^{t+1}}{\partial b_c^t}+\sum_{k=1}^{K}\frac{\partial J}{\partial a_k^t}\times\frac{\partial a_k^t}{\partial b_c^t}\\ &=\sum_{h=1}^{H}\delta_h^{t+1}\frac{\partial a_h^{t+1}}{\partial b_c^t}+\sum_{k=1}^{K}\delta_k^t\frac{\partial a_k^t}{\partial b_c^t}\\ &=\sum_{h=1}^{H}\delta_h^{t+1}\frac{\partial(\omega_{ch}b_c^t)}{\partial b_c^t}+\sum_{k=1}^{K}\delta_k^t\frac{\partial(\omega_{ck}b_c^t)}{\partial b_c^t}\end{aligned} \tag{2-54}$$

$$\in_c^t=\sum_{h=1}^{H}\delta_h^{t+1}\omega_{ch}+\sum_{k=1}^{K}\delta_k^t\omega_{ck} \tag{2-55}$$

输出门误差：

$$\begin{aligned}\delta_\omega^t &=\frac{\partial J}{\partial a_\omega^t}=\frac{\partial J}{\partial b_\omega^t}\times\frac{\partial b_\omega^t}{\partial a_\omega^t}\\ &=\frac{\partial J}{\partial b_\omega^t}f'(a_\omega^t)\\ &=f'(a_\omega^t)\frac{\partial J}{\partial b_c^t}\times\frac{\partial b_c^t}{\partial b_\omega^t}\\ &=f'(a_\omega^t)\in_c^t\frac{\partial b_c^t}{\partial b_\omega^t}\\ &=f'(a_\omega^t)\in_c^t\frac{[b_\omega^t h(s_c^t)]}{\partial b_\omega^t}\\ &=f'(a_\omega^t)\sum_{c=1}^{C}h(s_c^t)\in_c^t\end{aligned} \tag{2-56}$$

输出（长时记忆）的误差：

$$\begin{aligned}\in_s^t &=\frac{\partial J}{\partial s_c^t}=\frac{\partial J}{\partial a_j^t}\times\frac{\partial a_j^t}{\partial b_s^t}\\ &=\frac{\partial J}{\partial a_j^{t+1}}\times\frac{\partial a_j^{t+1}}{\partial s_c^t}+\frac{\partial J}{\partial b_c^t}\times\frac{\partial b_c^t}{\partial s_c^t}+\frac{\partial J}{\partial s_c^{t+1}}\times\frac{\partial s_c^{t+1}}{\partial s_c^t}\\ &=\delta_j^{t+1}\frac{\partial a_j^{t+1}}{\partial s_c^t}+\in_c^t\frac{\partial[b_\omega^t h(s_c^t)]}{\partial s_c^t}+\in_c^t\frac{\partial[b_\varnothing^{t+1}*s_c^t+b_1^{t+1}*g(a_c^{t+1})]}{\partial s_c^t}\\ &=\delta_\varnothing^{t+1}\frac{\partial a_\varnothing^{t+1}}{\partial s_c^t}+\delta_1^{t+1}\frac{\partial a_1^{t+1}}{\partial s_c^t}+\delta_\omega^t\frac{\partial a_\omega^{t+1}}{\partial s_c^t}+\in_c^t b_\omega^t h'(s_c^t)+\delta_s^{t+1}b_\varnothing^{t+1}\end{aligned}$$

$$
\begin{aligned}
&= \delta_{\varnothing}^{t+1} \frac{\partial\left(\sum_{i=1}^{I}\omega_{i\varnothing}x_i^{t+1}+\sum_{h=1}^{H}\omega_{h\varnothing}b_h^t+\sum_{c=1}^{C}\omega_{c\varnothing}xs_c^t\right)}{\partial s_c^t} \\
&\quad+\delta_1^{t+1}\frac{\partial\left(\sum_{i=1}^{I}\omega_{i1}x_i^{t+1}+\sum_{h=1}^{H}\omega_{h1}b_h^t+\sum_{c=1}^{C}\omega_{c1}s_c^t\right)}{\partial s_c^t} \\
&\quad+\delta_\omega^t\frac{\partial\left(\sum_{i=1}^{I}\omega_{i\omega}x_i^{t+1}+\sum_{h=1}^{H}\omega_{h\omega}b_h^t+\sum_{c=1}^{C}\omega_{c\omega}s_c^t\right)}{\partial s_c^t}+\in_c^t b_\omega^t h'(s_c^t)+\delta_s^{t+1}b_{\varnothing}^{t+1} \\
&=\in_c^t b_\omega^t h'(s_c^t)+\delta_s^{t+1}b_{\varnothing}^{t+1}+\delta_s^{t+1}\omega_{c\varnothing}+\delta_1^{t+1}\omega_{c1}+\delta_\omega^t\omega_{c\omega}
\end{aligned}
\tag{2-57}
$$

单元输出误差：

$$
\begin{aligned}
\delta_c^t &= \frac{\partial J}{\partial a_c^t}=\frac{\partial J}{\partial s_c^t}\times\frac{\partial s_c^t}{\partial a_c^t} \\
&=\in_c^t \frac{\partial[b_{\varnothing}^t \partial s_c^{t-1}+b_1^t g(a_c^t)]}{\partial a_c^t} \\
&=\in_c^t b_1^t g'(a_c^t)
\end{aligned}
\tag{2-58}
$$

遗忘门误差：

$$
\begin{aligned}
\delta_{\varnothing}^t &= \frac{\partial J}{\partial a_{\varnothing}^t}=\frac{\partial J}{\partial b_{\varnothing}^t}\times\frac{\partial b_{\varnothing}^t}{\partial a_{\varnothing}^t}=\frac{\partial J}{\partial b_{\varnothing}^t}f'(a_{\varnothing}^t) \\
&=f'(a_{\varnothing}^t)\frac{\partial J}{\partial s_c^t}\times\frac{\partial s_c^t}{\partial b_{\varnothing}^t} \\
&=f'(a_{\varnothing}^t)\in_s^t \frac{\partial s_c^t}{\partial b_{\varnothing}^t} \\
&=f'(a_{\varnothing}^t)\in_s^t \frac{\partial[b_{\varnothing}^t s_c^t+b_1^t g(a_c^t)]}{\partial b_{\varnothing}^t} \\
&=f'(a_{\varnothing}^t)\sum_{c=1}^{C}s_c^{t-1}\in_s^t
\end{aligned}
\tag{2-59}
$$

输入门误差：

$$
\begin{aligned}
\delta_1^t &= \frac{\partial J}{\partial a_1^t}=\frac{\partial J}{\partial b_1^t}\times\frac{\partial b_1^t}{\partial a_1^t}=\frac{\partial J}{\partial b_1^t}f'(a_1^t) \\
&=f'(a_1^t)\frac{\partial J}{\partial s_c^t}\times\frac{\partial s_c^t}{\partial b_1^t} \\
&=f'(a_1^t)\in_s^t \frac{\partial s_c^t}{\partial b_1^t} \\
&=f'(a_1^t)\in_s^t \frac{\partial[b_{\varnothing}^t s_c^{t-1}+b_1^t g(a_c^t)]}{\partial b_1^t} \\
&=f'(a_1^t)\sum_{c=1}^{C}g(a_c^t)\in_s^t
\end{aligned}
\tag{2-60}
$$

2.2 数据预处理与分析技术

在人工智能模型构建过程中，数据质量直接决定模型性能。原始数据往往存在噪声、缺失、格式不统一、维度冗余等问题，若不加以处理，将严重影响模型的稳定性、准确性与泛化能力。因此，在算法建模之前，必须进行系统化的数据预处理和特征工程操作，以增强数据的可学习性与表达能力。

2.2.1 数据预处理技术

数据预处理（data preprocessing）是指在建模之前，对原始数据进行清洗、规整、变换与编码的过程，目的是提升数据质量、统一格式、减少异常影响，为后续建模打下坚实基础。根据数据类型和任务特点，常用的数据预处理技术主要包括以下几个方面。

（1）缺失值处理

实际应用中，传感器故障、记录错误或人为疏漏常导致数据缺失。处理方式主要包括：

删除法：适用于缺失比例极低、样本量充足的情况，直接删除含缺失值的样本或特征。

插补法：

① 均值/中位数/众数填补：适用于数值型/分类型特征的简单修复。

② K 最近邻插补（KNN imputation）：通过相似样本的属性估算缺失值。

③ 多重插补（multiple imputation）：构建统计模型推测缺失值，提高填补的稳健性。

（2）异常值检测与处理

异常值（outlier）是指偏离正常模式的数据点，可能源自错误或极端情况。处理方式包括：

① 箱形图法：根据上下四分位数（$Q1$，$Q3$）确定异常范围（如 1.5 IQR 规则）。

② Z-score（标准分数）法：标准化后大于某一阈值（如 3）的样本视为异常。

③ 孤立森林（isolation forest）：基于树模型的无监督异常检测方法。

对于确认的异常点，可选择删除、修正或保留（如在环境监测中，极端值本身即为重要事件标志）。

（3）数据归一化与标准化

特征之间量纲不同或数值分布差异大时，模型易被主导特征“偏置”，需进行尺度变换。

归一化：将数据压缩到 $[0,1]$ 区间。适用于对范围敏感的模型（如神经网络），转换公式：

$$x'=[x-\min(x)]/[\max(x)-\min(x)] \tag{2-61}$$

标准化：将数据变换为均值为 0、标准差为 1 的标准正态分布，转换公式：

$$x'=(x-\mu)/\sigma \tag{2-62}$$

（4）数据编码

对于非数值型特征（如分类变量），需转化为模型可接受的形式。

① 独热编码（one-hot encoding）：将每个类别转为二进制向量，适用于无序分类特征。

② 标签编码（label encoding）：将类别直接编码为整数，适用于有序特征。

③ 目标编码（target encoding）：以目标变量的统计信息作为类别表示，适用于高基数变量，但需谨慎防止数据泄露。

（5）数据抽样与不平衡处理

在样本不均衡问题中（如分类任务中正负样本比例悬殊），需要采用如下方法调整样本分布：

① 过采样（如 SMOTE）：生成少数类样本的合成数据。

② 欠采样：随机剔除多数类样本。

③ 集成方法（如 Bagging＋SMOTE）：结合多个采样策略与学习器，提升模型稳健性。

数据预处理并非独立阶段，而是与建模过程交互进行。不同算法对数据质量和结构的敏感程度不同，预处理策略应依据具体任务灵活调整。

2.2.2 特征工程与特征选择

特征工程（feature engineering）是指从原始数据中提取、构造、转换出对预测任务最具区分性和表达能力的变量的过程，是机器学习成功的关键因素之一。

2.2.2.1 特征工程的核心目标

① 增强模型表达能力：通过构造更具代表性的特征，弥补模型结构的局限性。

② 降低维度与复杂度：剔除冗余特征，减少过拟合风险，提升训练效率。

③ 提高模型泛化性：选择稳定有效的特征，提升模型在新数据上的表现。

2.2.2.2 特征构造方法

① 数学变换：如对数变换、平方根变换、指数变换等，解决分布偏态问题。

② 交互特征：构造特征间的乘积、差值或组合关系，如 A×B 或 A－B。

③ 时间/空间特征衍生：在时序数据或地理数据中，构造时间戳差异、累计值、平均值等。

④ 聚合特征：对分组数据进行聚合统计，如按区域对废物产生量进行月度均值提取。

2.2.2.3 特征选择方法

特征选择旨在从已构造的特征集合中筛选出最具预测能力的一部分特征，常见方法包括：

（1）过滤法（filter）

依据统计指标对每个特征进行独立评估，不依赖具体模型。

方差选择法：剔除方差低于阈值的特征。

卡方检验：适用于分类任务，评估特征与目标变量的独立性。

互信息（mutual information）：衡量特征与目标变量之间的信息共享度。

（2）包装法（wrapper）

将特征子集与预测模型结合，直接以模型性能作为选择依据。

递归特征消除（RFE）：每轮模型训练后剔除最不重要的特征。

启发式搜索：如前向选择、后向剔除或贪婪搜索等。

（3）嵌入法（embedded）

特征选择作为模型训练的一部分，同时完成学习与特征评估。

LASSO 回归（L1 正则）：自动压缩不重要特征的系数为 0。

决策树/随机森林：通过特征重要性评分选择高贡献特征。

2.2.2.4 实际应用建议

对于高维稀疏数据（如文本/图像），应优先考虑嵌入式或基于模型的方法。

变量间多重共线性严重时，可使用 PCA 等降维方法。

在自动化建模过程中，可引入特征选择管道（如 scikit-learn 的 Pipeline+SelectKBest）提高效率。

2.3 人工智能模型评价与优化

人工智能模型的有效性不仅取决于算法选择和数据质量，更依赖于科学的模型评价体系与合理的优化策略。模型评价用于判断训练结果的性能表现和泛化能力，模型优化则致力于提升其预测准确性、稳健性与计算效率。

2.3.1 常用评价指标

模型评价的目标在于量化预测结果与真实标签之间的偏差，不同任务类型（分类/回归）应采用不同的指标。

（1）分类任务常用指标

分类任务将样本划分为离散的类别，评价指标主要基于混淆矩阵进行推导（表 2-2）。

表 2-2　混淆矩阵

分类	实际为正类	实际为负类
预测为正类(P)	TP	FP
预测为负类(N)	FN	TN

准确率（accuracy）：

$$accuracy=(TP+TN)/(TP+FP+FN+TN) \tag{2-63}$$

说明：衡量整体预测正确的比例，适用于类别均衡的数据。

精确率（precision）：

$$precision=TP/(TP+FP) \tag{2-64}$$

说明：在所有被预测为正类的样本中，实际为正的比例。

召回率（recall）：

$$recall=TP/(TP+FN) \tag{2-65}$$

说明：在所有真实正类样本中，被正确预测为正的比例。

F1 分数（F1-score）：

$$F1=2\times(precision\times recall)/(precision+recall) \tag{2-66}$$

说明：精确率与召回率的调和平均，更适用于类别不均衡场景。

接受者操作特征（ROC）曲线与 AUC 值（曲线下面积）：ROC 曲线展示在不同阈值下模型的分类能力，AUC 越接近 1，表示模型越优。

（2）回归任务常用指标

回归任务的目标是预测连续变量，其评价关注预测值与真实值之间的误差。

均方误差（mean square error，MSE）：

$$MSE=\frac{1}{n}\sum(y_i-\hat{y}_i)^2 \tag{2-67}$$

说明：反映预测值与真实值之间的平方差，偏向惩罚大误差。

均方根误差（root mean square error，RMSE）：

$$RMSE=\sqrt{MSE} \tag{2-68}$$

说明：与 MSE 含义相同，单位与原始变量一致，便于解释。

平均绝对误差（mean absolute error，MAE）：

$$MAE=\frac{1}{n}\sum|y_i-\hat{y}_i| \tag{2-69}$$

说明：对异常值不敏感，更能反映整体误差的真实分布。

决定系数（R^2）：

$$R^2=1-[\sum(y_i-\hat{y}_i)^2/\sum(y_i-\bar{y})^2] \tag{2-70}$$

说明：衡量模型解释方差的能力，R^2 值越接近 1 说明拟合效果越好。

2.3.2 模型优化方法

在模型构建过程中，若评价指标未达预期，需通过优化技术提升模型性能，常见优化方法如下。

（1）超参数调优（hyperparameter tuning）

超参数不同于模型参数（由训练数据学习得到），是训练前设定的控制变量，常见调优策略包括：

① 网格搜索（grid search）：穷举所有参数组合，适用于参数数量较少的情况。

② 随机搜索（random search）：从参数空间中随机采样，效率更高。

③ 贝叶斯优化（Bayesian optimization）：构建代理模型（如高斯过程）预测最优参数，适用于复杂模型调优。

示例：在支持向量机中调节惩罚系数 C 与核函数参数 γ，在 XGBoost 中调节学习率、树深、子采样率等。

（2）正则化（regularization）技术

为防止模型过拟合，可在损失函数中加入惩罚项限制模型复杂度。

L1 正则（lasso）：惩罚项为参数绝对值之和，能实现特征选择。

L2 正则（ridge）：惩罚项为参数平方和，使参数趋于平滑。

（3）交叉验证（cross-validation）

用于评估模型泛化能力，尤其适用于样本较少时。

K 折交叉验证（K-fold CV）：将数据集分为 K 份，轮流将其中一份作为验证集，计算平均性能。

留一法（LOOCV）：每次仅留一个样本作为验证，适用于样本极少场景。

（4）集成学习（ensemble learning）

集成多个弱模型形成强模型，有效提升预测性能和稳健性。

① Bagging（如随机森林）：并行构建多个模型，减少方差。

② Boosting（如 XGBoost，LightGBM）：串行提升模型性能，减少偏差。

③ Stacking：组合多个不同类型模型，使用次级模型融合预测结果。

（5）早停与模型剪枝

早停（early stopping）：在验证误差不再下降时提前终止训练，防止过拟合。

剪枝（pruning）：在树模型中去除冗余分枝，降低模型复杂度。

课后思考与练习

1. 简答题

请分别定义监督学习、无监督学习与强化学习，并列举每类学习方式中两种典型算法，说明其适用场景与关键特点。

2. 计算题

某分类模型预测结果如下：

真阳性（TP）=85，假阳性（FP）=15，假阴性（FN）=20，真阴性（TN）=80。

请计算该模型的：

① 准确率；

② 精确率；

③ 召回率；

④ F1 分数。

并简要说明这些指标分别适用于何种类型的分类任务。

3. 分析题

在固体废物图像识别任务中，由于“危险废物”样本数量远少于“普通废物”，模型在预测中准确率高但 F1 值较低。

请结合课程内容分析此现象原因，并提出两种应对策略（数据处理层面和建模层面各至少一种）。

参考文献

[1] 赵由才，牛冬杰，周涛．固体废物处理与资源化［M］．4 版．北京：化学工业出版社，2023．

[2] Lin K S，Zhao Y C，Kuo J H，et al．Toward smarter management and recovery of municipal solid waste：A critical review on deep learning approaches[J]．Journal of Cleaner Production，2022，346：130943．

[3] 曾立文．基于电子鼻系统的混合气体浓度预测技术研究［D］．南宁：广西大学，2024．

[4] 徐琴，刘智珺．Python 数据分析与挖掘［M］．武汉：华中科技大学出版社，2024．

[5] 穆野．混合现实人工智能给排水系统[J]．中国科技信息，2023（18）：72-76．

第 3 章

人工智能与固体废物处置技术的结合

3.1 图像识别技术在垃圾分类中的应用

过去二十年间，全球建筑材料的消耗量从 60 亿吨增至 180 亿吨，与此同时，建筑材料消费的增加带来了大量的建筑垃圾。据报道，建筑垃圾已占全球废弃物总量的 25%以上。Huang 等估算，2020 年全球建筑垃圾中，钢材达到 2.2 亿吨，混凝土达到 49.9 亿吨，并预计到 2050 年该数值将翻倍。仅以混凝土废弃物而言，其数量已是 2020 年全球城市生活垃圾产量的两倍以上。

尽管已有多种回收处理建筑垃圾的方法被提出，但当前的处理能力仍显不足。因此，提高建筑垃圾管理水平已迫在眉睫。在此背景下，《2024 年全球废物管理展望》报告提出了相关管理措施，并在可持续发展目标中设定了具体的废弃物减量与回收利用目标。鉴于建筑垃圾的庞大规模和回收潜力，《“十四五”循环经济发展规划》对此类废弃物给予了高度重视。

通常，在特定时期内建筑垃圾的种类与数量可通过物质流分析（MFA）方法获得，而废弃物的地理分布可借助地理信息系统（GIS）加以定位。然而，MFA 与 GIS 的宏观估算结果尚不能直接与建筑垃圾管理系统有效衔接，因此，实现有效分类成为连接宏观预测结果与回收体系的关键环节。

近年来，智能分类作为提升废弃物分选效率的重要手段受到广泛关注。在图像识别方面，支持向量机作为传统机器学习方法之一，常用于图像数据的分类。但此类传统方法在区分能力及高层特征提取方面存在明显不足。相较之下，深度学习因其在高层特征提取方面的优势而受到关注，在图像分类任务中表现出更强的稳健性。卷积神经网络作为深度学习的代表方法之一，已广泛应用于餐厨垃圾分选、可回收物分选及建筑垃圾分类。其中，VGGNet 模型是 CNN 结构中的典型代表，其在 2014 年 ImageNet 图像识别竞赛中展现出优异性能。尽管该模型在图像分类中被广泛采用，但其在建筑垃圾分类中的研究仍较为有限。由于

VGGNet 模型对图像数据量要求较高，知识迁移技术成为突破数据瓶颈的可行手段。此外，循环学习率可用于自动寻找最优学习速率，避免冗余测试。为实现深度学习模型的可视化，还可引入 t 分布随机邻居嵌入（t-SNE）算法。

目前，结合迁移学习与循环学习率以实现建筑垃圾精细分类的研究仍相对较少。基于实际工况下对高精度识别的要求，提出了一种基于迁移学习的 CVGGNet 模型，包括四种 VGG 结构（VGGNet-11、VGGNet-13、VGGNet-16、VGGNet-19），并结合数据增强与循环学习率策略，实现对建筑垃圾的分类。模型性能通过混淆矩阵派生的多个指标（准确率、精确率、召回率、F1 分数）进行评估，同时利用 t-SNE 算法将图像特征降维可视化。

3.1.1 数据集的准备和扩充

建筑垃圾数据集由研究人员人工采集，包含 2836 张图像，图像来源包括研究人员使用相机拍摄以及从谷歌（Google）搜索中获取的无版权限制的在线图像。该数据集被手动分为 10 类：混凝土、砖块、石材、瓷砖、玻璃、金属碎片、石膏板、木材、塑料和纸张（见图 3-1）。

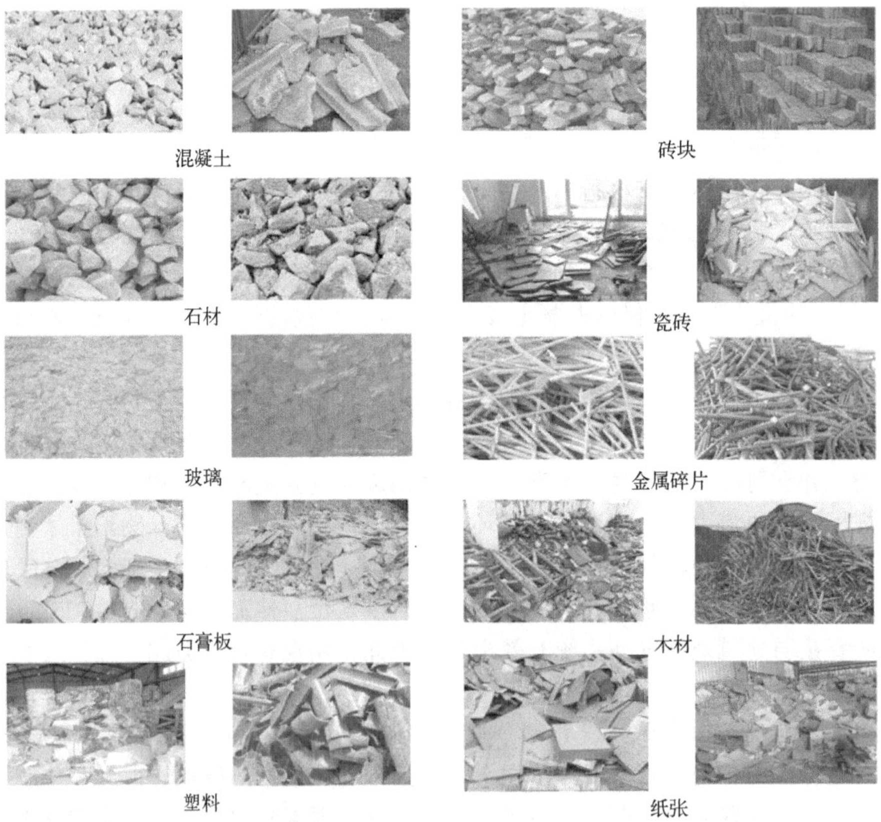

图 3-1 混凝土、砖块、石材、瓷砖、玻璃、金属碎片、石膏板、木材、塑料和纸张的图像示例

为提高深度学习神经网络的训练效率，所有图像被统一调整为 224×224 像素（高度×宽度）。为了扩充数据量，采用了图像增强技术，包括水平翻转、垂直翻转和顺时针旋转等方法。通过数据增强后，建筑垃圾图像总量从 2836 张扩展至 50994 张，具体包括：混凝土 5526 张、砖块 10908 张、石材 1116 张、纸张 1944 张、塑料 3402 张、木材 8568 张、石膏板 4500 张、金属碎片 10224 张、玻璃 2376 张和瓷砖 2430 张。此外，数据集按比例划分为训练集、验证集和测试集，数量分别为 36711 张、4080 张和 10203 张。

3.1.2 CVGGNet 模型及其优化方法

典型 VGGNet 结构，分别为 VGGNet-11、VGGNet-13、VGGNet-16 和 VGGNet-19，每个卷积模块中包含 2～4 次连续的卷积操作。VGGNet 模型主要由卷积层、最大池化层和全连接层组成。建筑垃圾通过卷积层与池化层实现自动特征提取与表示学习。其卷积层的计算公式如下：

$$\mathrm{conv}_i^f[j]=F*\left(\sum_{k=0}^{K_{i-1}} w_{ki}^f S_j[j+k]+b_{ki}^f\right)$$

式中，$\mathrm{conv}_i^f[j]$表示第 i 层中第 j 个神经元的输出；F 为非线性激活函数；w_{ki}^f 和 b_{ki}^f 分别为权重和偏置；S_j 表示输入图的选区。

最大池化层的计算如下：

$$\text{最大池化层}=\max(\mathrm{conv}_i^f)$$

最大池化层之后连接三个全连接层，激活函数采用 ReLU。类别预测由 Softmax 函数完成：

$$\Pr(Y=i \mid v,W,b)=\mathrm{Softmax}_i(Wv)+b=\frac{\mathrm{e}^{w_i v+b_i}}{\sum_j \mathrm{e}^{w_j v+b_j}}$$

最终预测结果为概率最大的类别：

$$y=\mathrm{argmax}_i \Pr(Y=i \mid v,W,b)$$

VGGNet 中的权重与偏置通过误差反向传播算法优化，该算法依据预测值与真实标签之间的误差进行参数更新。与其他 CNN 结构如 AlexNet 或 GoogleNet 相比，VGGNet 采用 3×3 小卷积核加深模型深度，提升特征提取能力，并扩大感受野。其可训练参数量分别为：VGGNet-11 为 1.29 亿，VGGNet-13 为 1.30 亿，VGGNet-16 为 1.34 亿，VGGNet-19 为 1.40 亿。

3.1.3 迁移学习

知识迁移（或称迁移学习）的引入极大地减少了对大规模数据标注的依赖。本研究采用 ImageNet 上预训练的 VGGNet 模型，将其输出层由原来的 1000 类替换为 10 类，并进行微调。最终采用交叉熵作为损失函数：

$$L=\frac{1}{n}\sum_i \sum_{c=1}^{M} y_{ic}\lg p_{ic}$$

3.1.4 循环学习率

在循环学习率（cyclical learning rate）方法中，学习率不再采用固定值或指数衰减方式，而是在一定范围内动态变化。最优学习率位于该范围之内，并在整个训练过程中采用近似最优的学习率。基于 ImageNet 数据集，研究采用循环学习率方法分析了不同 VGG 模型中学习率与损失函数之间的关系（见图 3-2）。结果显示，当学习率分别为 2.5×10^{-4}、1.8×10^{-4}、0.8×10^{-4} 和 1.0×10^{-4} 时，CVGGNet-11、CVGGNet-13、CVGGNet-16 和 CVGGNet-19 中损失函数对学习率的梯度达到最大。这些点即为各 VGGNet 架构的最优学习率。

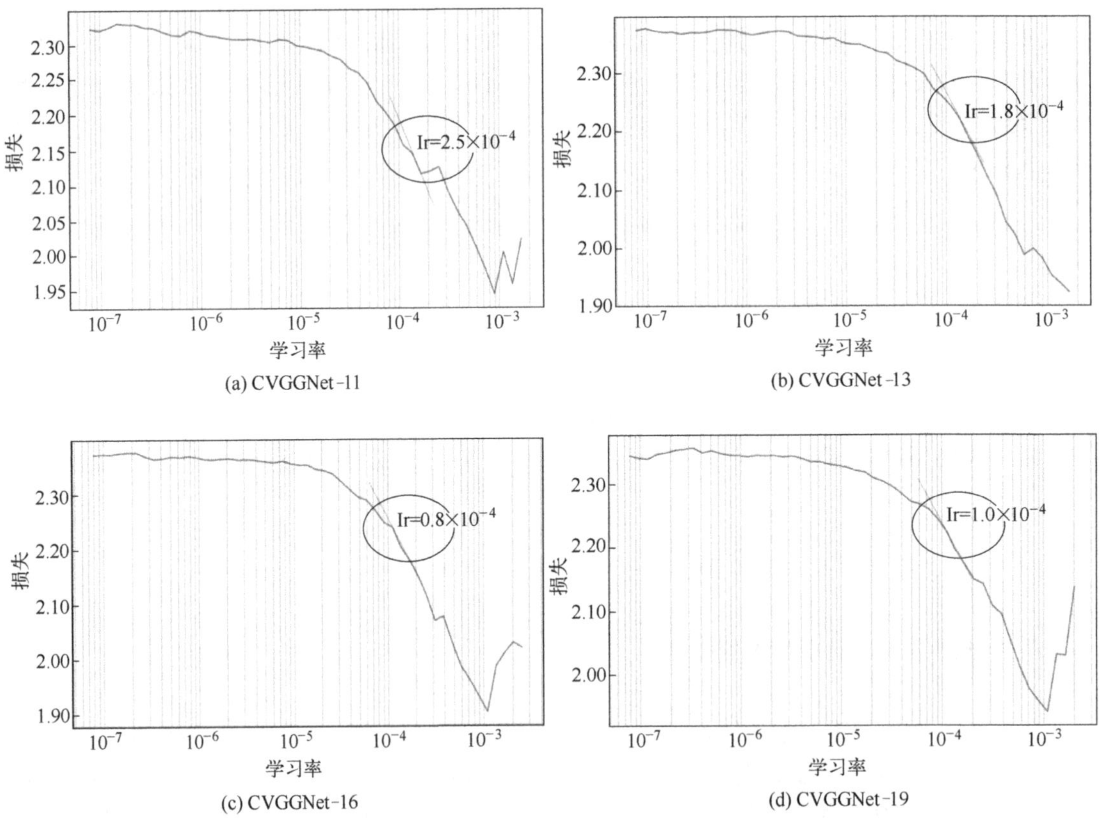

图 3-2　基于 ImageNet 的 VGG 模型学习率与损失关系图

3.1.5　迁移学习对 CVGGNet-11 建筑垃圾分类性能的影响

图 3-3 展示了知识迁移对 CVGGNet-11 模型在训练时间、损失函数、准确率和 ROC 等方面的影响。具体而言，图 3-3(a) 和（b）分别给出了应用于 CVGGNet-11 与 VGGNet-11 模型的训练损失和验证损失随训练轮数变化的曲线。在训练与验证数据集中，随着训练轮数的增加，两种模型的损失值总体呈下降趋势。其中，CVGGNet-11 模型在第 5 个训练周期后，其训练与验证集的损失值趋于稳定；在第 100 个周期时，CVGGNet-11 与 VGGNet-11 的训练集损失分别为 0.031 和 0.13。

在准确率方面［图 3-3(c) 和（d)］，两种模型的准确率随训练周期增加而上升。在第 100 个周期时，CVGGNet-11 和 VGGNet-11 在训练集上的准确率分别达到了 99.42% 和 96.81%。值得注意的是，CVGGNet-11 在第 50 个周期时即达到训练与验证集准确率的最大

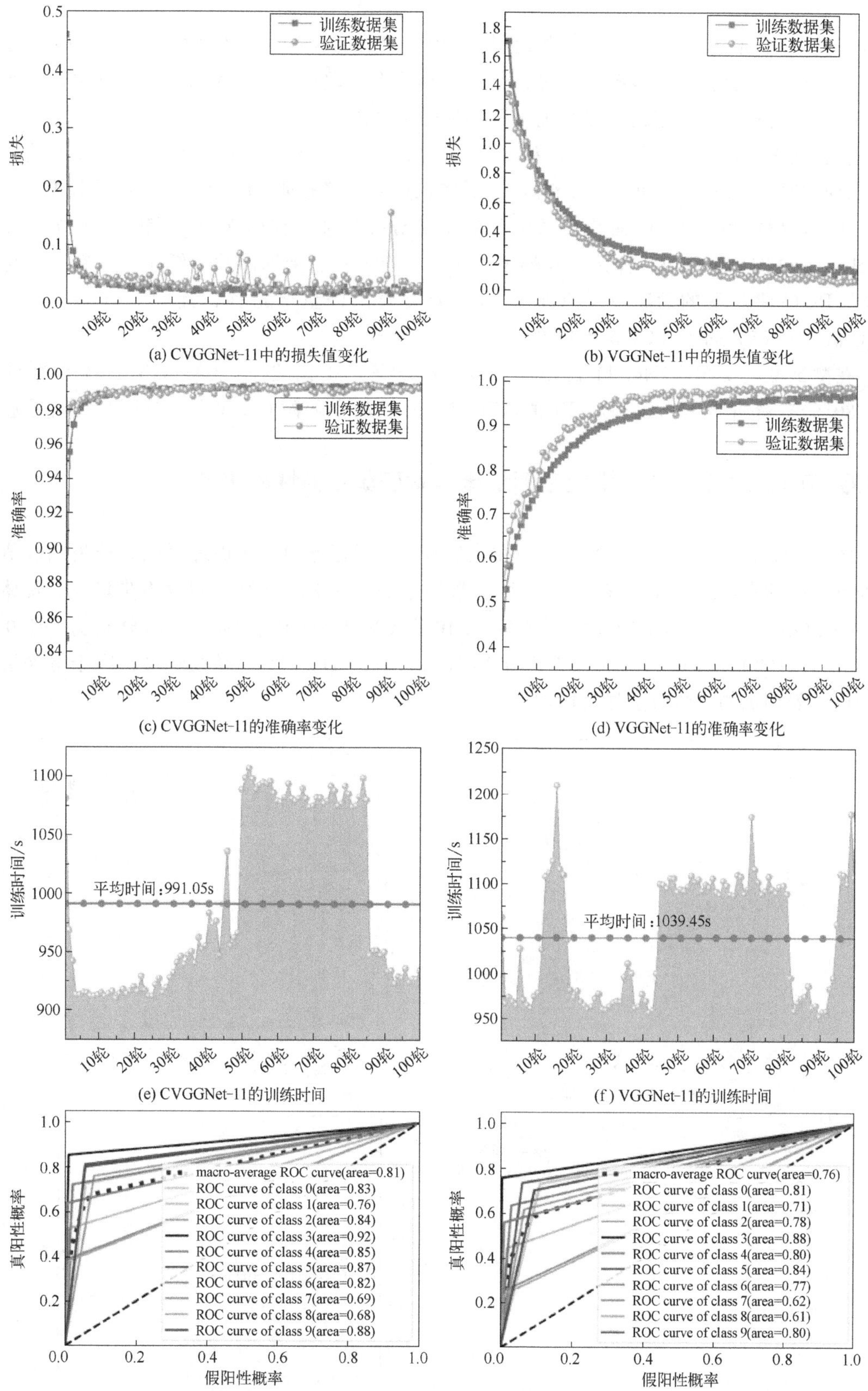

(a) CVGGNet-11中的损失值变化　(b) VGGNet-11中的损失值变化

(c) CVGGNet-11的准确率变化　(d) VGGNet-11的准确率变化

(e) CVGGNet-11的训练时间　(f) VGGNet-11的训练时间

(g) CVGGNet-11的ROC曲线　(h) VGGNet-11的ROC曲线

图 3-3　知识迁移对 CVGGNet-11 模型性能的影响

值（分别为 99.42%和 99.72%），随后保持稳定。而 VGGNet-11 的最高准确率出现在第 60 个训练周期。综合损失和准确率来看，知识迁移可有效促进 VGGNet-11 模型更快达到收敛状态，并显著提升其在建筑垃圾分类任务中的分类性能。

从训练效率来看，如图 3-3(e) 和 (f) 所示，CVGGNet-11 与 VGGNet-11 模型的平均训练时间分别为 991.05s 和 1039.45s，说明知识迁移可缩短训练时间，提升训练效率。

此外，研究通过 ROC 曲线评估两种模型的分类性能。在图 3-3(g) 和 (h) 中，class 0～class 9 分别代表砖块、瓷砖、混凝土、玻璃、石膏板、金属碎片、纸张、塑料、石材和木材。ROC 曲线下的面积（AUC）是衡量分类效果的重要指标，其中 CVGGNet-11 的 AUC 值为 0.85，高于 VGGNet-11 的 0.80。

在测试集上，VGGNet-11 的准确率为 64.40%。相比之下，CVGGNet-11 在精确率（72.80%）、召回率（72.20%）、F1 值（71.90%）以及准确率（72.20%）方面均表现更优。

3.1.6 不同 CVGGNet 模型在训练集与验证集中的性能比较

图 3-4 展示了多种 CVGGNet 模型在建筑垃圾分类任务中，在训练时间、损失函数值及准确率方面的表现。随着 CVGGNet 模型层数的增加，其平均训练时间也逐步增长。具体而言，CVGGNet-11、CVGGNet-13、CVGGNet-16 和 CVGGNet-19 的训练时间分别为 991.05s、1025.76s、1090.48s 和 1337.81s [见图 3-4(a)、(d)、(i)、(l)]。该趋势可归因于更深层网络结构中需训练的参数数量显著增加。

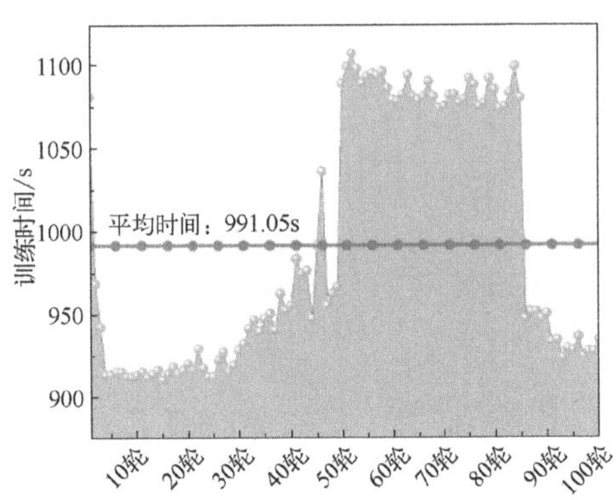

(a) CVGGNet-11的训练时间

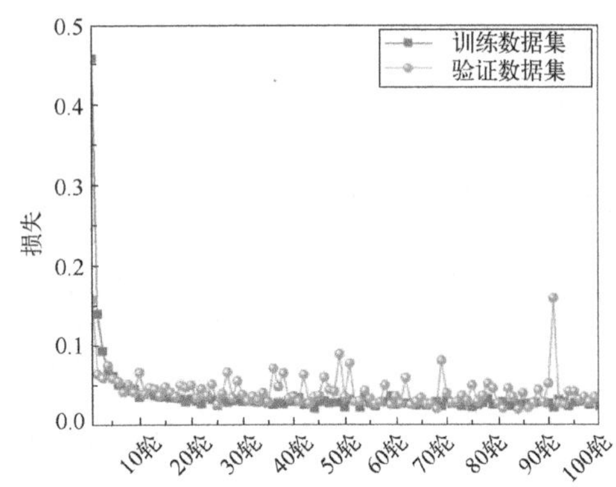

(b) CVGGNet-11的损失函数值

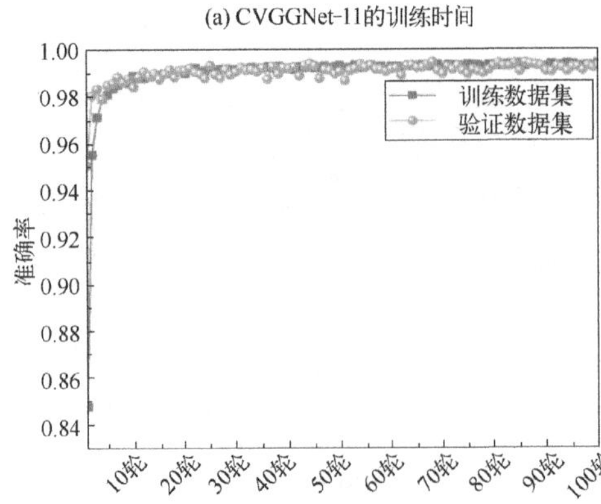

(c) CVGGNet-11的准确率

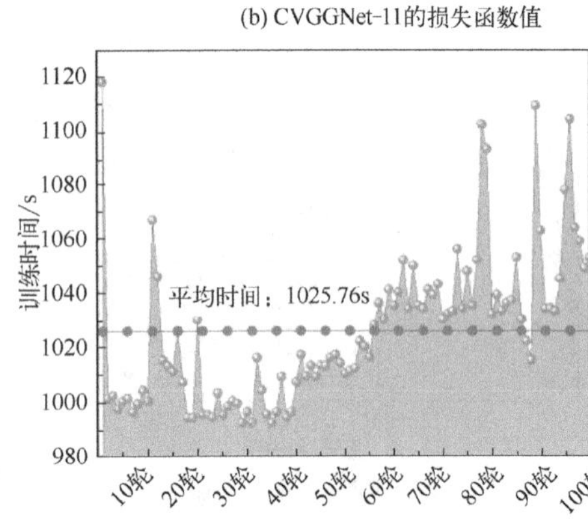

(d) CVGGNet-13的训练时间

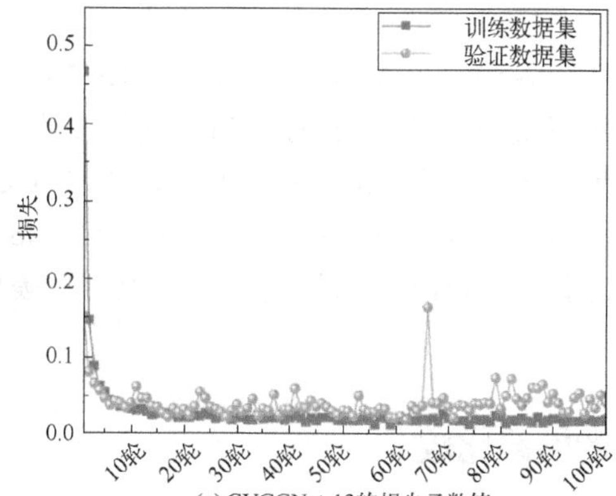

(e) CVGGNet-13的损失函数值

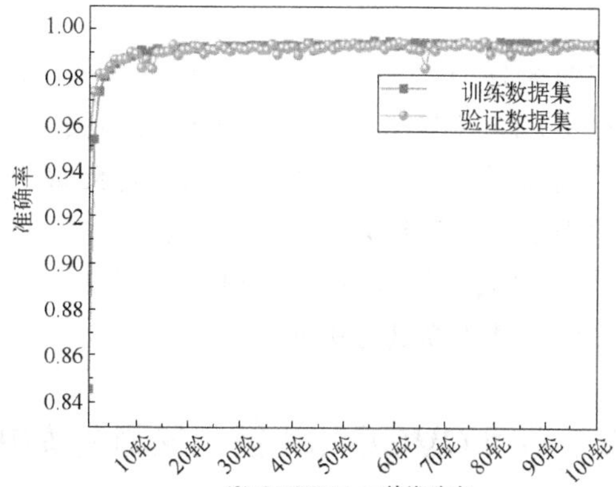

(f) CVGGNet-13的准确率

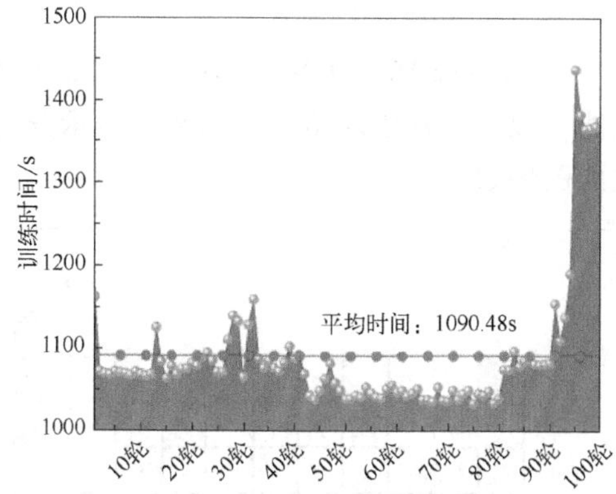

(i) CVGGNet-16的训练时间

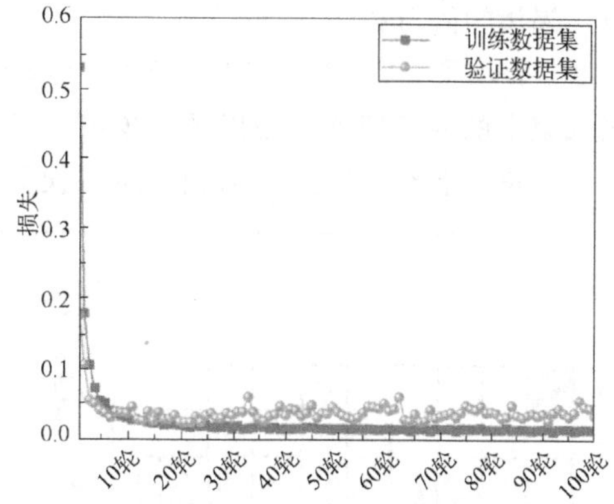

(j) CVGGNet-16的损失函数值

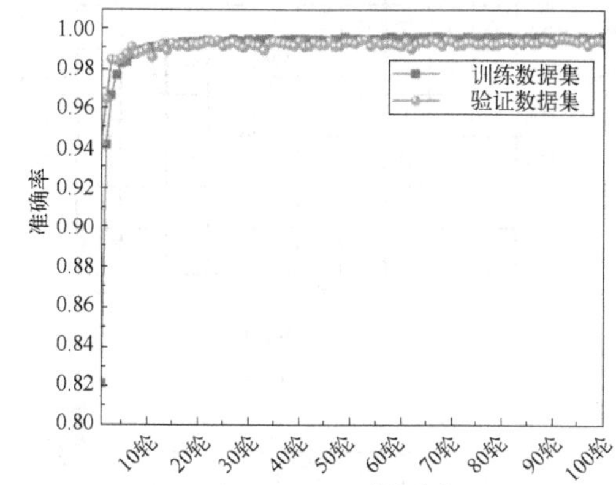

(k) CVGGNet-16的准确率

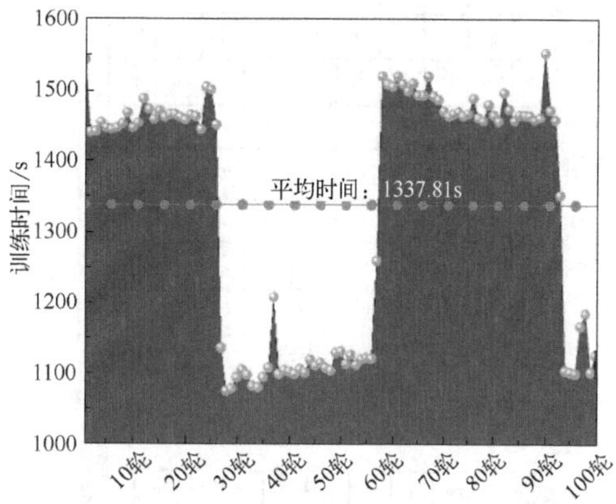

(l) CVGGNet-19的训练时间

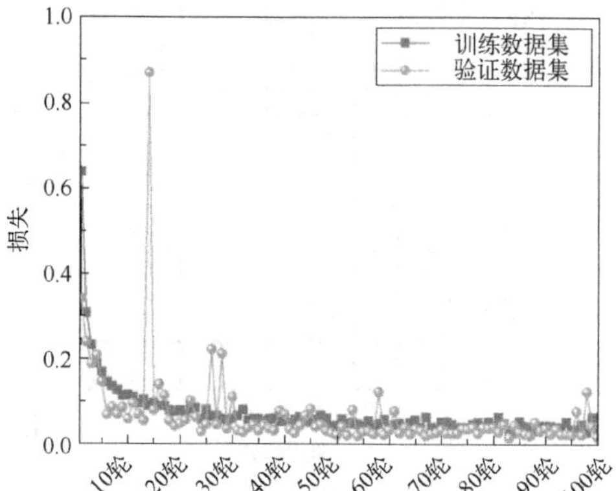

(m) CVGGNet-19的损失函数值

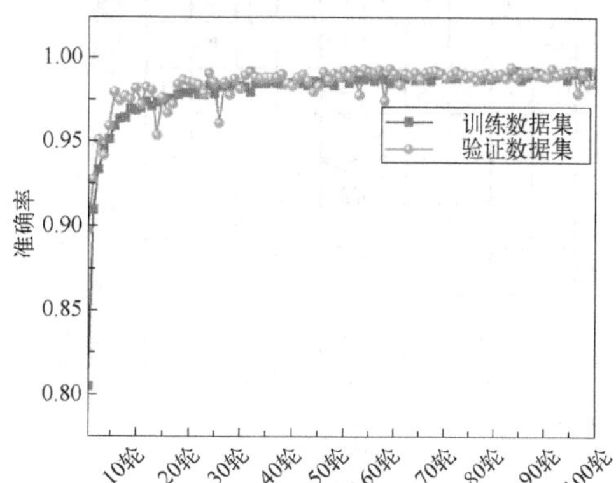

(n) CVGGNet-19的准确率

图 3-4　不同 CVGGNet 模型在训练集与验证集上的性能表现

如图 3-4(b)、(e)、(j)、(m) 所示，CVGGNet-11、CVGGNet-13、CVGGNet-16 与 CVGGNet-19 模型在训练与验证集上的损失曲线表现出一致的趋势：随着训练轮次增加，损失值逐渐下降，并在第 100 个周期达到最低点。与此相反，在准确率方面，各 CVGGNet 模型的表现呈上升趋势。图 3-4(c)、(f)、(k)、(n) 显示，在训练过程中，CVGGNet-11、CVGGNet-13、CVGGNet-16 和 CVGGNet-19 的准确率均随训练轮次增加而上升，表明模型逐步学习并提高其分类能力。

3.1.7 不同 CVGGNet 模型在测试集中的性能比较

(1) 混淆矩阵分析

图 3-5 展示了 CVGGNet-11、CVGGNet-13、CVGGNet-16 和 CVGGNet-19 模型在建筑垃圾测试集上的混淆矩阵，用以评估模型分类性能。混淆矩阵中对角线上的数值表示分类正确的图像数量，非对角线上的值则表示被误分类的图像数量。

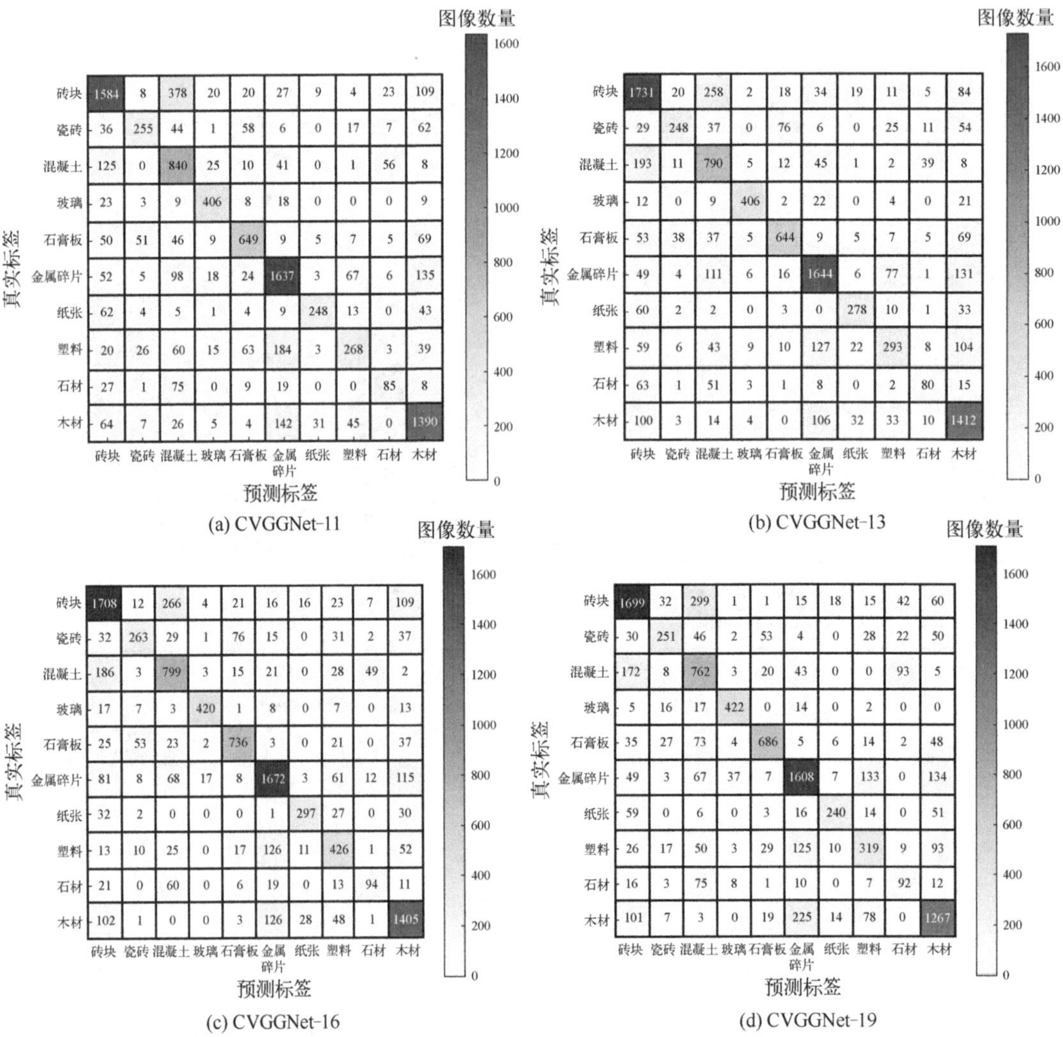

图 3-5 CVGGNet 模型的混淆矩阵

例如，在 CVGGNet-11 模型中，对于“砖块”这一类别，其 TN（真负类）、FN（假负类）、FP（假正类）和 TP（真正类）数量分别为 1584、598、459 和 7142。也就是说，该模型正确识别了 1584 张砖块图像，但也将 36 张瓷砖图像、125 张混凝土图像、23 张玻璃图像、50 张石膏板图像、52 张金属碎片图像、62 张纸张图像、20 张塑料图像、27 张石材图像和 64 张木材图像错误地识别为“砖块”［见图 3-5(a)］。值得注意的是，与图 3-5 中其他 CVGGNet 模型相比，CVGGNet-16 模型在多个类别上的分类准确率更高。该模型在瓷砖（263 张）、石膏板（736 张）、金属碎片（1672 张）、纸张（297 张）、塑料（426 张）和石材（94 张）等类别上的分类结果主要集中在对角线上，显示出较强的分类能力。混凝土（840 张）和玻璃（422 张）图像主要被 CVGGNet-11 和 CVGGNet-19 准确分类，而砖块与木材图像在 CVGGNet-13 中表现更优，主要分布在对角线上。

（2）准确率、精确率、召回率与 F1 分数和 t-SNE 分析

不同 CVGGNet 模型的分类准确率如图 3-6(a) 所示，准确率从高到低依次为：CVGG-Net-16（76.60%）、CVGGNet-13（73.80%）、CVGGNet-11（72.20%）和 CVGGNet-19（72.00%）。然而，准确率这一评价指标在数据严重不平衡的情况下存在明显的局限性。因此，本研究进一步引入精确率、召回率和 F1 分数，对不同 CVGGNet 模型在建筑垃圾分类中的性能进行更为全面的量化评估。

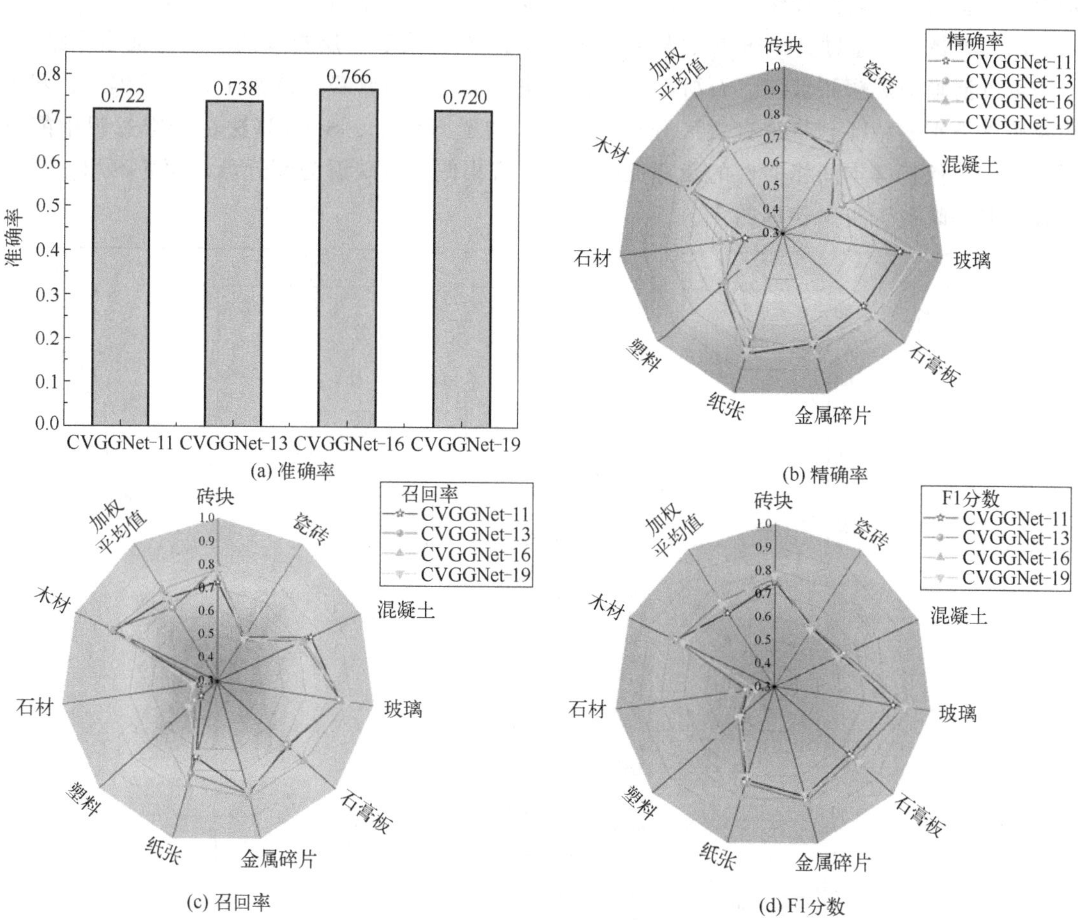

图 3-6　不同 CVGGNet 模型在准确率、精确率、召回率和 F1 分数方面的性能对比

精确率指的是被模型正确预测为正类的样本数占预测为正类样本总数的比例。如图 3-6(b) 所示，在加权平均值方面，CVGGNet-16 模型表现优于其他模型（76.8%），在除“瓷砖”以外的所有建筑垃圾类别中表现出色。对于“瓷砖”这一类别，各模型的精确率依次为：CVGGNet-13(74.50%)>CVGGNet-16(73.30%)>CVGGNet-11(70.80%)>CVGGNet-19(69.00%)。尽管 CVGGNet-16 的整体表现优越，但在“石材”（56.60%）和“塑料”（62.20%）分类方面仍有较大的提升空间。

召回率表示的是被正确识别为正类的样本占真实正类样本的比例。如图 3-6(c) 所示，CVGGNet-16 模型在加权平均值（76.60%）方面表现最佳，且在“石膏板”（81.80%）、“金属碎片”（81.80%）、“纸张”（76.30%）和“塑料”（62.60%）等类别中表现突出。其他建筑垃圾，如“混凝土”（75.90%）、“玻璃”（88.70%）、“砖块”（79.30%）和“木材”（82.40%），则分别由 CVGGNet-11、CVGGNet-19 和 CVGGNet-13 获得较好的分类效果。

F1 分数是精确率与召回率的调和平均，综合反映模型在样本分类中的整体性能。如图 3-6(d) 所示，加权平均 F1 分数依次为：CVGGNet-16(76.60%)>CVGGNet-13(72.20%)>CVGGNet-19(72.00%)>CVGGNet-11(67.20%)。该结果表明，大多数建筑垃圾种类能够通过 CVGGNet-16 深度学习模型实现较为准确的分类。然而，在“石材”与“瓷砖”等类别上，模型仍有显著的优化空间，未来应进一步提升针对复杂材质的识别能力。

图 3-7 展示了通过 t-SNE 算法从 CVGGNet-16 模型最后一层提取的二维特征表示结果。图中可以清晰地观察到玻璃、石材、纸张、砖块、木材、石膏板、混凝土、金属碎片、塑料和瓷砖等类别的特征分布被有效区分。这一现象主要归因于 t-SNE 算法在降维过程中能够构建出一个保持样本间相似性的新特征空间，即将相似样本映射为邻近点，而将不相似样本以较大概率映射为距离较远的点。

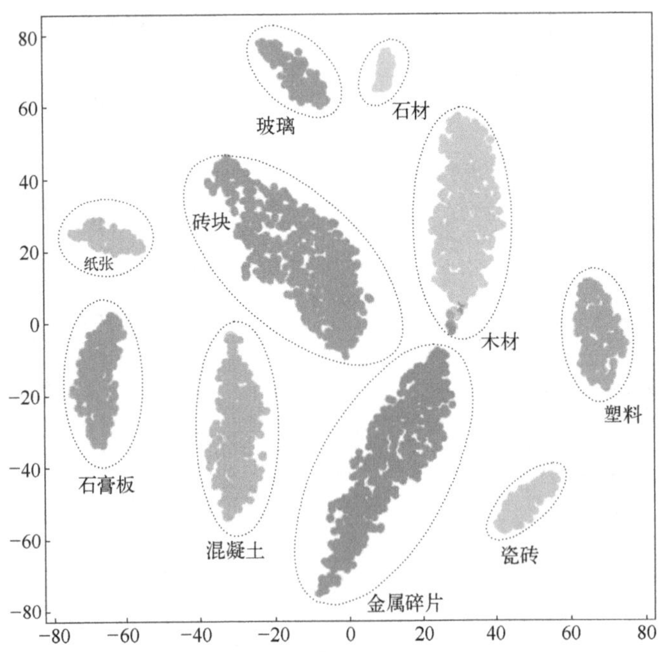

图 3-7 使用 t-SNE 方法对 CVGGNet-16 最后一层图像表示结果进行二维特征可视化

3.2 深度学习在毒性预测中的应用

针对当前数据驱动毒性预测模型对分子结构表达能力不足以及数据稀缺等问题，本节致力于针对不同分子表示开发更优的模型架构与训练优化策略，总体思路见图 3-8，主要包括数据集构建、模型算法开发以及预测性能评估三部分。首先收集整理健康生态毒性数据集、源自 MoleculeNet 的基准毒性数据集以及大规模无标签分子数据集 ChEMBL。鉴于 NLP 领域中序列模型的快速发展，尝试结合无标签数据中潜在的化学结构信息与健康生态毒性数据集中的毒性相关性，开发基于简化分子线性输入规范（SMILES）的毒性预测语言模型，并应用于常规健康毒性终点预测；针对分子图模型，尝试提升模型对分子结构的感知能力，并于基准毒性数据集上进行预测性能评估。为有效评估模型设计的有效性，将二者性能与其他常规分子机器学习模型进行比较，同时对模型内部设计展开消融实验研究。

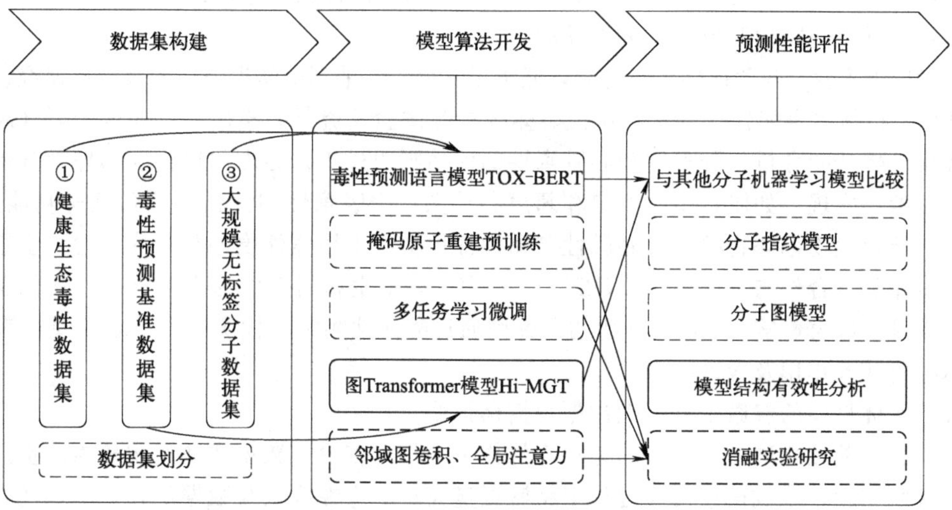

图 3-8 基于分子机器学习的有机化学品毒性预测模型算法流程图

3.2.1 有机化学品毒性预测数据集构建

3.2.1.1 健康生态毒性数据集

Jeong 等通过总结自 2014 年以来与毒性预测相关的 96 篇研究论文，将当前定量构效关系（QSAR）模型涵盖的毒性终点主要分为以下 10 类：急性毒性、水生毒性、生殖毒性、发育毒性、致癌性、雄激素受体、雌激素受体、基因表达、细胞毒性和肝毒性。并可大致分为以死亡、突变、肿瘤形成等毒性事件为代表的顶端终点与分子/细胞终点。其中，顶端终点是指在个体层面观察到的毒性效应，例如死亡、生殖毒性和发育毒性；分子/细胞终点是指在分子水平上观察到的毒性效应，例如受体结合，这类终点通常包括大量子终点，并涉及更复杂的毒性作用机制。

分子/细胞终点往往涉及复杂的微观分子事件，更依赖于毒性实验、机理研究以及有害结局路径分析。而顶端终点（如急性毒性）更侧重个体层面的毒性事件，其致毒机制较简单，通常不涉及分子层面的毒性效应，更适合利用 QSAR 模型进行毒性预测。鉴于此，应更注重个体层面的顶端终点，并排除包含大量复杂子终点的分子/细胞终点（如雄激素受体和雌激素受体）。通过收集文献数据，覆盖了包括致癌性、致突变性、生态毒性等在内的 8 类健康生态毒性，共计 19 个毒性终点，81901 条实验数据，构成了健康生态毒性数据集，该数据集基本介绍如下。

（1）个体层面的典型健康生态毒性顶端终点

致癌性、诱变性、肝毒性、心脏毒性和呼吸毒性等毒性类型通过多种机制引发不良效应。致癌性涉及 DNA 损伤、基因突变及细胞周期失调，诱变性则表现为 DNA 序列改变，可能导致癌症或遗传疾病。肝毒性和心脏毒性分别通过氧化应激、线粒体功能障碍及炎症反应等机制损害肝脏和心血管系统功能。呼吸毒性则主要引发气道炎症、氧化应激及上皮细胞损伤，导致呼吸系统功能障碍。刺激性与腐蚀性关注化学物质对皮肤、眼睛及黏膜的可逆性或不可逆性损伤，而生态毒性评估化学物质对生态系统的潜在危害，包括急性毒性、慢性毒性及生物积累等。细胞色素 P450（CYP450）酶作为外源性物质代谢的关键酶家族，其诱导或抑制可能导致药物代谢异常或毒性反应。

针对以上毒性，实验评估方法各异，涵盖了从分子水平到整体生物体的多层次研究。致癌性和诱变性评估主要依赖长期动物试验、体外细胞试验及流行病学研究，如埃姆斯（Ames）试验和染色体畸变分析。肝毒性和心脏毒性的评估则通过生化标志物检测、影像学分析及组织病理学检查实现，如肌钙蛋白测定和超声心动图。呼吸毒性的评估手段包括肺功能测试、病理学分析及生物标志物检测。刺激性与腐蚀性评估则采用体外模型和替代试验。生态毒性测试常遵循经济合作与发展组织（OECD）指南，以水生和陆生生物为对象，评估化学物质对生态系统的综合影响。CYP450 酶的研究则通过酶活性测定、代谢产物分析及基因表达检测揭示药物相互作用及毒性机制。

（2）个体层面的健康生态毒性数据集搭建策略

以动态半数致死浓度为代表的生态毒性样本量相对较少，数据稀缺问题较为严重。为缓解数据稀缺问题，该数据集构建过程中将数据量充足的毒性终点与数据量较少的毒性终点进行配对，旨在利用相似毒性之间的相关性提升针对小样本毒性终点的预测性能。

研究表明，许多毒性终点表现出强相关性并具有相似的毒性作用机制。例如，Benigni 等指出诱变性和致癌性可能同样归因于亲电化学物质。在该数据集中，每个终点均与至少一个相关毒性终点配对。例如，诱变性与致癌性配对，刺激性和腐蚀性配对。

将四个数据量相对较小的生态毒性参数，包括经皮半数致死浓度（LC_{50}DM）、生物浓缩因子（BCF）、半数致死浓度（LC_{50}）和抑制生长浓度（IGC_{50}），作为典型的生态毒性终点。通过整合健康毒性和生态毒性数据，利用多任务学习框架，将健康毒性数据中的共享毒性知识迁移到生态毒性的预测中，以弥补小样本终点因数据稀缺导致的预测精度不足。

引入了分子毒性终点 CYP450，作为数据集的重要补充。CYP450 在药物发现与毒性研究中具有广泛应用，其实验数据丰富，且与多个毒性终点（如肝毒性）可能存在潜在关联。将 CYP450 数据纳入该数据集，可增强数据集的多样性，并为毒性预测模型提供补充信息。

该数据集中各终点的预测被设计为二分类（binary classification）或回归（regression）任务，总计 15 个二分类任务和 4 个回归任务。各终点数据集以 8∶1∶1 的比例被随机划分为训练集、验证集和测试集。

3.2.1.2 毒性预测基准数据集

MoleculeNet 是目前应用最广泛的分子性质预测基准数据集之一，由 Wu 等人于 2018 年提出，旨在借鉴 ImageNet 在计算机视觉领域的成功经验，推动分子机器学习研究的发展。Tox21、ToxCast、SIDER 和 ClinTox 是 MoleculeNet 中常用的毒性识别基准数据集，这些数据集涵盖了从环境化学物质到药物毒性评估的多种毒性终点，构成了毒性预测领域的重要数据资源和研究基准。

（1）Tox21

Tox21 数据集包含 8014 个分子，主要用于核受体信号通路和压力响应相关的毒性检测。这些数据来源于多种高通量筛选实验，覆盖了多种生物靶点，是 21 世纪毒性挑战（Tox21 data challenge）的核心数据之一。

（2）ToxCast

ToxCast 数据集包含 9403 个分子和约 600 个实验终点，数据来源于美国环保署（EPA）的 ToxCast 计划，涵盖了从细胞水平到机制水平的多种毒性相关实验。ToxCast 的数据规模大，信息丰富，但也存在较高比例的缺失数据。

（3）SIDER

SIDER 数据集包含 1430 个分子，专注于药物的副作用标签。SIDER 提供了已批准药物的多任务毒性终点信息。尽管总体上负性样本占比更大，但在某些副作用终点中正性样本占比较高。

（4）ClinTox

ClinTox 数据集包含 1491 个分子，聚焦于药物在临床试验阶段的毒性信息，包含被批准药物和被撤回药物的数据。ClinTox 的毒性标签贴近药物开发的真实场景，但该数据集中类别极为不平衡，负性分子占绝大多数。

图 3-9 绘制了各数据集的正负样本组成特征，明确展示了每个数据集存在的显著类别不平衡问题。其中，除 SIDER 某些副作用外，大多数毒性终点中负性分子占据更大比例，这要求在模型训练时应恰当处理数据的不均衡性，采用类别权重缓解该问题。对于 ToxCast 和 Tox21 数据集中的缺失数据，在各任务训练时直接跳过缺失样本。

此外，分子最大长度被限制为 150，以避免包含过长的分子。在数据划分过程中，所有数据集按照 8∶1∶1 的标准比例划分为训练集、验证集和测试集。为全面评估模型性能，所有数据集在模型比较中分别应用随机划分和基于骨架（scaffold）的划分策略。

3.2.1.3 大规模无标签分子数据集

除有标注毒性数据集外，利用大规模无标签分子数据集 ChEMBL 进行毒性预测语言模型预训练，以在大规模数据中学习分子构成模式和结构特征，缓解毒性预测中数据稀缺问题，并在后续有监督学习任务中提升预测性能。相比人工标注数据，无标签数据覆盖范围更广和类型更多样性，且有效规避了标注成本高昂的问题。

ChEMBL 数据库包含约 230 万种小分子化合物，收录了大量与药物生物活性相关的高质量小分子及其生物靶标信息，被广泛应用于药物研发与化学信息学领域。在数据处理过程中，所有分子 SMILES 字符串均通过 RDKit 工具进行规范化处理转化为标准化 SMILES。为避免处理过长 SMILES 字符串，设定其最大长度为 200 个字符。此外，对于无法被 RDKit 成功解析的分子，予以排除。为评估预训练模型性能，与此前研究一致，将该数据集随

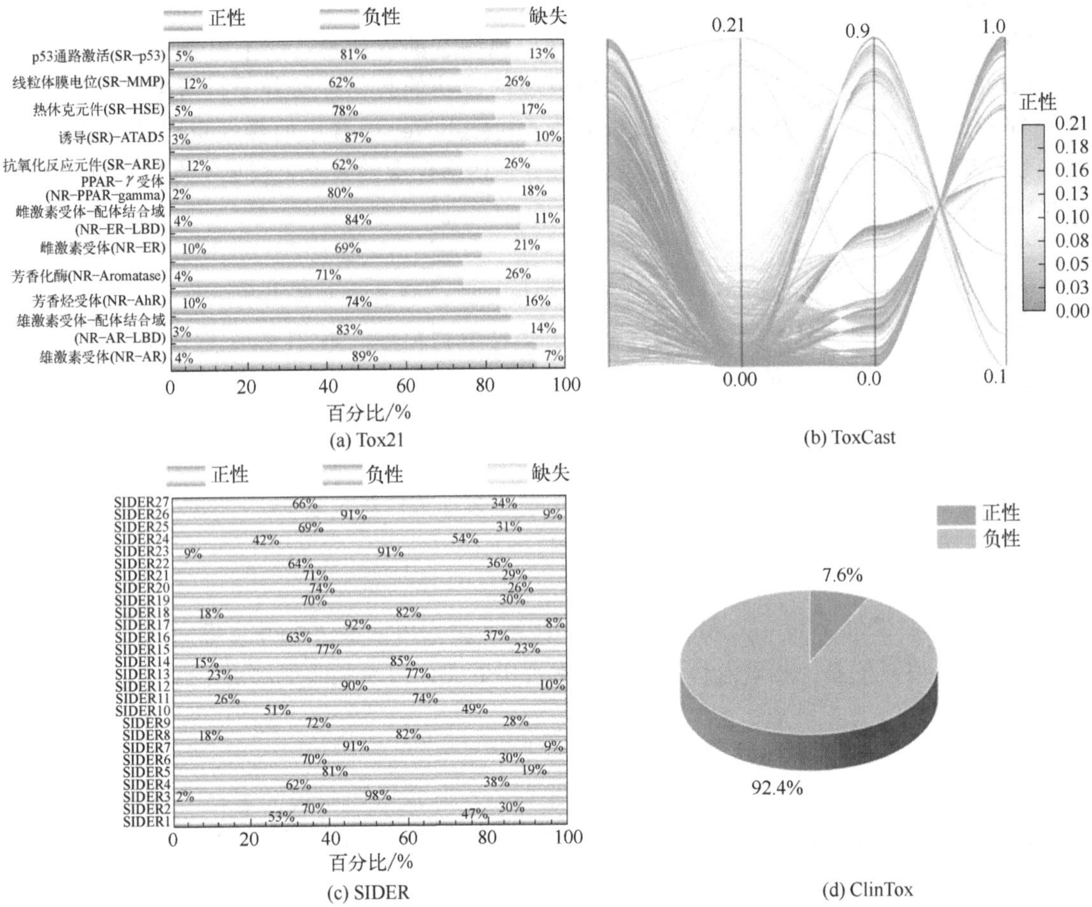

图 3-9　MoleculeNet 中各基准毒性数据集的正负性样本组成

机划分为 98%的训练集和 2%的测试集。

3.2.2　基于 SMILES 的多任务预训练毒性预测语言模型算法与验证

（1）分子 SMILES 表示与分词化

TOX-BERT 是一个端到端的分子机器学习模型，直接以分子 SMILES 字符串为输入，预测健康生态毒性数据集中的 19 个毒性终点。在编码前，SMILES 字符串需依据正则表达式进行分词化，所有匹配项（例如［Br］和［Cl］）被添加至分词词典。该方法能有效识别 SMILES 中的化学结构。

为统一输入向量长度，各批次 SMILES 字符串均使用〈PAD〉分词填充至该批次内最大分词长度。此外，在掩码分词重建预训练阶段，使用〈MASK〉分词代表被掩码 SMILES；在微调阶段，19 个任务分词被添加至分词词典和输入向量中，分别表示为〈T0〉、〈T1〉、〈T2〉等，直至〈T18〉，以代表不同毒性终点。

（2）多任务毒性预测语言模型架构

如图 3-10(a) 所示，TOX-BERT 模型主要包括三部分：SMILES 嵌入层、Transformer

编码层和特定毒性任务的预测头。在 SMILES 嵌入层中，输入 SMILES 被分词化为 $x=(x_1, x_2, \cdots, x_n)$，并通过可学习的分词字典 $D \in RVF$，转化为嵌入向量 $\boldsymbol{w}=(\boldsymbol{w}_1, \boldsymbol{w}_2, \cdots, \boldsymbol{w}_n)$。其中，$V$ 指词汇（vocabulary）数量，F 指嵌入向量维度。为反映 SMILES 中分词的顺序，嵌入向量中需添加位置编码信息。

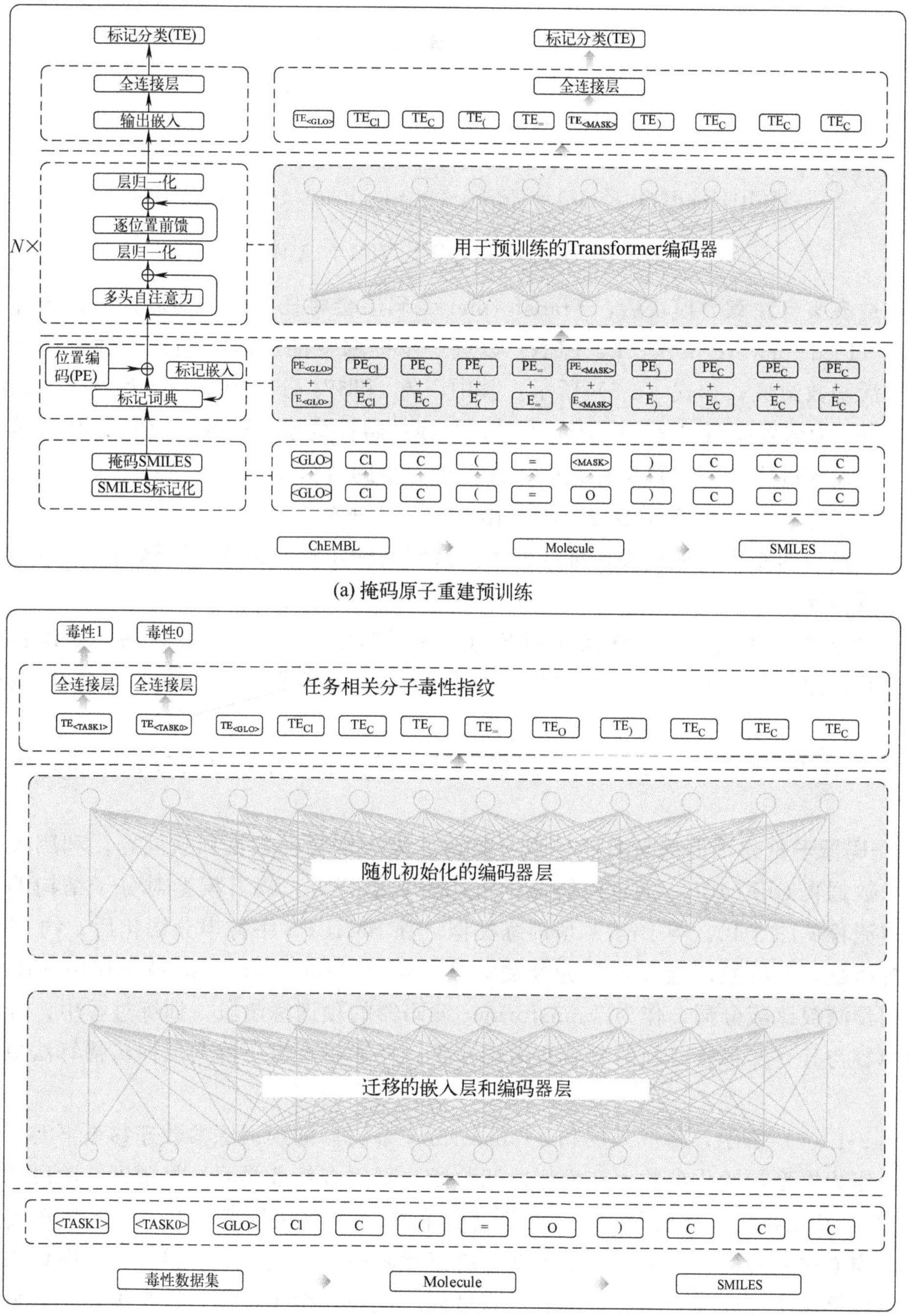

(a) 掩码原子重建预训练

(b) 多任务学习微调

图 3-10　TOX-BERT 模型架构与训练策略

在 Transformer 编码层内，嵌入向量经线性映射 W，生成查询 Q、键 K 和值 V，如式(3-1) 所示。此后，Q、K 和 V 进入多头自注意力（multi-head self-attention）模块中进行信息交换，生成与任务相关的嵌入表达，如式（3-2）所示。其中，$\sqrt{d_k}$ 作为缩放因子，用于避免 Softmax 函数产生过小的梯度。如式（3-3）与式（3-4）所示，在自注意力计算执行多次后将结果拼接，$\boldsymbol{W}^{\mathrm{O}}$ 代表可学习矩阵。研究表明，多头注意力计算可强化来自不同子空间的信息。

$$Q=xW_Q, K=xW_K, V=xW_V \tag{3-1}$$

$$\mathrm{Attention}(Q,K,V)=\mathrm{Softmax}\left(\frac{QK^{\mathrm{T}}}{\sqrt{d_k}}\right)V \tag{3-2}$$

$$\mathrm{MultiHead}(Q,K,V)=\mathrm{Concat}(\mathrm{head}_1,\mathrm{head}_2,\cdots,\mathrm{head}_h)\boldsymbol{W}^{\mathrm{O}} \tag{3-3}$$

$$\mathrm{head}_i=\mathrm{Attention}(QW_i^Q,KW_i^K,VW_i^V) \tag{3-4}$$

在经过多头自注意力模块后，Transformer 编码层会将任务相关的嵌入表达传递到前馈神经网络（feed-forward network，FFN）以进一步提取特征。FFN 由两层线性变换和一层非线性激活函数组成，如式（3-5）所示。其中，$\boldsymbol{W}_1$ 和 $\boldsymbol{W}_2$ 分别为第一层和第二层的权重矩阵，$\boldsymbol{b}_1$ 和 $\boldsymbol{b}_2$ 为偏置向量，ReLU 是用于引入非线性特征的激活函数。FFN 以位置独立的方式逐个处理输入嵌入，并对每个标记嵌入进行进一步的特征变换。

$$\mathrm{FFN}(Q,K,V)=\mathrm{ReLU}(x\boldsymbol{W}_1+\boldsymbol{b}_1)\boldsymbol{W}_2+\boldsymbol{b}_2 \tag{3-5}$$

此后，模型的输出将通过特定毒性任务的预测头输出预测结果，预测头的设计依据任务类型而有所差异。

① 分类任务。预测头由全连接层和 Softmax 层组成，Softmax 层将网络输出转化为类别概率分布，用于毒性识别的二分类任务，并采用二元交叉熵（cross-entropy）损失训练优化。

② 回归任务。预测头直接使用全连接层输出连续值，并通过均方误差损失函数训练优化。

③ 掩码原子重建预训练与多任务学习微调。为缓解毒性数据稀缺问题，利用大规模无标签分子数据集 ChEMBL，通过掩码原子重建预训练任务，提升模型对分子结构的表达能力，具体流程见图 3-10。与 BERT 预训练类似，在 SMILES 字符串分词化后，约 15%的分词被随机遮蔽，并将被遮蔽分词作为预测标签，训练 Transformer 编码器利用 SMILES 中剩余分词预测被遮蔽分词，作为 Transformer 编码器的预训练阶段。训练过程中，计算预测的遮蔽标签与其真实标签之间的分类交叉熵损失，并通过梯度下降与反向传播算法更新模型参数。

如图 3-10(b) 所示，将嵌入层和 Transformer 编码器的预训练参数迁移至下游毒性预测任务中，作为模型初始化参数。在模型微调阶段，采用多任务学习，将预训练阶段的预测头替换为 19 个特定毒性任务的预测头。在训练过程中，分类任务采用二元交叉熵损失，回归任务采用均方误差损失。与单独训练各毒性终点预测模型不同，所有损失值被整体求和，并通过反向传播算法更新模型参数，进行模型微调。此外，由于不同数据集中包含的分子并不相同，不同分子可能具有不同数量的标签。为解决该问题，缺失标签的损失贡献被设置为零，从而不影响训练过程。

3.2.3 毒性预测语言模型的训练与验证

为确定 TOX-BERT 模型的最佳结构，以 SMILES 被遮蔽分词的预测准确率作为评估指标，在预训练阶段对三种不同规模的结构进行了评估。各参数含义解释如下：

① 层数（layers）。指模型中 Transformer 编码器的层数，表示模型的深度。更高的层数通常意味着模型具有更强的表示能力，但也可能增加训练时间或过拟合风险。

② 注意力头数（heads）。指多头自注意力机制中平行计算时注意力头的数量。更多的注意力头通常能够捕获来自不同子空间的信息，增强模型对复杂模式的建模能力。

③ 自编码器维度（model size）。指每个分词嵌入的特征维度，也是 Transformer 编码中查询、键和值的投影向量的维度。较大的编码器维度可以提升模型的表达能力，但也会增加计算开销。

④ FFN 维度（FFN size）。指前馈神经网络（FFN）的隐层大小。FFN 是 Transformer 的关键组件之一，用于增强模型对非线性关系的捕获能力。更大的 FFN 维度通常能够提高模型的学习能力。

模型候选结构和相应训练结果如表 3-1 所示。比较可知，TOX-BERT-3 结构在预测准确率上显著优于其他两种模型，其准确率达到了 0.9669。因此，TOX-BERT-3 结构被选定为后续微调阶段的标准骨干模型，用于进一步验证其在下游任务中的表现。

表 3-1 基于预训练性能的 TOX-BERT 模型结构超参数优化

模型架构	层数	注意力头数	编码维度	FFN 维度	预测准确率
TOX-BERT-1	4	4	64	256	0.8937
TOX-BERT-2	8	8	128	512	0.9374
TOX-BERT-3	16	16	256	1024	0.9669

为评估 TOX-BERT 在微调后的预测性能，将其与其他三种典型的数据驱动 QSAR 模型进行了对比，包括两种基于分子指纹的模型（MACCS-DNN 和 ECFP-DNN）以及一种基于分子图的模型。每个模型最多训练轮次（epoch）设置为 100，并采用早停策略以避免过拟合，其中耐心参数设置为 10，即当验证集上性能指标在连续 10 个轮次内未提升时，训练提前停止，并使用此前的最佳模型参数对测试集进行评估。TOX-BERT 训练损失曲线见图 3-11。

对于回归型毒性终点预测任务，采用决定系数 R^2 作为性能指标；而对于分类任务，则采用接受者操作特征曲线下的面积（AUC_ROC），具体计算如下。

① R^2。决定系数 R^2 是回归分析中用于评估模型拟合性能的常用指标，表示自变量能够解释因变量变化的比例，范围为 0～1，其计算见式（3-6），其中 y_i、$\hat{y}_i$ 和 $\overline{y_i}$ 分别代表毒性终点真实值、预测值和平均值。$R^2=1$ 表示模型完美拟合数据，$R^2=0$ 表示模型无法解释数据。通过计算残差平方和与总平方和的比值，R^2 衡量了模型预测值与实际观测值之间的差异，值越接近 1 表示模型拟合效果越好。

$$R^2 = 1 - \frac{\sum_{i=1}^{n}(y_i - \hat{y}_i)^2}{\sum_{i=1}^{n}(y_i - \overline{y_i})^2} \tag{3-6}$$

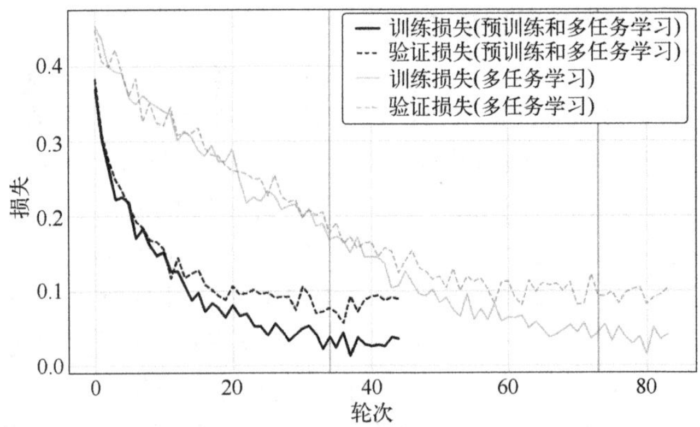

图 3-11　TOX-BERT 与无预训练 TOX-BERT 在训练集与验证集上的损失曲线

② AUC_ROC。AUC_ROC 主要用于二分类任务，用于衡量模型区分不同类别的能力。AUC（area under the curve）表示接受者操作特征曲线（ROC 曲线）下的面积，ROC 曲线则是以假阳性率（FPR）为横坐标，真阳性率（TPR）为纵坐标的图形表示。AUC 的值在 0～1 之间，值越大，模型的分类效果越好。ROC 曲线反映了模型在不同分类阈值下的表现，假阳性率（FPR）和真阳性率（TPR）的计算公式见式（3-7）与式（3-8）。其中，TP、FP、FN 和 TN 分别表示真阳性、假阳性、假阴性和真阴性样本数量。

$$\mathrm{TPR}=\frac{\mathrm{TP}}{\mathrm{TP}+\mathrm{FN}} \tag{3-7}$$

$$\mathrm{FPR}=\frac{\mathrm{FP}}{\mathrm{FP}+\mathrm{TN}} \tag{3-8}$$

TOX-BERT 与其他数据驱动 QSAR 模型的毒性预测性能结果如图 3-12(a) 所示。由图可知，TOX-BERT 在多数毒性预测任务中均优于 MACCS-DNN、ECFP-DNN 和 GCN。此外，对于数据量最小的生态毒性终点，TOX-BERT 的 R^2 指标比最佳 GCN 模型高出约 0.12，显示出其在低数据量情况下的显著提升。以上结果表明，TOX-BERT 在健康与生态毒性预测任务中优于其他典型数据驱动 QSAR 模型，并在数据稀缺情况下提升更为显著。

3.2.4　预训练与多任务学习的有效性分析

消融实验研究是一种通过系统地去除或修改模型的某些部分，评估机器学习中各个组件或特定技术影响的常用方法。采用了两个不完全的模型来评估掩码原子重建预训练和多任务学习微调的影响，分别为无预训练 TOX-BERT 和无多任务学习（MTL）的 TOX-BERT。与完整 TOX-BERT 模型相比，无预训练 TOX-BERT 的模型参数是随机初始化的，未使用经掩码原子重建预训练获得的模型参数；无多任务学习 TOX-BERT 模型初始化参数则与完整 TOX-BERT 相同，但在各数据集上单独训练。

具体而言，为评估预训练和多任务学习的有效性，比较了 TOX-BERT、无预训练的 TOX-BERT 和无多任务学习的 TOX-BERT 在所有微调数据集上的预测性能。如前所述，MTL 的 TOX-BERT 仅需在 19 个毒性数据集上进行一次训练，而无 MTL 的 TOX-BERT 需在每个数据集上单独训练。训练设置与之前的实验一致，相关模型的损失曲线见图 3-11。

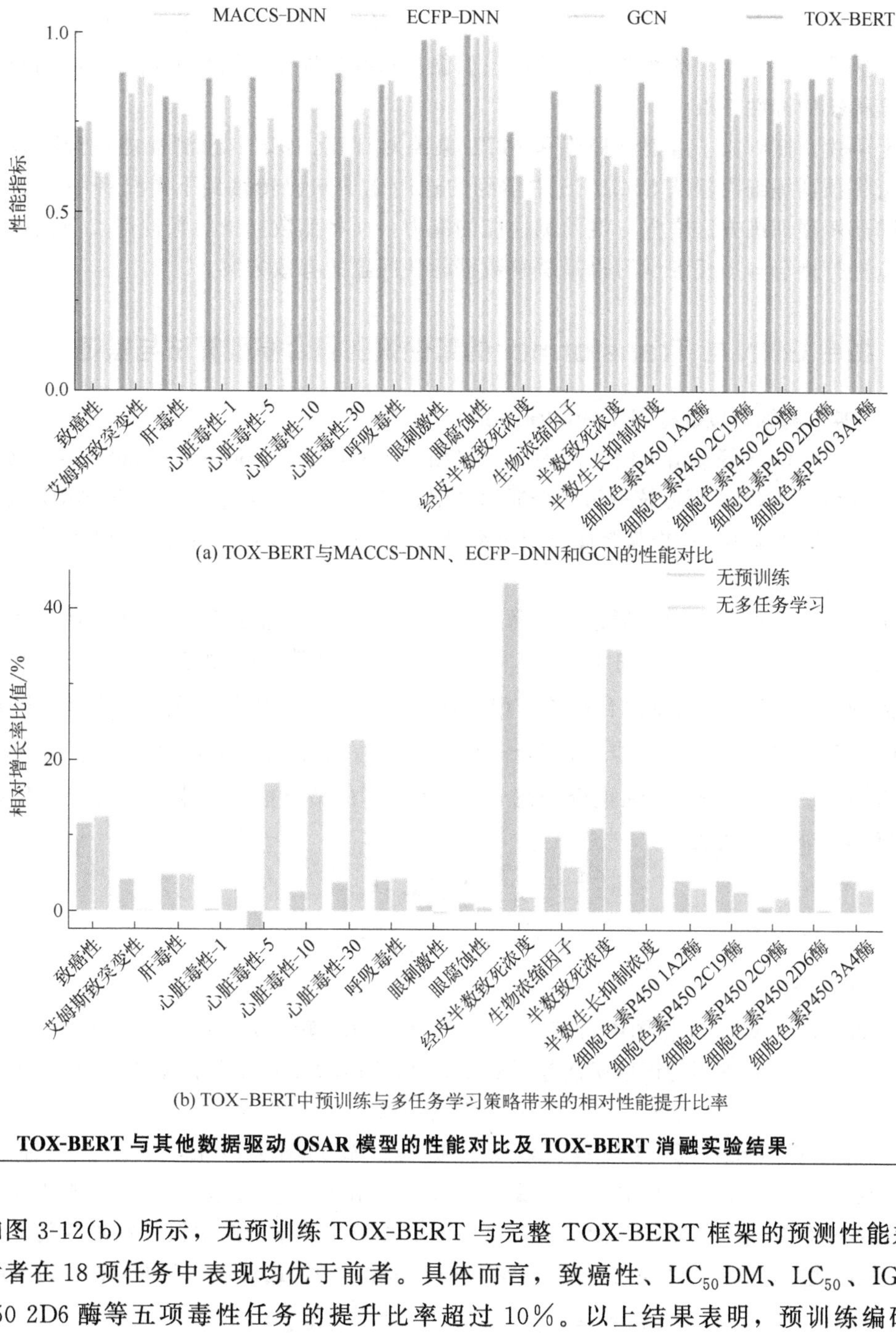

(a) TOX-BERT与MACCS-DNN、ECFP-DNN和GCN的性能对比

(b) TOX-BERT中预训练与多任务学习策略带来的相对性能提升比率

图 3-12　TOX-BERT 与其他数据驱动 QSAR 模型的性能对比及 TOX-BERT 消融实验结果

如图 3-12(b) 所示，无预训练 TOX-BERT 与完整 TOX-BERT 框架的预测性能差异明显，后者在 18 项任务中表现均优于前者。具体而言，致癌性、LC_{50}DM、LC_{50}、IGC_{50} 和 CYP450 2D6 酶等五项毒性任务的提升比率超过 10%。以上结果表明，预训练编码器从 SMILES 中学习的 SMILES 结构知识，对下游毒性预测任务提升明显。SMILES 中含有丰富的化学特征，如分子连接和原子性质等，掩码原子重建任务可能从中学习到了具有可迁移性的化学知识用于毒性预测。

如图 3-12(b) 所示，完整 TOX-BERT 模型在毒性预测任务中表现优于无 MTL 的 TOX-BERT，平均性能提升为 7.51%。然而，性能提升的程度在不同终点之间有所不同。特别地，对于数据量较小的数据集，平均提升比率达到 10.95%，远高于数据量较大的数据集（1.61%）。总体而言，数据稀缺的毒性终点，如生态毒性和心脏毒性，受益最多；而数据量相对充足的终点，如 CYP450 和致突变性，仅表现出较少的提升。由此可推知，MTL 可能有效捕捉了各毒性间的相关性，并使模型能将从数据量充足毒性位点中学习到的知识迁移至数据稀缺的毒性终点。

综上所述，掩码原子重建预训练和 MTL 策略对 TOX-BERT 预测性能提升明显。预训练策略可将预训练编码器从 SMILES 中学到的通用化学知识转移到下游任务中，展示了其作为一种通用预训练方法增强毒性预测性能的潜力；而将低数据量的毒性终点与数据充足的相关终点进行耦合与多任务学习也是缓解数据稀缺问题的有效方案。

3.2.5 融合 GNN 与 Transformer 的毒性识别复合模型算法与验证

3.2.5.1 图神经网络与位置感知 Transformer

2017 年，Gilmer 等提出了信息传递神经网络（message passing neural network，MPNN），将图神经网络（GNN）模型统一为一个通用框架。MPNN 在化学分子结构的表示学习和预测任务中得到了广泛应用，该框架将图学习过程分为两个核心阶段：信息传递阶段和读取阶段。

（1）信息传递阶段

每个节点 v 的嵌入表示会通过与其邻居节点 $N(v)$ 和边特征进行交互来更新。其核心流程可以表示为式（3-9）与式（3-10）。m_v^{t+1} 表示节点 v 在第 $t+1$ 次迭代后从其邻域 $N(v)$ 聚合得到的信息，M_t 为信息聚合函数，用于计算节点 v 和邻居节点嵌入 h_v^t、h_w^t 以及边特征 e_{vw} 的相互作用；h_v^{t+1} 为节点 v 在第 $t+1$ 次迭代后的嵌入表示，U_t 为节点更新函数，该函数结合节点的当前嵌入 h_v^t 和聚合消息 m_v^{t+1} 生成新的节点嵌入，常见的节点更新函数包括多层感知机非线性变换等。

$$m_v^{t+1}=\sum_{w\in N(v)} M_t(h_v^t,h_w^t,e_{vw}) \tag{3-9}$$

$$h_v^{t+1}=U_t(h_v^t,m_v^{t+1}) \tag{3-10}$$

（2）读取阶段

在读取阶段，MPNN 将图中所有节点的最终嵌入 h_v^T 转换为图级别的表示 $\hat{y}$，该阶段通过读取函数 R 实现，常用的读取函数包括求和函数、均值函数以及门控循环单元（GRU）等。

$$\hat{y}=R(h_v^T\mid v\in G) \tag{3-11}$$

2017 年，Veličković 等进一步将注意力机制扩展到图学习中，提出了图注意网络（graph attention network，GAT）。此后，GAT 衍生出许多变体模型架构，例如 Attentive FP、HiGNN 和 Frag-GAT 等。图注意力机制的核心是在信息传递阶段生成加权的上下文信息 m_v^t，从而使图卷积更关注与任务相关的邻域原子和化学键。式（3-9）从而修改为以下形式：

$$m_v^{t+1}=\sum_{w\in N(v)} \alpha_{vw} M_t(h_v^t,h_w^t,e_{vw}) \tag{3-12}$$

式中，α_{vw} 为通过邻域原子嵌入特征加权计算得到的权重，权重的具体计算方法如下：

$$\text{score}_{vw}=\text{Activation}(W[h_v,h_w]) \tag{3-13}$$

$$\alpha_{vu}=\text{Softmax}(\text{score}_{vw})=\frac{\exp(e_{vu})}{\sum_{u\in N(v)}\exp(e_{vu})} \tag{3-14}$$

式（3-13）将目标原子嵌入向量和邻域原子嵌入向量拼接，经矩阵非线性变换与激活后得到各邻域原子得分 $score_{vw}$，再利用 Softmax 函数将邻域原子得分 $score_{vw}$ 归一化，以此获得权重。

MPNN 为图学习提供了便捷且统一的学习框架，但研究表明，随着网络层数的增加，其性能往往因梯度消失问题而退化。此外，常规图卷积主要关注局部图结构，而对图中节点间的长距相互作用不够敏感。同年，Transformer 在自然语言处理领域的长序列学习中表现优异，这引发了 GNN 研究者的浓厚兴趣，并促使其借鉴 Transformer 模型结构增强 GNN 的学习能力。Transformer 编码器由多个堆叠的编码器层组成，每个编码器层包括两个核心模块：自注意力机制和前馈网络。其中，自注意力机制是 Transformer 架构的核心，它通过三个可学习的权重矩阵，将输入映射为查询、键与值。

然而，原始 Transformer 编码器无法显式捕捉图的连接信息，而主要将输入视为全连接图，忽略了结构信息，这导致它与图学习结合时性能一般。为在 Transformer 编码器中更好地反映图结构信息，可将自定义的位置编码（positional encoding，PE）添加到自注意力机制中。现有研究主要通过以下两种方式实现：①作为节点特征的附加表示；②作为注意力计算的辅助项。分别见式（3-15）和式（3-16）。

$$H=[(h_1,\mathrm{PE}_1)^{\mathrm{T}},(h_2,\mathrm{PE}_2)^{\mathrm{T}},\cdots,(h_n,\mathrm{PE}_n)^{\mathrm{T}}]^{\mathrm{T}} \tag{3-15}$$

$$\mathrm{Attention}(Q,K,V)=\mathrm{Softmax}\left(\frac{QK^{\mathrm{T}}}{\sqrt{d_k}}+\mathrm{bias}_1+\mathrm{bias}_2+\cdots\right)V \tag{3-16}$$

Rampášek 等将 PE 主要分为三类：①局部 PE，用于反映节点局部位置；②相对 PE，用于反映节点对间的距离；③全局 PE，用于反映节点的全局位置。受 Ying 和 Maziarka 等启发，将多种形式的 PE 融入了自注意力机制，包括 3D 原子对距离矩阵、邻接矩阵和最短路径距离（SPD）矩阵，分别记为 $\mathrm{bias}_{\mathrm{dist}}$、$\mathrm{bias}_{\mathrm{adj}}$ 和 $\mathrm{bias}_{\mathrm{SP}}$。各辅助项的权重 λ 可调节各项的重要性，并作为超参数被纳入训练优化过程中，具体见式（3-18）。显式添加 PE 辅助项理论上可为 Transformer 编码器提供更多局部信息，从而增强其对图结构的敏感性。

$$\mathrm{Attention}(Q,K,V)=\mathrm{Softmax}[\mathrm{score}(Q,K)]V \tag{3-17}$$

$$\mathrm{score}(Q,K)=\lambda_{\mathrm{att}}\frac{QK^{\mathrm{T}}}{\sqrt{d_k}}+\lambda_{\mathrm{dist}}\mathrm{bias}_{\mathrm{dist}}+\lambda_{\mathrm{adj}}\mathrm{bias}_{\mathrm{adj}}+\lambda_{\mathrm{SP}}\mathrm{bias}_{\mathrm{SP}} \tag{3-18}$$

3.2.5.2 图 Transformer 毒性识别复合模型

为结合 GNN 图卷积对分子图局部信息的捕获能力与位置感知 Transformer 对分子图中原子长距相互作用的捕获能力，提出图 Transformer 复合模型 Hi-MGT，其模型架构见图 3-13。以预测去甲基化药物地西他滨（decitabine）的毒性为例：

① 首先使用 RDKit 将地西他滨的 SMILES 表示转化为分子图，将每个原子和化学键特征初始化，并将所有特征堆叠形成原子特征矩阵和键特征矩阵。利用图基本算法和 RDKit 计算邻接矩阵、3D 相对距离矩阵和最短路径距离（SPD）矩阵。由于数据集中分子长度不一，需通过零值填充统一各批次中矩阵的维度。此外，在分子图中引入了一个虚拟节点（节点 0）作为分子的整体表示，如图 3-13 所示。研究表明，该方法在图级别预测任务中效果出色。

② 将原子特征矩阵和键特征矩阵输入嵌入层，以扩展其特征维度。

③ 将预处理后的分子图传递至编码层，该层结合了 GNN 图卷积和 Transformer 编码器。其中，Transformer 编码器分支（记为 T-编码器）由若干个 Transformer 编码器堆叠而成，其数量由超参数 N 控制，侧重于分子图全局信息。该层同时整合了图编码器（记为 G-编码器）输出的原子嵌入表示，侧重于分子图局部信息，由此构成 Hi-MGT 的核心学习层

（记为 GNN-GT 结合层）。这种复合层可重复堆叠，其总堆叠数由另一超参数 N' 控制。

④ 在输出层，分子表示通过图级聚合或虚拟节点特征进行表示，并将其输入毒性预测输出层（由全连接层和 Softmax 构成），计算获得毒性预测结果。

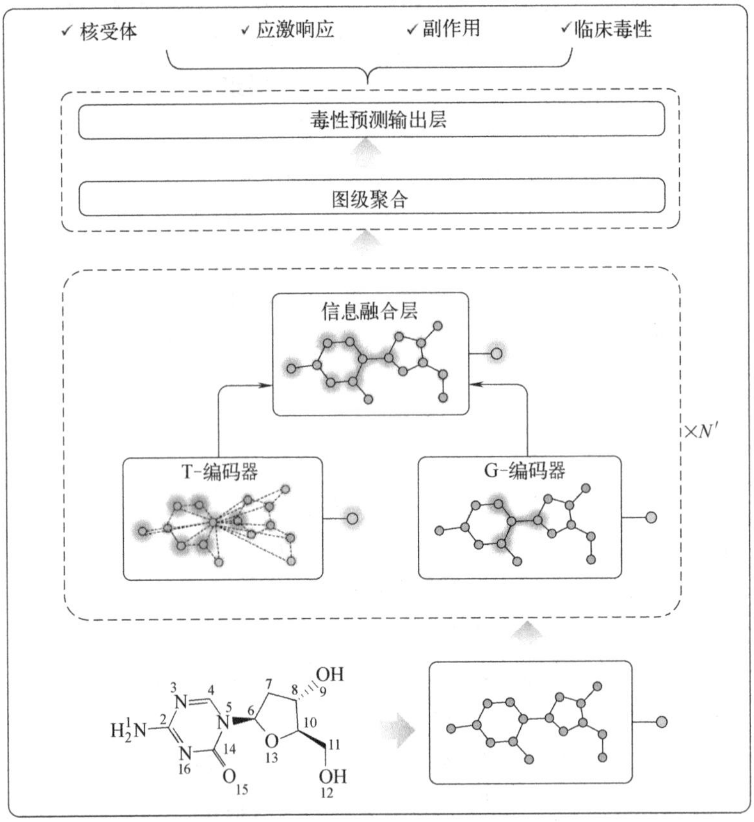

图 3-13 Hi-MGT 模型结构

GNN-GT 结合层是 Hi-MGT 整个模型架构的关键组成部分，它能够有效结合 GNN 图卷积对分子图局部信息的捕获能力与位置感知 Transformer 对分子图中原子长距相互作用的捕获能力，其具体结构见图 3-14。总体而言，GNN-GT 结合层主要由三部分组成：T-编码器、G-编码器和信息融合层。在输入端，原子嵌入特征同时输入两个编码器，而键嵌入特征仅输入 G-编码器中，以降低计算成本。在信息融合层中，两个编码器的输出经层归一化，输出新的嵌入表示。

在 T-编码器中，整个分子被视为全连接图，利用多头自注意力机制进行全局信息传递。特别地，在学习某原子的嵌入特征时，其他原子都将参与自注意力计算中基于向量相似性的信息传递，同时通过新引入的注意力偏置计算，增强局部信息传递。此后，嵌入向量进入前馈神经网络层，输出 T-编码器的原子嵌入向量。将 T-编码器中 Transformer 编码器的 FFN 层数设为超参数 K。如图 3-14 中 T-编码器子图所示，因自注意力机制中整个分子被视为全连接图，地西他滨中的氮原子事实上与其他所有原子均存在隐式连接。在图 3-14 中，非直接相邻的原子间可进行有效的信息交换，各个原子的高亮背景代表不同的学习权重，例如：尽管该氮原子未与其他氮原子直接相连，但因同种元素之间较高的相似性，其他氮原子将被

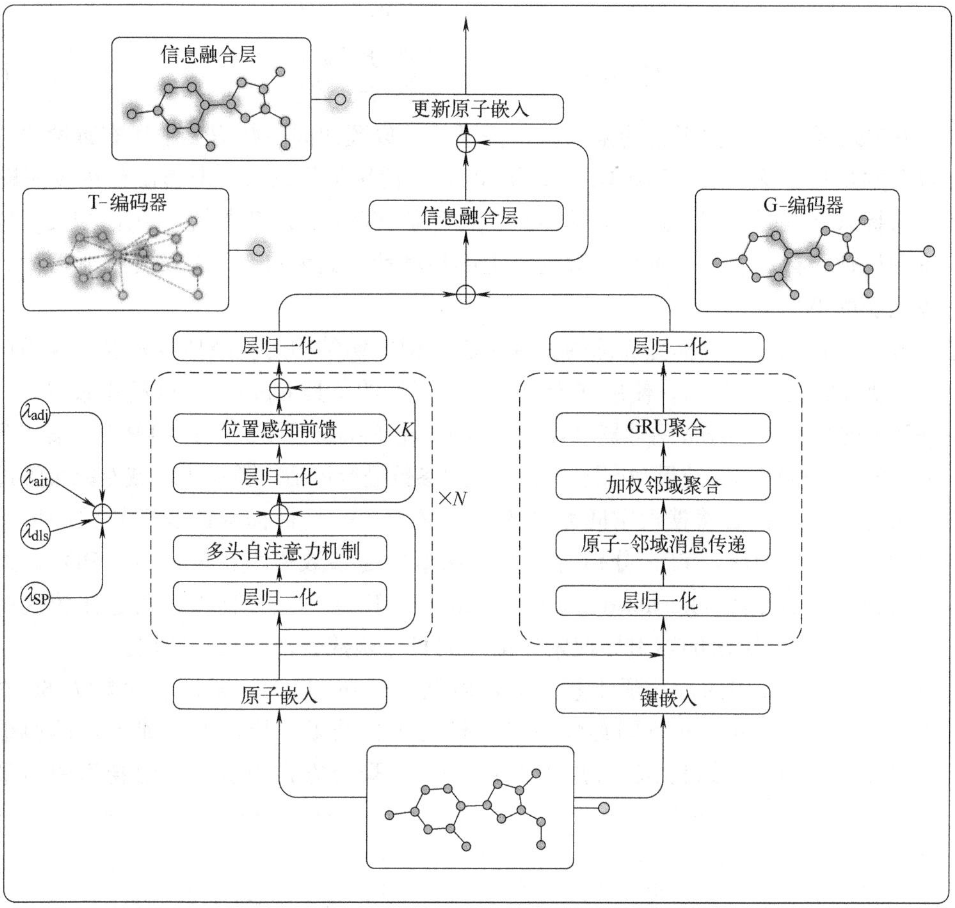

图 3-14　GNN-GT 结合层

赋予较高的权重。此外，虚拟节点也会在 T-编码器中与所有原子交换信息，并更新嵌入表示。

在 G-编码器中，信息传递通过图卷积实现，侧重局部信息。对于分子中的目标原子，首先根据邻接矩阵筛选出邻近原子和键，MPNN 框架进行信息传递。使用的图卷积半径为 1，即目标原子仅与邻接原子进行局部信息传递。最后，GRU 模块将原子嵌入与局部邻域信息聚合，形成新的原子嵌入表示，并进行层归一化。如图 3-14 中 G-编码器子图所示，原子间信息传递均基于分子图的连接，邻接原子嵌入将影响目标原子嵌入。而信息融合层将 T-编码器与 G-编码器的输出拼接后通过全连接层聚合，并采用残差连接增强融合性能。

3.2.6　图 Transformer 复合模型的训练优化

Hi-MGT 毒性识别模型基于 PyTorch 框架实现，损失函数采用交叉熵，并使用 Adam 优化器进行梯度下降优化。在 MoleculeNet 毒性识别任务（Tox21、Toxcast、SIDER、ClinTox）中，所有毒性终点均以 0 或 1 的二值标签表示。特别地，这四个数据集普遍存在类别不平衡现象，除 SIDER 外，大多数毒性终点的阴性分子数量远多于阳性分子。为解决数据不平衡问题，依据式（3-19）和式（3-20），对各类分子分配不同损失权重：

$$阳性分子权重=1+\frac{阴性分子数量}{阳性分子数量} \tag{3-19}$$

$$阴性分子权重=1+\frac{阳性分子数量}{阴性分子数量} \tag{3-20}$$

除 ClinTox 外，所有数据集均采用多任务学习，以预测同一数据集中所有毒性终点。为缓解过拟合并加速训练，最大训练轮次设为 800，并使用早停策略，即当模型在验证集近 10 轮中性能指标未上升时，训练过程立即停止。与评估 TOX-BERT 类似，采用 AUC_ROC 作为毒性识别评估指标，它对于不平衡数据集上的模型性能尤为重要。在多任务学习中，则计算各任务性能的平均值。

超参数优化是机器学习模型训练的关键步骤，但网络结构的复杂性以及各超参数间的非线性关系，使其实施难度倍增。使用基于 PyTorch 开发的工具 Optuna 进行超参数优化，其核心算法是基于树结构的 Parzen 估计器（tree-structured Parzen estimator，TPE），属于贝叶斯优化，主要思想是根据先前结果动态选择下一组超参数进行评估，类似于领域专家决策过程。

在搜索过程中，TPE 将搜索空间划分为两个区域：一是目标函数表现较佳的区域，二是表现欠佳的区域。随后，TPE 分别对这两个区域的超参数概率密度函数（PDF）进行建模，并采用核密度估计器（kernel density estimator，KDE）进行估算。通过比较这两个区域的 PDF 比值，TPE 算法能够引导搜索逐渐转向目标函数表现较优的区域。

针对 MoleculeNet 中的毒性预测数据集，限制 Optuna 最大搜索试验次数为 60 次。图 3-15 汇总了针对 MoleculeNet 不同毒性终点的模型优化结果。最优参数如下：模型维度为 64，Transformer 编码器数目为 3，总层数为 1 或 2，聚合方式为求和，图卷积中不采用注

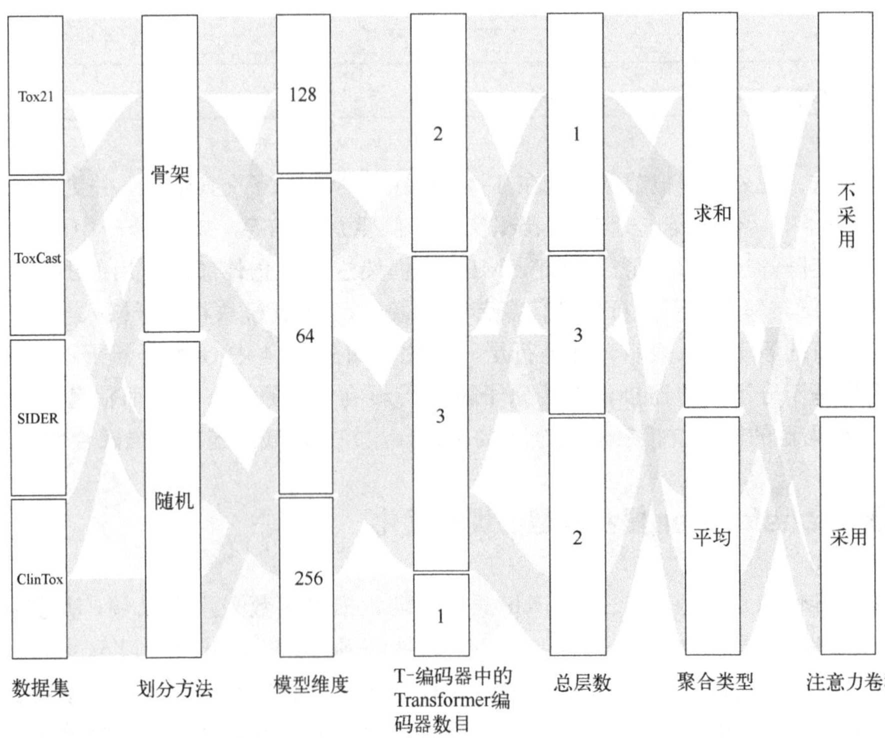

图 3-15　各数据集上最优超参数汇总图

意力机制。特别地，单层中最优 Transformer 编码器数目较多，体现了 T-编码器中全局信息聚合的重要性。而另有 3 个模型的总学习层数仅为 1，这与此前研究中依赖图卷积层堆叠以捕捉全局信息的方式明显不同，而且单层模型在性能上可超越部分堆叠式模型，体现了 Hi-MGT 模型架构的优越性。与 MAT 模型对比，虚拟节点聚合并未提升模型性能，这可能归因于模型总层数较少，限制了虚拟节点与原子之间的信息交换。

以 Tox21 数据集为例，图 3-16 绘制了模型性能的超参数等高线图，以反映超参数对模型性能的影响，包括 Dropout（丢弃）比例、聚合类型、批大小以及注意力机制权重。结果表明，平均函数和求和函数是在 Tox21 数据集上表现较好的两种聚合类型，而虚拟节点的聚合性能相对较差。对于 Dropout 比例，最优值主要分布在 0.2～0.4 之间，合适的 Dropout 比例能有效缓解过拟合，提升模型泛化能力，而当 Dropout 比例过高时，模型性能则因缺乏有效信息而退化。对于批大小，当其数值小于 20 时表现优异。对于注意力机制权重，各权重在较宽范围内均表现良好，其等高线几乎垂直于 x 轴，对模型性能影响相对较小。

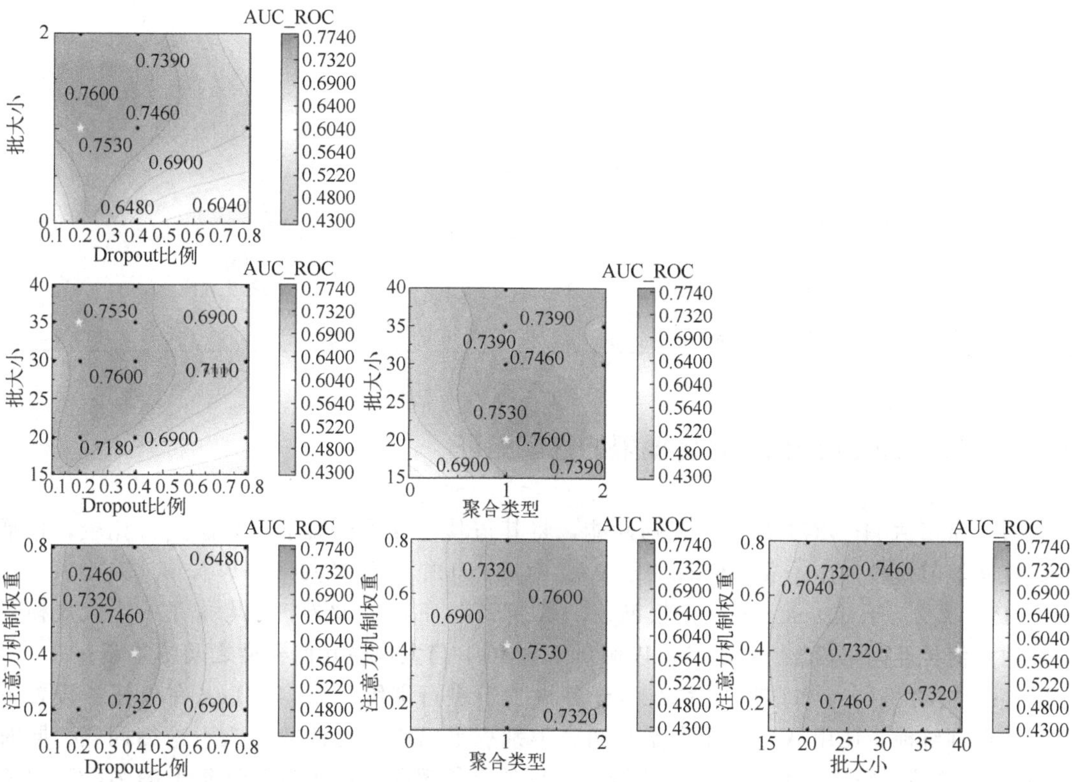

图 3-16　Tox21 数据集按骨架划分时的超参数优化结果

（聚合类型：0 表示虚拟节点，1 表示求和函数，2 表示平均函数）

为评估传统 GNN 与引入注意力偏置的位置感知 Transformer 编码器的作用，分别去除这两个关键组件开展消融实验研究，同时对比有无注意力偏置时模型的预测性能。为保证公平性，所有其他超参数和训练设置均保持一致，采用骨架划分数据集以及早停策略。

表 3-2 汇总了 4 个消融模型在 Tox21 数据集上的预测性能。当移除任一组件时，有 3 个

模型表现出性能退化，这表明 T-编码器和 G-编码器均能有效提升模型毒性预测准确度。此外，图 3-17 绘制了模型在 Tox21 数据集上的训练曲线，由图可知，Hi-MGT 收敛后性能提升明显。

表 3-2　基于骨架划分的 Hi-MGT 消融实验结果

消融模型	Tox21	ToxCast	SIDER	ClinTox
Hi-MGT	**0.774**	0.723	**0.642**	**0.898**
无注意力偏置	0.751	0.707	0.640	0.853
无 T-编码器	0.754	**0.748**	0.625	0.853
无 G-编码器	0.740	0.702	0.621	0.865

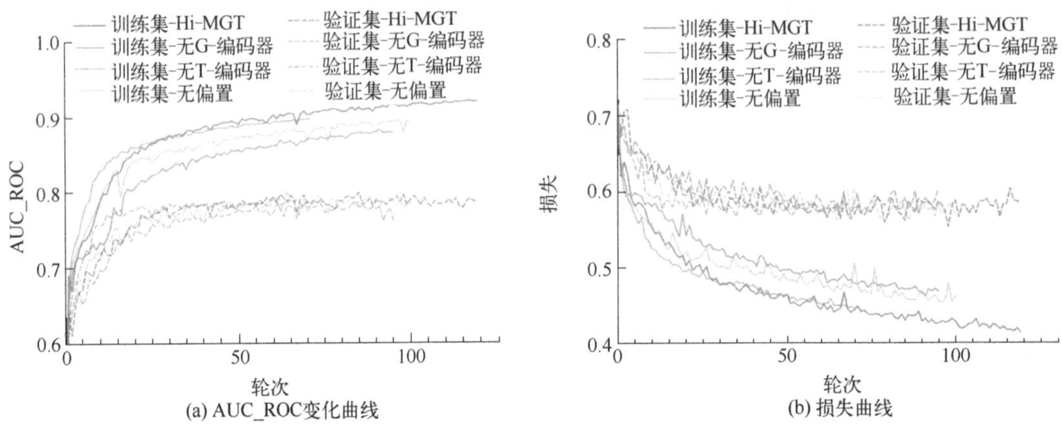

图 3-17　消融实验中各模型的训练曲线

3.2.7　图 Transformer 复合模型的性能验证

为全面评估 Hi-MGT 的毒性识别性能，将其与其他分子机器学习方法进行比较，包括经典机器学习模型（Logreg、Kernel SVM、XGBoost）、图神经网络（Weave、GC、Attentive FP）以及基于 Transformer 的模型（SMILES-T、ET）。此外，还考虑了一个大规模预训练的几何神经网络模型（GEM），以衡量 Hi-MGT 与大规模几何模型之间的差距。

Tox21、ToxCast 和 SIDER 均在多任务设置下进行训练，而 ClinTox 在单任务设置下训练。在训练前，使用 Adam 优化器并调整类别权重以应对毒性数据集不平衡问题，同时采用 TPE 算法进行超参数优化。基于搜索获得的最佳超参数，所有测试集上的 AUC_ROC 值，其中非预训练模型的最佳结果以粗体显示，并绘制于图 3-18 中。

如图 3-18(a) 与图 3-18(b) 所示，Hi-MGT 模型在除 Tox21（随机）和 SIDER（随机）之外的所有学习任务中均优于其他非预训练模型。这表明，Hi-MGT 能够通过学习分子图准确识别广泛的毒性终点。此外，Hi-MGT 在骨架分割下优于其他非预训练模型。在 ClinTox 数据集上，Hi-MGT 在随机分割下 AUC_ROC 得分为 0.982，比表现次优的 Attentive FP 高 0.04，比常见机器学习模型的平均性能高 0.2。尽管 ET 使用 3D 构象增强性能，GEM 也通过几何信息和大规模预训练得到增强，但 Hi-MGT 仍显著优于 ET，并与大规模

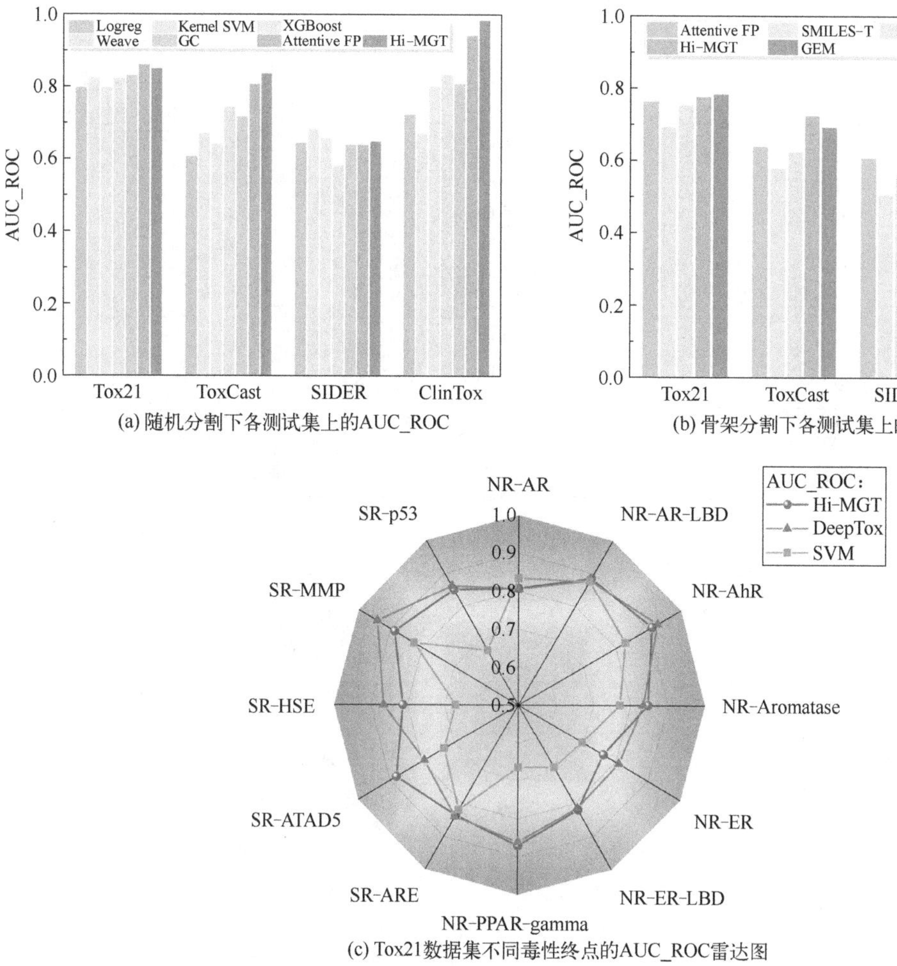

图 3-18 Hi-MGT 在毒性基准数据集上的预测性能

预训练的 GEM 预测性能接近。

如图 3-18(c) 所示，与 Tox21 挑战赛的冠军模型 DeepTox 以及 SVM 相比，Hi-MGT 在 Tox21 数据集的各毒性终点上都达到了较高预测性能。值得注意的是，DeepTox 使用了基于核结构和药理学类比（KSPA）额外补充的数据集，而 Hi-MGT 仅在 80%的 Tox21 数据集上进行了训练。总体而言，即使数据集规模有限，Hi-MGT 和 DeepTox 在大多数终点上的表现相似，体现了 Hi-MGT 有效提取分子毒性结构信息的潜力。

为展示 Hi-MGT 对毒性分子的识别能力，使用主成分分析（PCA）对 ClinTox 数据集上 1491 个分子在模型前后的分子嵌入表示进行了可视化，如图 3-19 所示。初始分子嵌入基于 Avalon 指纹，而转换后的嵌入通过输出模型倒数第二层分子嵌入获得。如图 3-19(a) 所示，初始嵌入中有毒分子和无毒分子之间存在显著重叠，基于指纹难以区分，同时分布曲线也表现出严重的不平衡，这增加了毒性识别的难度。在应用 Hi-MGT 的嵌入转换后，如图 3-19(b) 所示，大多数分子被正确分类，有毒分子和无毒分子在 PCA1 维度上分离明显。约 280 个分子被错误分类为有毒（假阳性），但仅 12 个有毒分子被错误分类为无毒（假阴性），这表明 Hi-MGT 对潜在毒性分子具有较高的召回率和毒性识别能力。

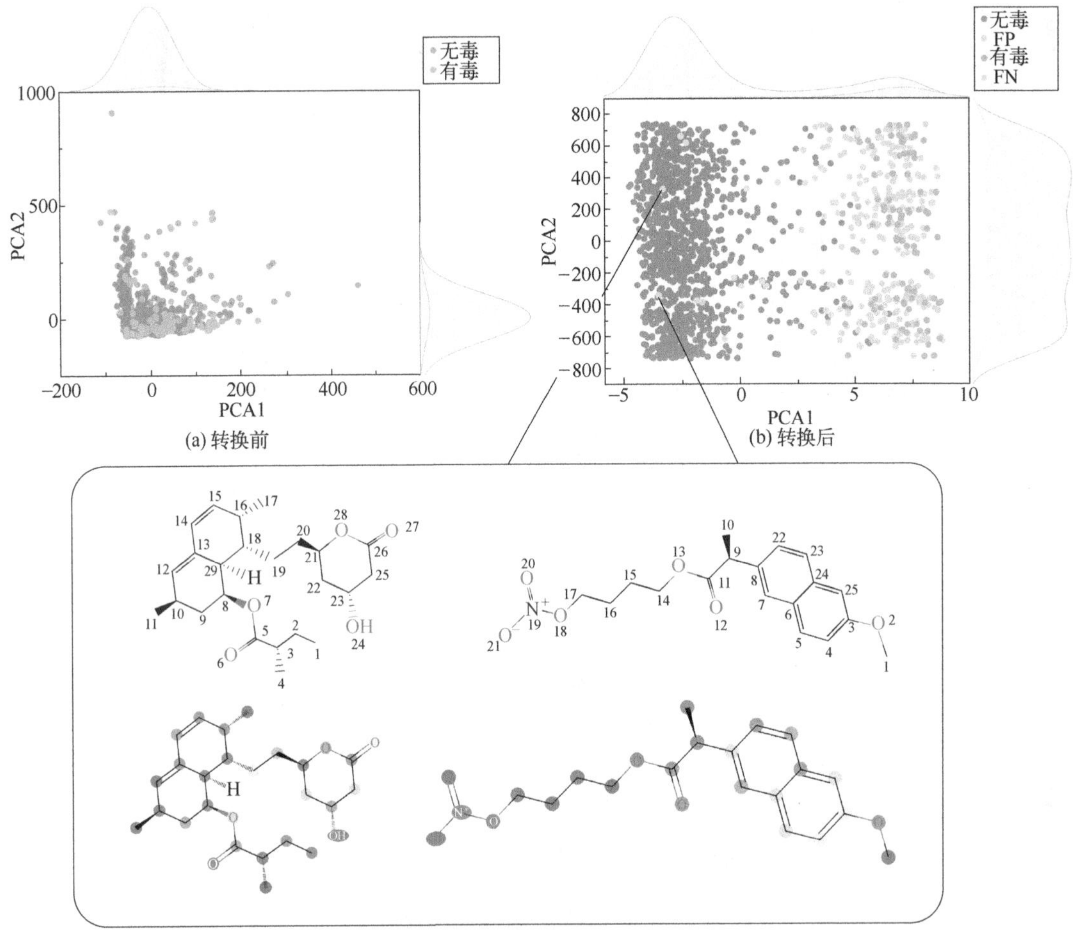

(c) 典型假阴性分子结构及其代表性原子

图 3-19　ClinTox 数据集上分子嵌入在模型前后的 PCA 降维对比散点图

为推测出现假阴性的原因，绘制了两个典型假阴性分子结构（图 3-20）。利用毒性位点识别方法，标记模型识别毒性时潜在的影响位点。根据模型判断，左侧结构的潜在位点为单键和羟基相连的碳原子，但这些原子通常不具有毒性；右侧结构包含氮阳离子，但该结构在 ClinTox 中通常被分类为无毒。因此，数据集数量不足与类别不平衡可能是假阴性频发的原因，完善毒性识别数据集是后续发展基于分子机器学习毒性识别方法的重要途径。

3.2.8　复合模型原子嵌入表征聚类分析

为分析 Hi-MGT 模型中潜在的化学原理，绘制了炔基铵分子和地西他滨的原子相似性矩阵热图，颜色越深代表原子间相似性越高。由炔基铵分子热图可知，该分子中存在三组明显的原子聚类，即原子 1～4（记为聚类 1）、原子 5～7（记为聚类 2）和原子 8～13（记为聚类 3）。其中，聚类 2 和聚类 3 的形成原理较为直观，同组原子具有相似的结构特征和化学环境：聚类 2 由三个相似的碳原子组成，而聚类 3 是典型芳香体系，各原子通过共轭 π 键

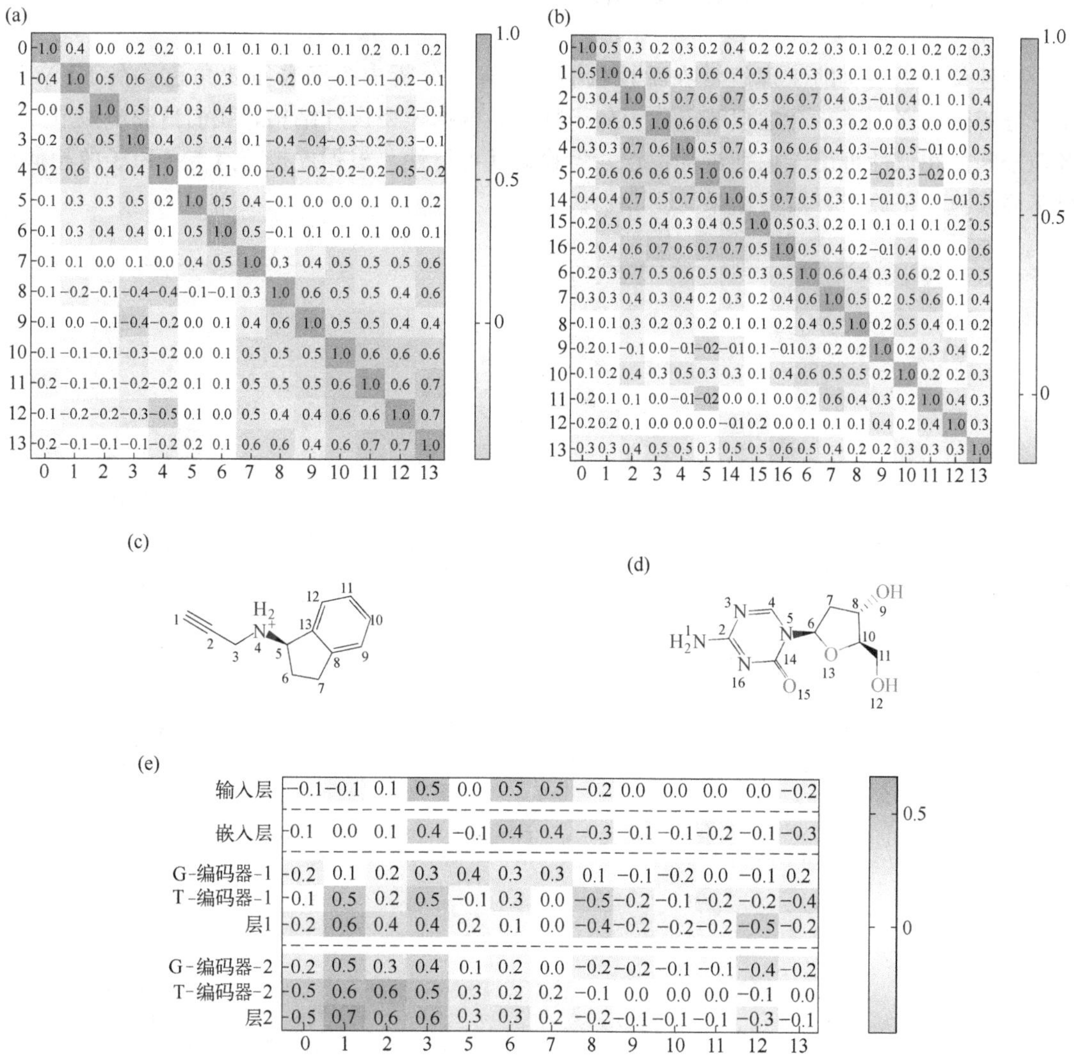

图 3-20　原子相似性矩阵热图示例

(a) 炔基铵分子热图；(b) 地西他滨热图；(c) 炔基铵分子结构；(d) 地西他滨分子结构；(e) 正电氮原子与其他原子相似性变化图

相连。

然而，聚类 1 较为特殊，由三个碳原子和一个带正电的氮原子组成，但仍符合基本化学原理，即原子间的电子共享会导致相似的化学行为。碳碳三键线性结构是电子传递骨架，带正电的氮原子可从中吸收电子，形成一个独特的亚结构。

类似地，由地西他滨热图可知，尽管其构成元素不同，但原子 1～5 和原子 14～16 之间仍表现出较高的相似性：这些原子的离域 π 电子形成了大型共轭体系，构成一个平面结构。热图聚类现象表明，Hi-HGT 通过训练成功学习了一些基础的化学原理，并能识别由电子共享形成的亚结构。

3.2.9 基于表征相似性的毒性位点识别

毒性位点识别有助于理解潜在毒性机制，在毒性分析中扮演着重要角色。在 Hi-MGT 中，分子图内嵌入了一个虚拟节点代表分子特征。根据模型设计结构，我们猜测虚拟节点与各原子间的相似性可用于识别毒性位点。为验证其可行性，根据虚拟节点与各原子的相似性以不同颜色标记原子，典型结果见图 3-21。

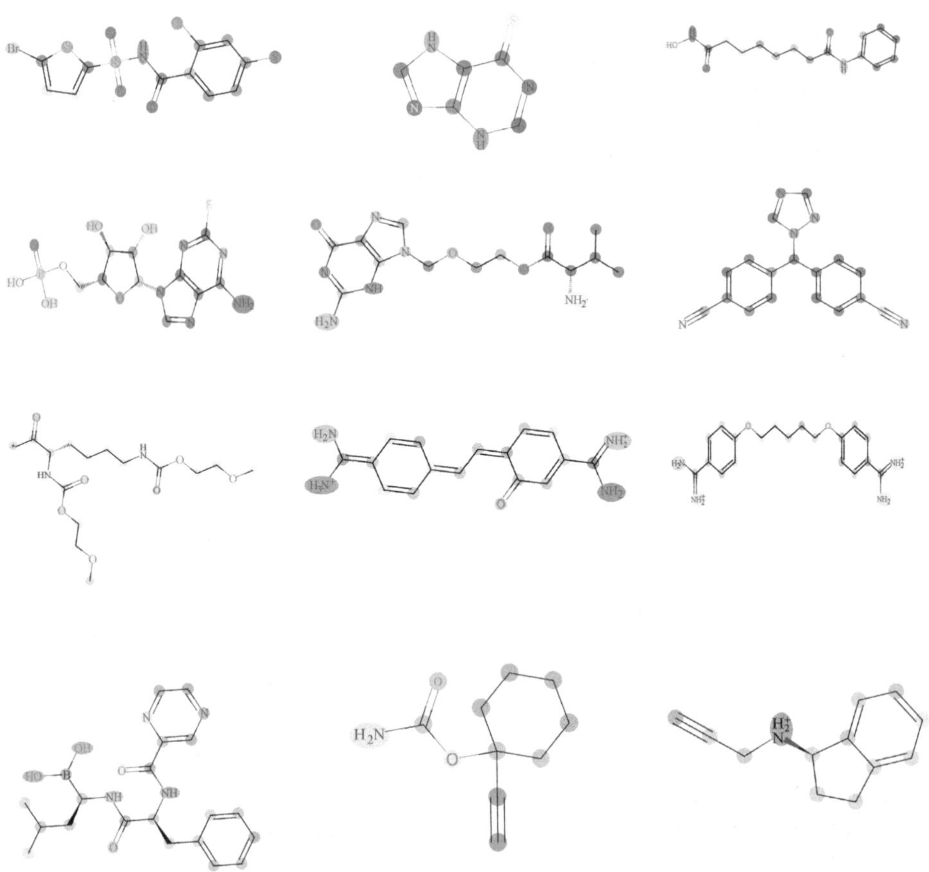

图 3-21 ClinTox 数据集中典型有毒和无毒分子的毒性位点识别

该图中前六个为有毒分子，而后六个为无毒分子。与虚拟节点具有较高相似性的原子以更红的颜色显示，颜色越深，相似性越大。有毒分子往往具有以下结构：①羰基和氨基；②与卤素相连的碳原子；③与硫原子相连的碳原子。这些结构均为有机反应中的常见活性位点。其中，羰基和氨基在生化反应中至关重要，可形成氨基酸，而许多涉及氨基酸类似物的生化反应也是毒性机制的关键途径。

对于②和③，卤素和硫元素具有较高的电负性和较大的原子半径，因此是良好的离去基团，在反应中容易形成高活性的正碳离子。以上结果表明，原子相似性分析可用于识别潜在毒性位点，有别于以往的注意力权重分析，为毒性位点识别提供了一种新方法。对于无毒分子，其原子通常颜色较浅，表示分子内缺乏具有代表性的原子。

此外，在第六个分子中，尽管该分子总体结构对称，但标记表现出明显不对称性，这表明 Hi-HGT 可感知微小的局部结构变化。在有毒分子中，一些芳香碳或氮原子也常被标记，这进一步体现了共轭体系中的原子聚类现象，也表明毒性位点的电子可能不仅来源于自身，还可能受潜在共轭体系影响。综上所述，Hi-HGT 可有效学习典型化学模式，嵌入的虚拟节点可辅助毒性位点识别。

3.3 基于机器学习协助解释筛下垃圾热化学尾气温室气体高温催化重整机制研究

筛下垃圾热化学处理过程尾气含有 CO_2 和 CH_4 等温室气体。催化转化能有效控制温室气体的排放，使其转化成高价值的富氢合成气。在高温催化剂作用下，CH_4 与 CO_2 能反应生成 CO 与 H_2。该技术有效减少了 CO_2 和 CH_4 等温室气体的排放。然而，催化剂长时间暴露在高温下可能会因烧结和积炭等问题降低活性。因此，制备高效稳定的高温催化剂是当前急需解决的问题。

此外，反应中氢气生成取决于催化剂制备流程和催化剂特性以及实验条件。当前，主要利用控制变量法探讨催化剂制备的优化条件。但该方法由于未考虑各变量之间的相互作用，获得的优化条件并非为最优解。对此，机器学习提供了新的化学优化思路，可发现输入特征和目标之间的隐藏范式。因此，利用原子捕捉法-微波加热法-二阶段退火法，制备高温 $Pt\text{-}Ni/LaAl_2O_3/CeO_2$ 催化剂，以提高 H_2 产率。共使用了 336 组实验数据，利用贝叶斯优化，训练决策对（DT）、随机森林（RF）、支持向量回归（SVR）和 KNN 模型，并采用 Shapley 加性解释（SHAP）和部分依赖图（PDP）方法阐明特征因素与 H_2 产率之间的关系。

3.3.1 技术路线图

图 3-22 为机器学习协助解释干垃圾热化学过程中，尾气温室气体高温重组机制技术路线图。

3.3.2 各种制备方法对产氢速率的影响

（1）原子捕捉法

由图 3-23(a)～(c) 可知，单金属铂催化剂（0∶1）的 H_2 产率相对于双金属催化剂（5∶1）变化缓慢。在不同的测试条件下，如操作温度、甲烷含量和空间速率，5∶1 的双金属催化剂始终比其他两种催化剂具有更高的 H_2 产率。例如，在 800℃ 的操作温度下，H_2 产率可达到 3.36mol/(g・h)，在 8%的甲烷含量下，可达到 5.90mol/(g・h)。在 $50929h^{-1}$ 的空间速率下，H_2 产率可达到 9.35mol/(g・h)。此外，在不同的测试条件下，5∶1 的双金属催化剂的 H_2 产率比 10∶1 的双金属催化剂高。这些结果表明，双金属催化剂比单金属催化剂具有更高的 H_2 产率，且其不与镍金属含量成比例。即镍金属的含量越高，不一定会产生更好的性能。

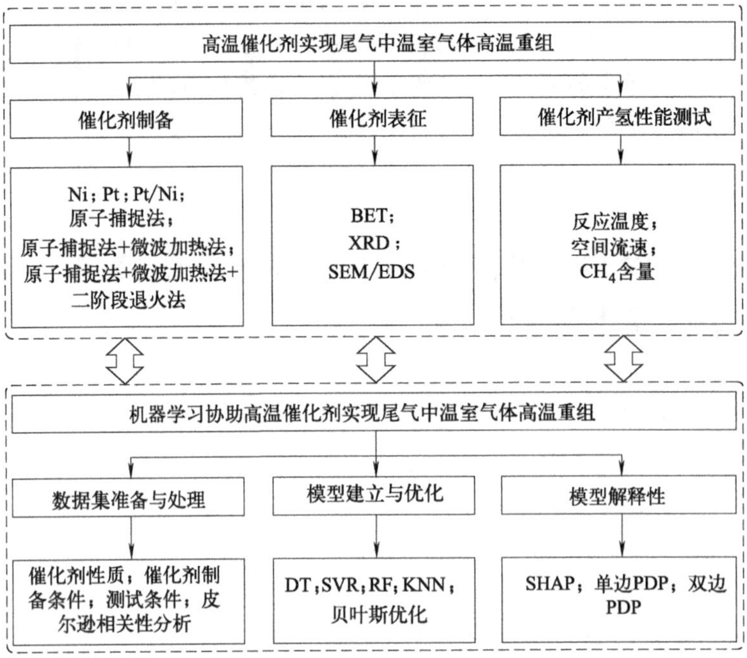

图 3-22　技术路线图

BET—比表面积分析；XRD—X 射线衍射；SEM/EDS—扫描电子显微镜/能量色散谱

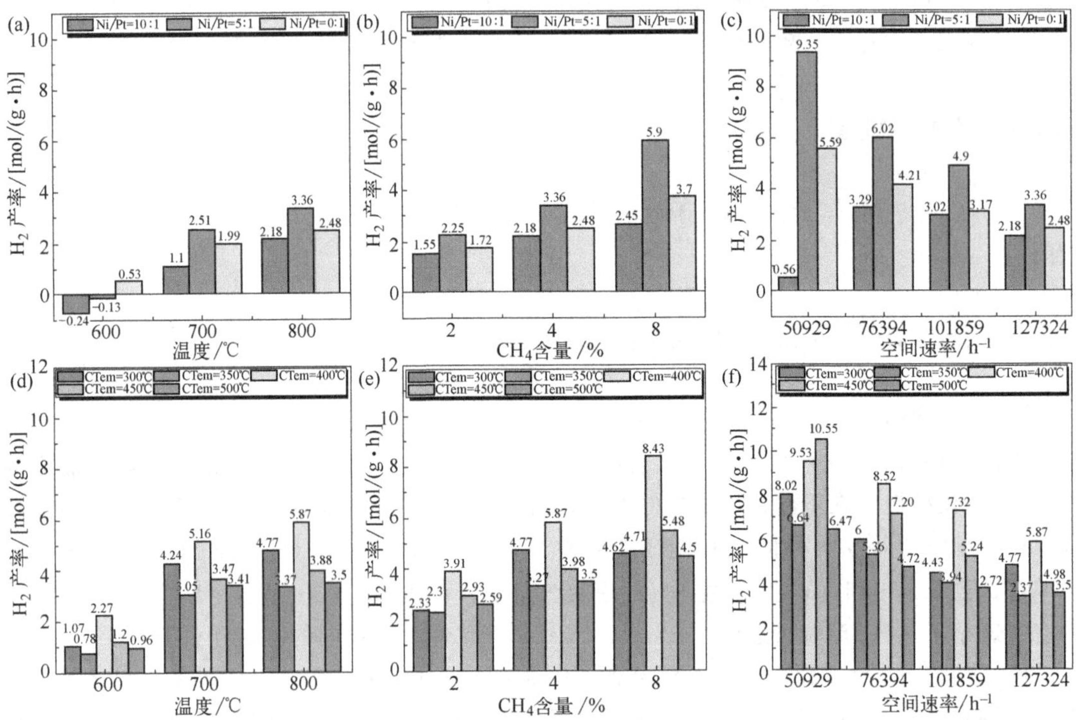

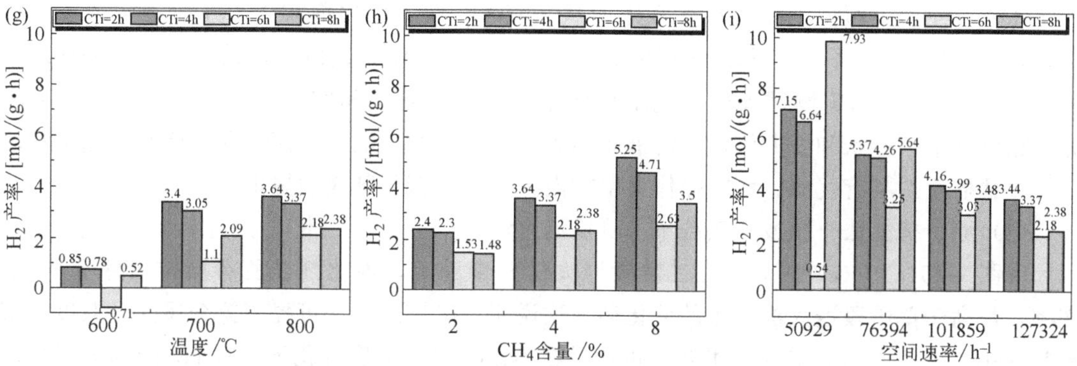

图 3-23　原子捕捉法中 Ni/Pt 比例、煅烧温度和时间对 H_2 产率的影响

(a) 不同 Ni/Pt 比例下的温度；(b) 不同 Ni/Pt 比例下的 CH_4 含量；(c) 不同 Ni/Pt 比例下的空间速率；(d) 不同煅烧温度下的温度；(e) 不同煅烧温度下的 CH_4 含量；(f) 不同煅烧温度下的空间速率；(g) 不同煅烧时间下的温度；(h) 不同煅烧时间下的 CH_4 含量；(i) 不同煅烧时间下的空间速率

由图 3-23(d)～(f) 可知，400℃煅烧制备的催化剂在 H_2 产率方面与其他催化剂有显著差异，尤其是在 8%CH_4 环境下，差异最为显著，达到了约 8.43mol/(g・h)。所有测试环境中，400℃煅烧的催化剂表现出了最大的 H_2 产率增幅，分别在不同操作温度、甲烷含量和空间速率环境下增加了 3.59mol/(g・h)、4.52mol/(g・h) 和 2.65mol/(g・h)。

由图 3-23(g)～(i) 可知，相比于催化剂煅烧时间为 6h 和 8h 的性能，经过 2h 和 4h 煅烧制备的催化剂，在不同反应环境下，总体上具有更高的 H_2 产率。

(2) 原子捕捉法＋微波加热法

采用不同的 Ni/Pt 金属含量（5∶1、15∶3 和 30∶6）制备催化剂，并在不同的操作环境（操作温度、甲烷含量和空间速率）下测试，结果如图 3-24(a)～(c) 所示。在图 3-24(a) 中，不同金属含量的催化剂，在 H_2 产率方面表现出显著差异。在 800℃的操作温度下，未观察到任何催化剂表现出金属烧结或聚集的迹象，这表明金属负载能力尚未达到极限。然而，随着金属含量的增加，需考虑催化剂的制备成本，特别是贵金属铂。由图 3-24(b) 和图 3-24(c) 可知，催化剂 Ni/Pt 为 30∶6 与另外两个不同 Ni/Pt 含量催化剂存在着显著差异。前者的 H_2 产率显著高于后者，这表明了金属含量对 H_2 产率有着重要影响。

由图 3-24(d)～(f) 可知，各催化剂的产氢效率相似，但仅在煅烧温度 800℃下，催化剂在较低的空间速率下仍保持着 3.36mol/(g・h) 的产氢效率。相反，在煅烧温度 900℃下制备的催化剂，在各种测试条件下的 H_2 产率明显低于在煅烧温度 800℃下制备的催化剂。这可能由于在煅烧温度为 900℃时，镍和铂金属发生了聚集烧结现象。

此外，由图 3-24(g)～(i) 可知，煅烧 6h 的催化剂整体上表现出最佳的 H_2 产率。在操作温度［图 3-24(g)］和甲烷含量［图 3-24(h)］方面，其产氢性能显著优于其他催化剂。在图 3-24(i) 中，空间速率为 50929h^{-1} 时差异最大，约为 4.78mol/(g・h)。然而，在中低空间速率下，煅烧 4h 的催化剂的 H_2 产率，优于煅烧 6h 制备的催化剂。

由图 3-24(j)～(l) 可知，大多数催化剂的表现相似，其 H_2 产率几乎相等。仅当催化剂煅烧时间为 5.5h 时，表现出优异的性能，但其在较低空间速率下的 H_2 产率相对较低，随着空间速率的增加，H_2 产率也增加，其增幅最大，H_2 产率从初始空间速率为 50929h^{-1} 的 0.38mol/(g・h) 增加到空间速率为 101859h^{-1} 的 6.10mol/(g・h)。

此外，使用多面体、棒状和立方体形状的 CeO_2 作为催化剂载体，并在不同条件下测试，如图 3-24(m)～(o) 所示。使用多面体形状的 CeO_2 作为载体制备的催化剂，表现出最佳的 H_2 产率，在所有测试条件（包括操作温度、甲烷含量和空间速率）中都存在显著差异。相比之下，棒状和立方体形状的催化剂表现出相似的性能。然而，在中低空间速率环境下，棒状催化剂具有优势。而在操作温度方面，立方体催化剂表现更出色。

（3）原子捕捉法＋微波加热法＋二阶段退火法

由图 3-25(a)～(c) 可知，在二阶段退火法的帮助下，催化剂在所有操作条件下的 H_2 产率，都高于单阶段退火法制备的催化剂。这说明二阶段退火法可提高镍金属的分散度，提高其催化性能。由图 3-25(d) 可知，铂含量在不影响操作温度变化下，对 H_2 产率无明显影

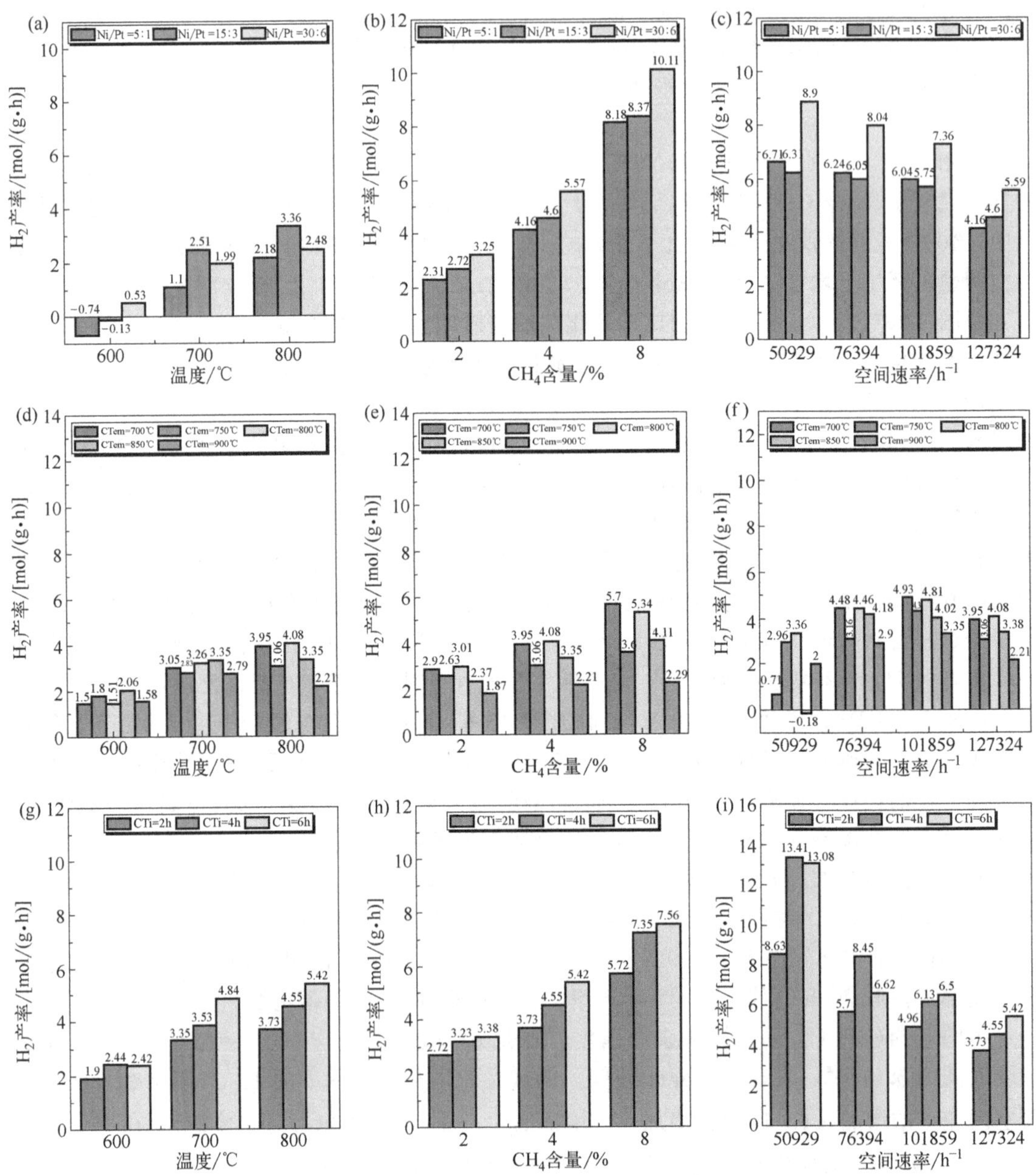

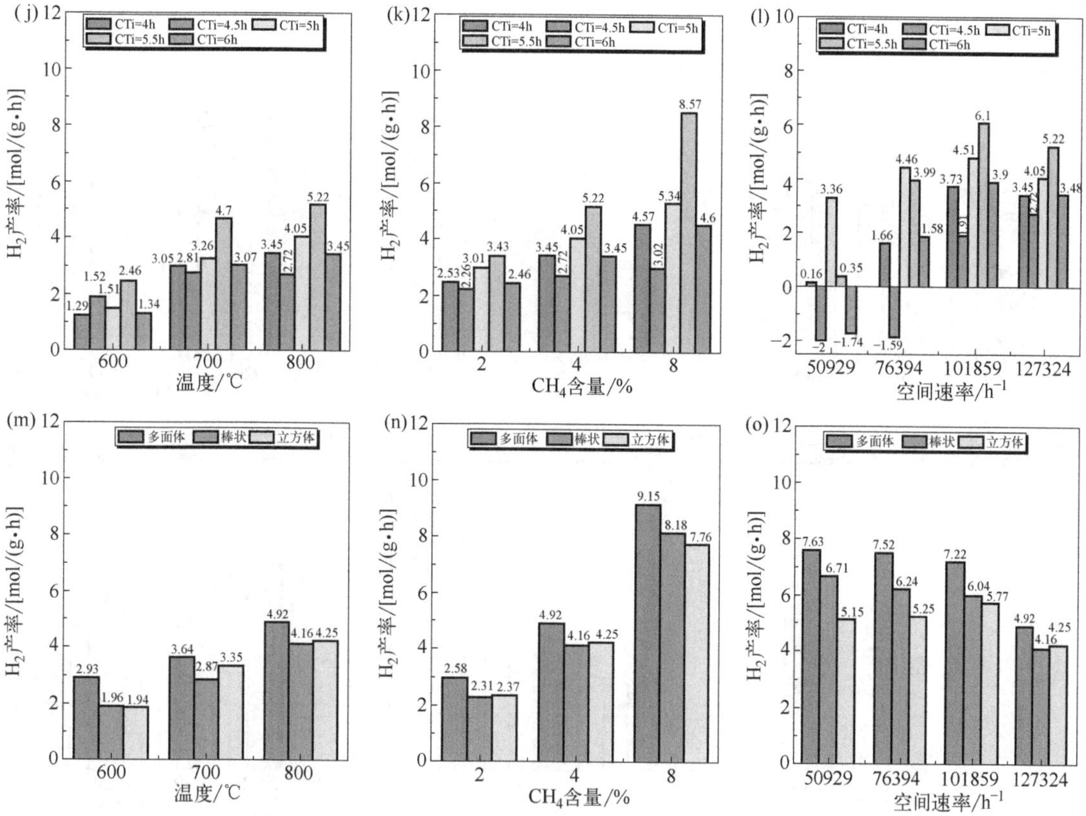

图 3-24 原子捕捉法和微波加热法中 Ni/Pt 比例、焙烧温度、焙烧时间及原子捕捉法焙烧时间、微波加热法焙烧时间和不同形状 CeO_2 对 H_2 产率的影响

(a) 不同 Ni/Pt 比例下的温度；(b) 不同 Ni/Pt 比例下的 CH_4 含量；(c) 不同 Ni/Pt 比例下的空间速率；(d) 不同焙烧温度下的温度；(e) 不同焙烧温度下的 CH_4 含量；(f) 不同焙烧温度下的空间速率；(g) 微波加热法不同焙烧时间下的温度；(h) 微波加热法不同焙烧时间下的 CH_4 含量；(i) 微波加热法不同焙烧时间下的空间速率；(j) 原子捕捉法不同焙烧时间下的温度；(k) 原子捕捉法不同焙烧时间下的 CH_4 含量；(l) 原子捕捉法不同焙烧时间下的空间速率；(m) 不同形状 CeO_2 下的温度；(n) 不同形状 CeO_2 下的 CH_4 含量；(o) 不同形状 CeO_2 下的空间速率

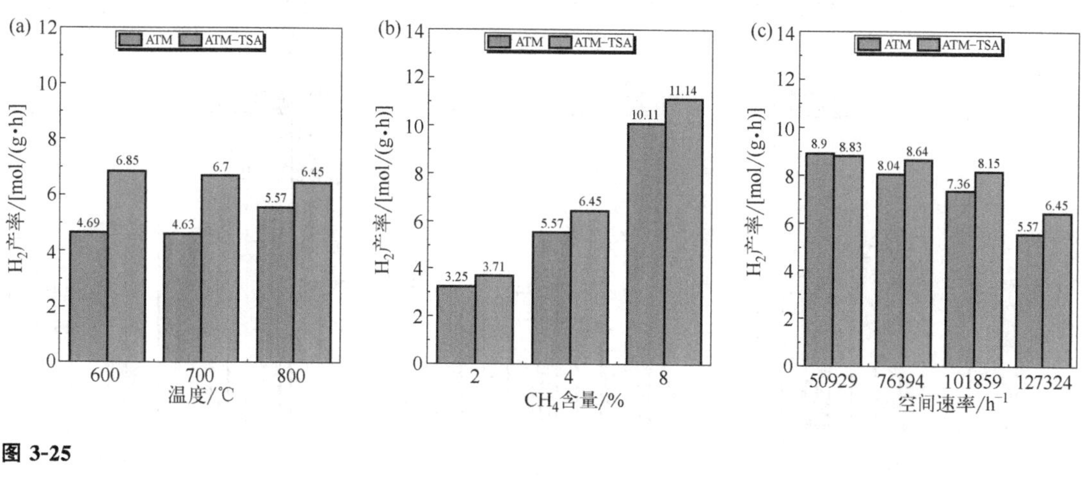

图 3-25

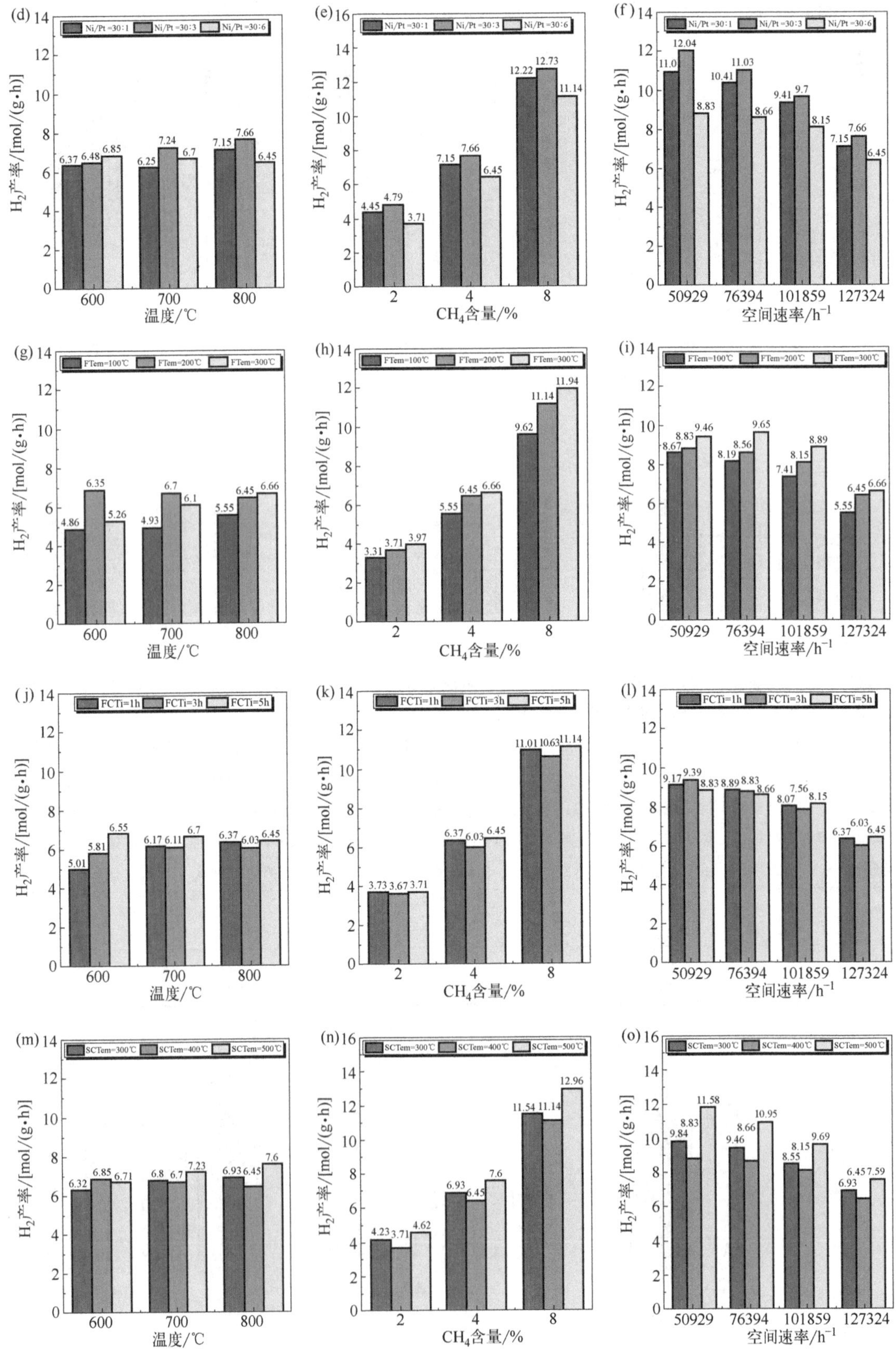
(d)
Ni/Pt =30∶1
Ni/Pt =30∶3
Ni/Pt =30∶6
H₂产率/[mol/(g·h)]
温度/℃
(e)
CH₄含量/%
(f)
空间速率/h⁻¹
(g)
FTem=100℃
FTem=200℃
FTem=300℃
(h)
(i)
(j)
FCTi=1h
FCTi=3h
FCTi=5h
(k)
(l)
(m)
SCTem=300℃
SCTem=400℃
SCTem=500℃
(n)
(o)

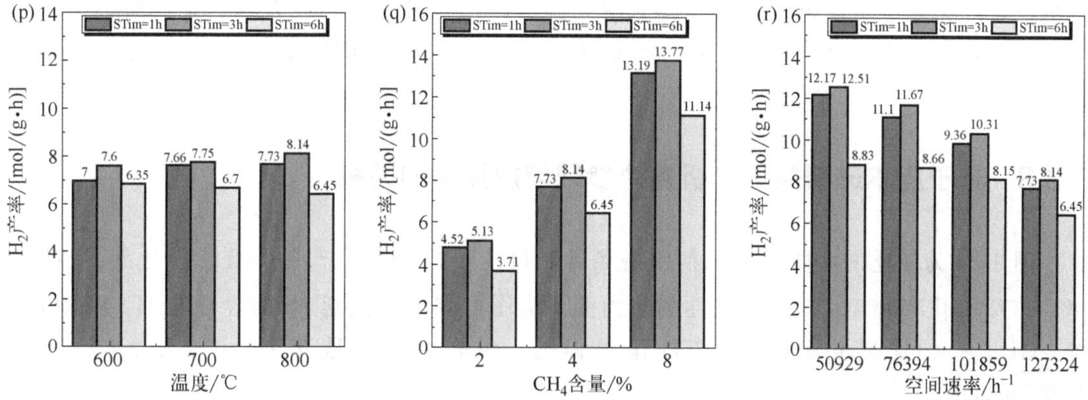

图 3-25　不同催化剂制备方法、Ni/Pt 比例、第一阶段退火温度、第一阶段退火时间、第二阶段退火温度和第二阶段退火时间的效果

(a) 采用/未采用二阶段退火法（ATM＋TSA/ATM）的反应温度；(b) 采用/未采用二阶段退火法的 CH_4 含量；(c) 采用/未采用二阶段退火法的空间速率；(d) 不同 Ni/Pt 比例下的温度；(e) 不同 Ni/Pt 比例下的 CH_4 含量；(f) 不同 Ni/Pt 比例下的空间速率；(g) 第一阶段不同退火温度下的温度；(h) 第一阶段不同退火温度下的 CH_4 含量；(i) 第一阶段不同退火温度下的空间速率；(j) 第一阶段不同退火时间下的温度；(k) 第一阶段不同退火时间下的 CH_4 含量；(l) 第一阶段不同退火时间下的空间速率；(m) 第二阶段不同退火温度下的温度；(n) 第二阶段不同退火温度下的 CH_4 含量；(o) 第二阶段不同退火温度下的空间速率；(p) 第二阶段不同退火时间下的温度；(q) 第二阶段不同退火时间下的 CH_4 含量；(r) 第二阶段不同退火时间下的空间速率

响。但是，可观察到在甲烷含量［图 3-25(e)］和空间速率［图 3-25(f)］之间存在差异，其中 30∶3 最高效，最大值达到 12.22mol/(g·h)，其次是 30∶1，而 30∶6 最差。这些结果表明，二阶段退火法可减少铂金属的含量，降低生产成本并实现良好的 H_2 产率。

根据图 3-25(g)～(i)，100℃时退火的催化剂的 H_2 产率较其他两种催化剂要低。这可能是由于低温导致镍金属原子未能有效地固定在催化剂载体上，从而使镍金属失效。而对于 300℃时退火的催化剂，与其他两种催化剂相比，在甲烷含量和空间速率方面表现出明显的差异。

如图 3-25(j)～(l) 所示，在 800℃下退火 1h、3h 和 5h 制备的催化剂在 H_2 产率上无明显差异，约为 6.28mol/(g·h)。因此，第一阶段的退火时间对高温下的 H_2 产率影响较小。

由图 3-25(m)～(o) 可知，第二阶段的退火温度不影响 H_2 产率。然而，在甲烷含量和空间速率方面，在 500℃时达到最佳性能 12.95mol/(g·h)，与其他两个温度有显著差异。因此，可得出结论，较高的退火温度可有效提高 H_2 产率。

由图 3-25(p)～(r) 可知，在操作温度、甲烷含量和空间速率变化下，产氢速率遵循以下顺序：第二阶段退火 3h＞第二阶段退火 1h＞第二阶段退火 6h。说明延长退火时间将导致催化剂的烧结和聚集，从而显著降低 H_2 产率。

因此，可得出单因素变化下的最佳制备条件为：采用二阶段退火法，Ni/Pt 比例为 30∶3，第一阶段退火温度为 200℃，第一阶段退火时间为 1h，第二阶段退火温度为 500℃，第二阶段退火时间为 3h，H_2 产率为 12.39mol/(g·h)。结果表明，在二阶段退火的辅助下，可增强镍金属的效应，从而减少使用铂金属的量，降低制备成本。第一阶段退火的温度和时间不应过高或过长，其目的是将镍金属牢固地锚定到催化剂表面，通过清洗去除未锚定的金属颗粒，并避免金属颗粒的过度聚集和烧结。随后，通过提高温度并延长第二阶段退火时间，以去除剩余的配位基团，并最大化金属与所有可用配位基团的结合可能性，从而提高催化剂活性。

3.3.3 基于皮尔逊相关性分析各个参数与目标物的关系

图 3-26 为催化剂性质、催化剂制备条件和反应条件与 H_2 产率、CH_4 转化率、CO 产率、CO_2 转化率和 H_2/CO 相关性的热力图。由图可知，催化剂 Ni 的含量与 H_2 和 CO 产率、CH_4 和 CO_2 转化率及 H_2/CO 呈正相关，相关性分别是 0.59、0.64、0.61、0.64 和 0.18。

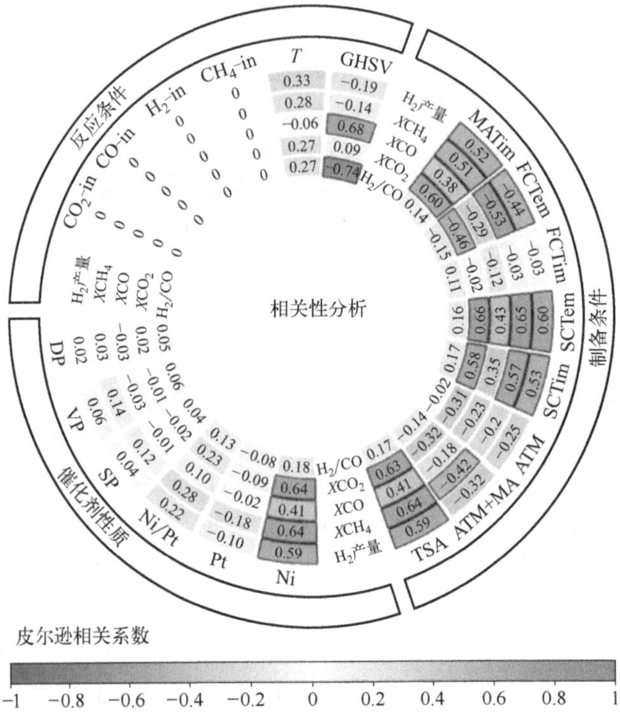

图 3-26 利用皮尔逊相关性分析各个参数与目标物的热力图

而在催化剂制备条件上，第二阶段退火时间、退火温度和微波加热时间与 H_2 和 CO 产率、CH_4 和 CO_2 转化率呈正相关。这意味着这些制备条件的优化有助于提高反应性能。此外，在反应条件上，空间速率与 CO 产率相关性为 68%，与 H_2 产率、CH_4 转化率和 H_2/CO 相关性为−19%，−14%和−74%。

3.3.4 贝叶斯优化各模型参数用于预测氢气产率

采用贝叶斯优化，以寻找不同机器学习模型的最优参数。由图 3-27(a) 可知，决策树预测 H_2 产率最佳参数为：最大树深度为 17，内部节点分裂所需的最小样本数为 2，叶节点所需的最小样本数为 1，每个分裂考虑的最大特征数为 14。由图 3-27(b) 可知，KNN 应用于 H_2 产率预测最佳参数为：邻居数为 8，邻居权重方法为“distance”，距离度量的幂参数（p）为 3，叶节点大小为 49 和最近邻的算法为“kd_tree”。

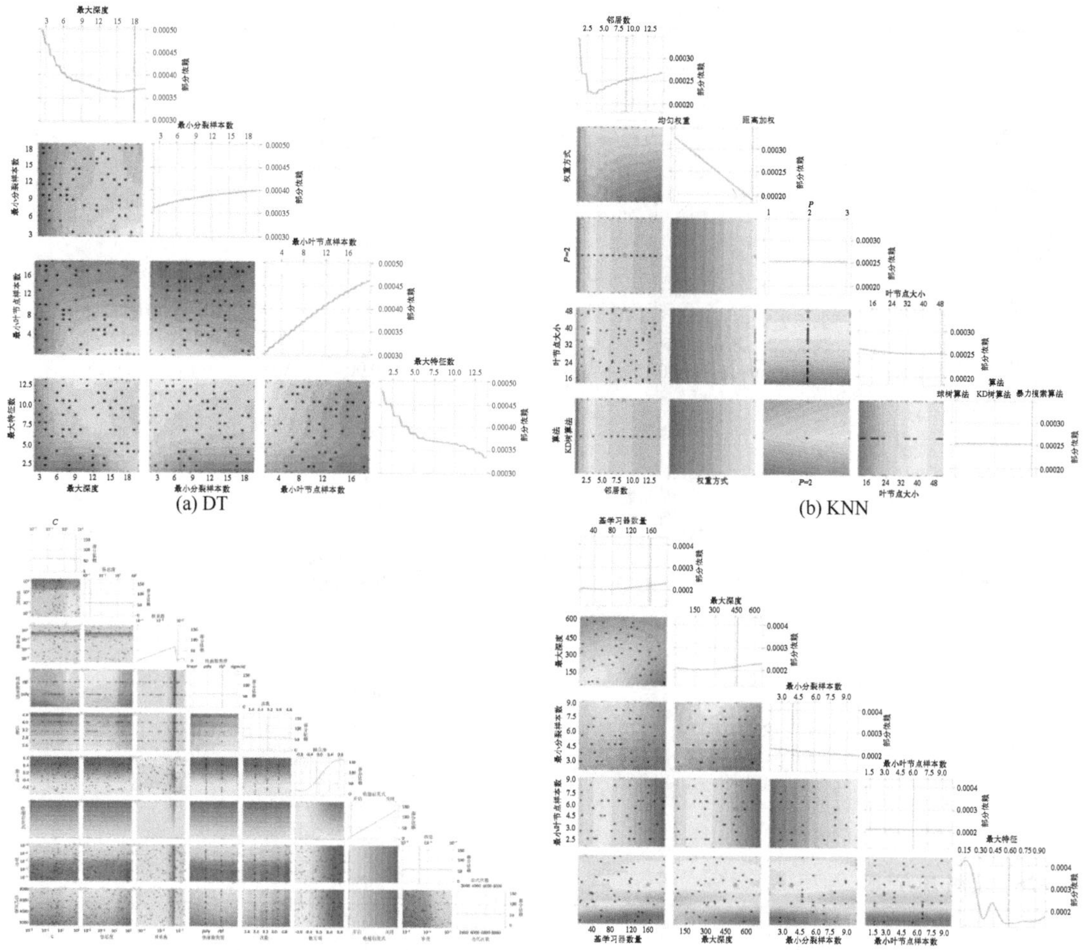

(a) DT　(b) KNN　(c) SVR　(d) RF

图 3-27　贝叶斯优化各模型参数

另外，由图 3-27(c) 可知，SVR 预测 H_2 产率最佳参数为：正则化参数（C）为 171.50，不敏感损失函数的容忍度为 0.009，核系数为 1.71×10^{-5}，核函数类型-线性为 rbf，多项式核函数的次数（degree）为 2，核函数的独立项（$coef_0$）为 0.597，不启用收缩启发式算法，停止训练的容差（tol）为 0.0001 和迭代次数（max_iter）为 7145。此外，由图 3-27(d) 可知，RF 预测 H_2 产率最优参数为：基本估计器的数量为 31，最大深度为 30，最小分裂样本数为 7，最小叶节点样本数为 2 和最大特征数为 0.775。

3.3.5 优化后各机器学习对氢气产率预测性能

图 3-28 为在最优参数下，DT、KNN、SVR 和 RF 预测 H_2 产率的结果。由图可知，测

试集的 MSE 分别为 DT(0.0023)＝RF(0.00023)＜KNN(0.00044)＜SVR(0.00051)，而测试集中的 R^2 分别为 DT(83.99%)＞RF(60.09%)＞KNN(57.44%)＞SVR(17.86%)，说明 DT 是预测 H_2 产率的最优模型。

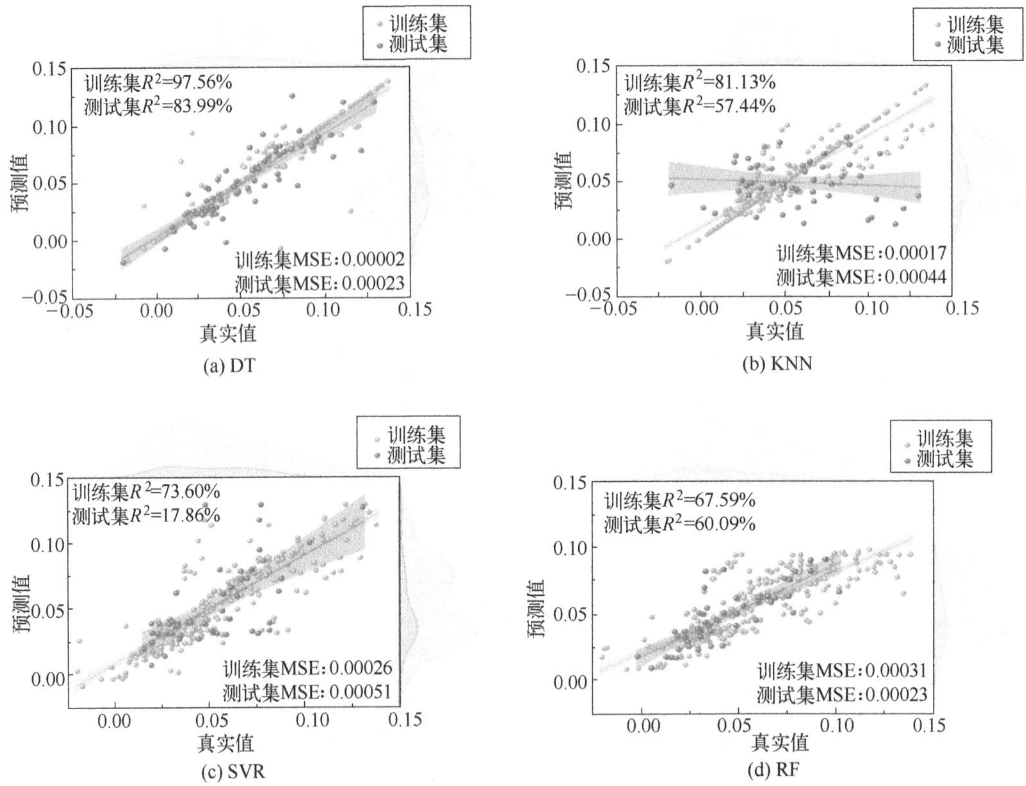

图 3-28 预测 H_2 产率

3.3.6 最优模型预测氢气产率各因素权重分析

SHAP 的核心思想是将模型预测的差异分解为各个特征值的贡献，其分解是基于博弈论中的 Shapley 值计算方法。SHAP 值考虑了特征值的组合，通过迭代计算所有可能特征组合的平均贡献，为每个特征分配一个对应的 SHAP 值，从而量化了特征对预测的影响。图 3-29 为利用 DT 预测 H_2 产率中各参数重要性的分布特征。由图 3-29(a) 可知，对 H_2 产率有显著影响的前九个参数分别为 FCTem（第一阶段煅烧温度）、GHSV（空间速率）、MA-Tim（微波辅助加热时间）、T、ATM＋MA（原子捕捉法＋微波加热法）、FCTim（第二阶段煅烧温度）、SCTim（第二阶段煅烧时间）、ATM＋MA＋TSA 和 Ni。此外，由图 3-29(b) 可知，催化剂的制备条件对 H_2 产率影响最大，其占比为 94.3%，而实验条件和催化剂性质对 H_2 产率的影响占比分别为 4.8%和 0.9%。

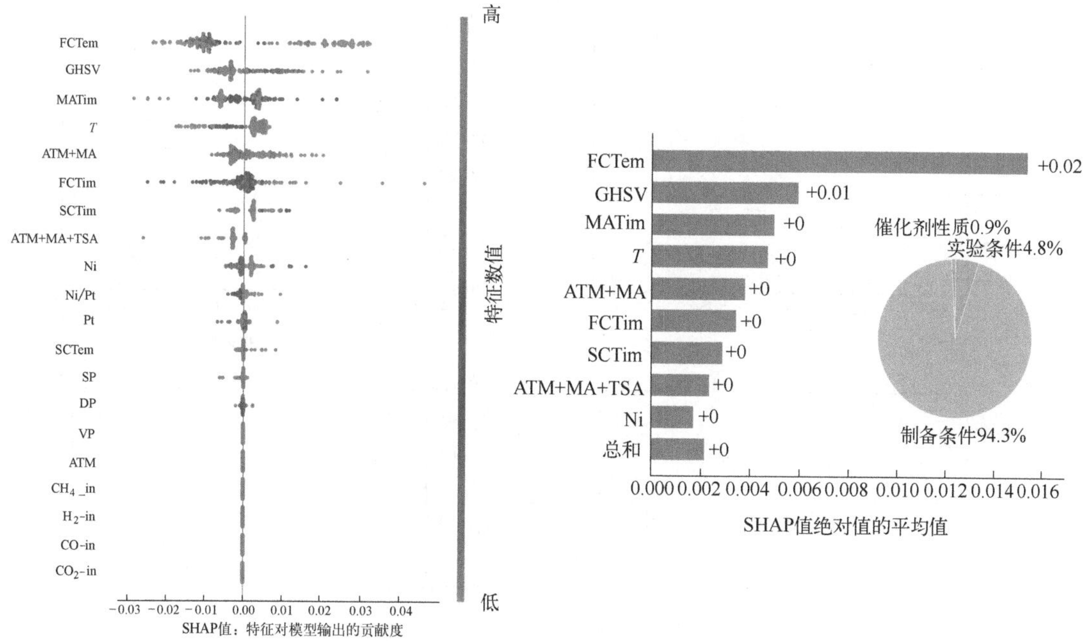

(a) 各参数的SHAP值

(b) 各参数的SHAP平均值

图 3-29 利用 DT 预测 H_2 产率中各参数的重要性

3.3.7 氢气产率的单向部分依赖性分析

单向部分依赖图（one-way partial dependence）是一种统计学和机器学习中的分析方法，用于探究单个特征对目标变量（如预测结果）的影响。它反映了单个特征的变化对目标物的影响。为此，采用该方法详细探讨了各个参数对目标物的影响。图 3-30 为各参数对 H_2 产率的单向部分依赖图。在实验反应条件方面，图 3-30(a) 中随着反应温度增加，H_2 产率呈上升趋势，从 4.0%上升到 5.6%；而在图 3-30(b) 中，当 GHSV 值为 101859h^{-1} 时，H_2 转化率达到最大值（6.1%），之后 H_2 产率随 GHSV 的增加而下降。

在催化剂制备条件方面，如图 3-30(c) 所示，当微波加热时间在 0～11h 范围内变化时，H_2 产率稳定上升至 5.7%，然后保持稳定水平。由图 3-30(d) 可知，在 200℃的第一阶段退火温度下，H_2 产率最大值为 7.5%，而在 900℃的第一阶段退火温度下，最小 H_2 产率为 3.5%。在图 3-30(e) 中，当第一阶段退火时间为 1～10h 时，H_2 产率范围为 4.5%～6.1%。如图 3-30(f) 所示，在第二阶段退火低于 300℃的温度下，H_2 产率保持在相同水平(5.17%)，在 400℃下，H_2 产率达到最低值，在 500℃下，H_2 产率达到最大值。在图 3-30(g) 中，H_2 产率在第二阶段退火时间≤3h 内保持稳定水平（5.65%），然后在第二阶段退火时间为 6h 时，其产率急剧下降至 5.07%。由图 3-30(h) 可知，微波加热减缓了 H_2 产率。

在催化剂特性方面，随着 Ni 含量的增加，H_2 产率略微上升，当 Ni 含量达到 12%时，H_2 产率增加至 5.8%，之后保持相同水平［图 3-30(i)］。此外，Pt 含量对 H_2 产率的影响趋势与 Ni 类似［图 3-30(j)］。在 Ni/Pt=10 时，H_2 产率最大为 5.42%，之后急剧下降至

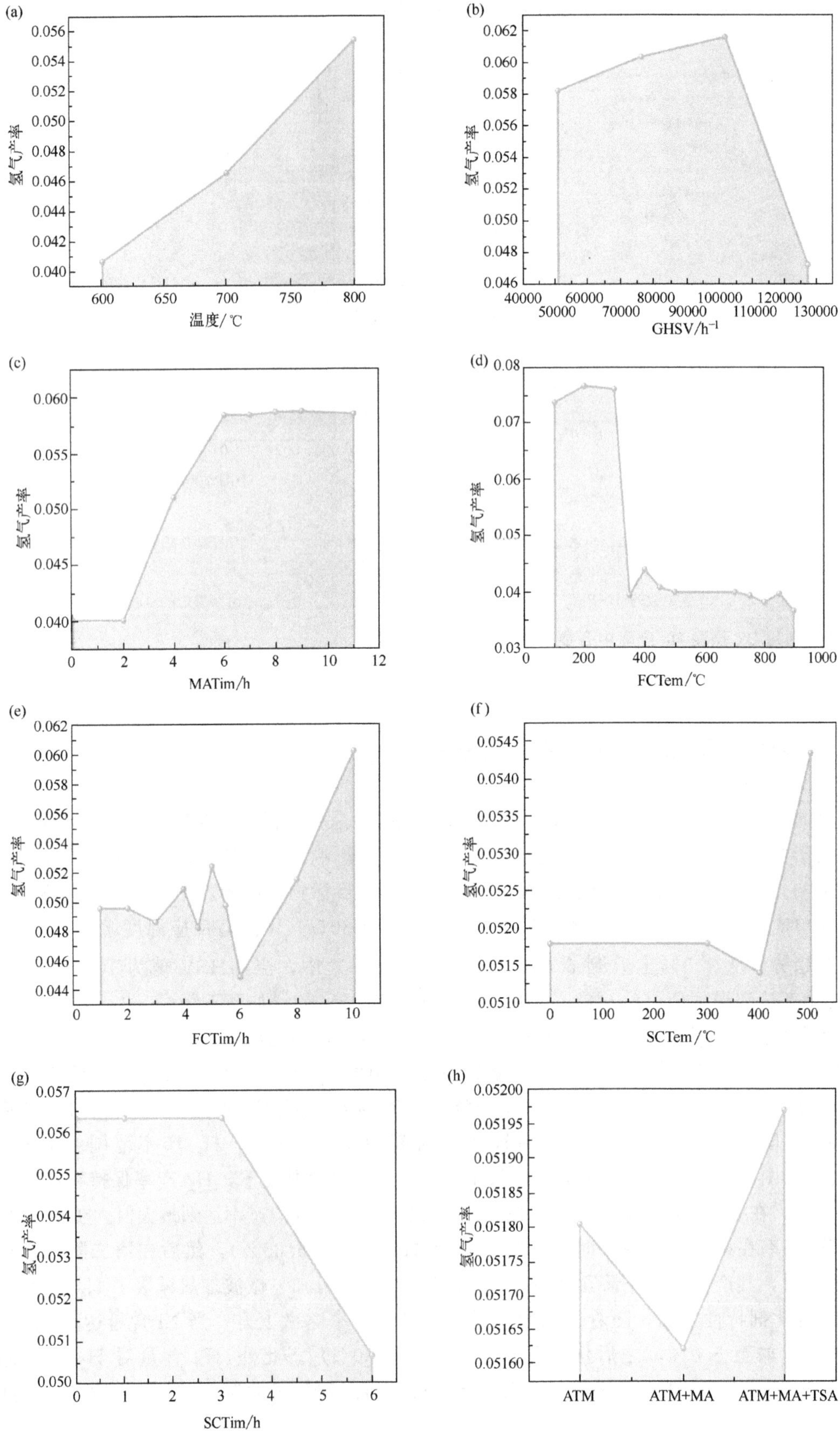
(a)
氢气产率
0.056
0.054
0.052
0.050
0.048
0.046
0.044
0.042
0.040
600
650
700
750
800
温度/℃
(b)
氢气产率
0.062
0.060
0.058
0.056
0.054
0.052
0.050
0.048
0.046
40000
50000
60000
70000
80000
90000
100000
110000
120000
130000
GHSV/h⁻¹
(c)
氢气产率
0.060
0.055
0.050
0.045
0.040
0
2
4
6
8
10
12
MATim/h
(d)
氢气产率
0.08
0.07
0.06
0.05
0.04
0.03
0
200
400
600
800
1000
FCTem/℃
(e)
氢气产率
0.062
0.060
0.058
0.056
0.054
0.052
0.050
0.048
0.046
0.044
0
2
4
6
8
10
FCTim/h
(f)
氢气产率
0.0545
0.0540
0.0535
0.0530
0.0525
0.0520
0.0515
0.0510
0
100
200
300
400
500
SCTem/℃
(g)
氢气产率
0.057
0.056
0.055
0.054
0.053
0.052
0.051
0.050
0
1
2
3
4
5
6
SCTim/h
(h)
氢气产率
0.05200
0.05195
0.05190
0.05185
0.05180
0.05175
0.05170
0.05165
0.05160
ATM
ATM+MA
ATM+MA+TSA

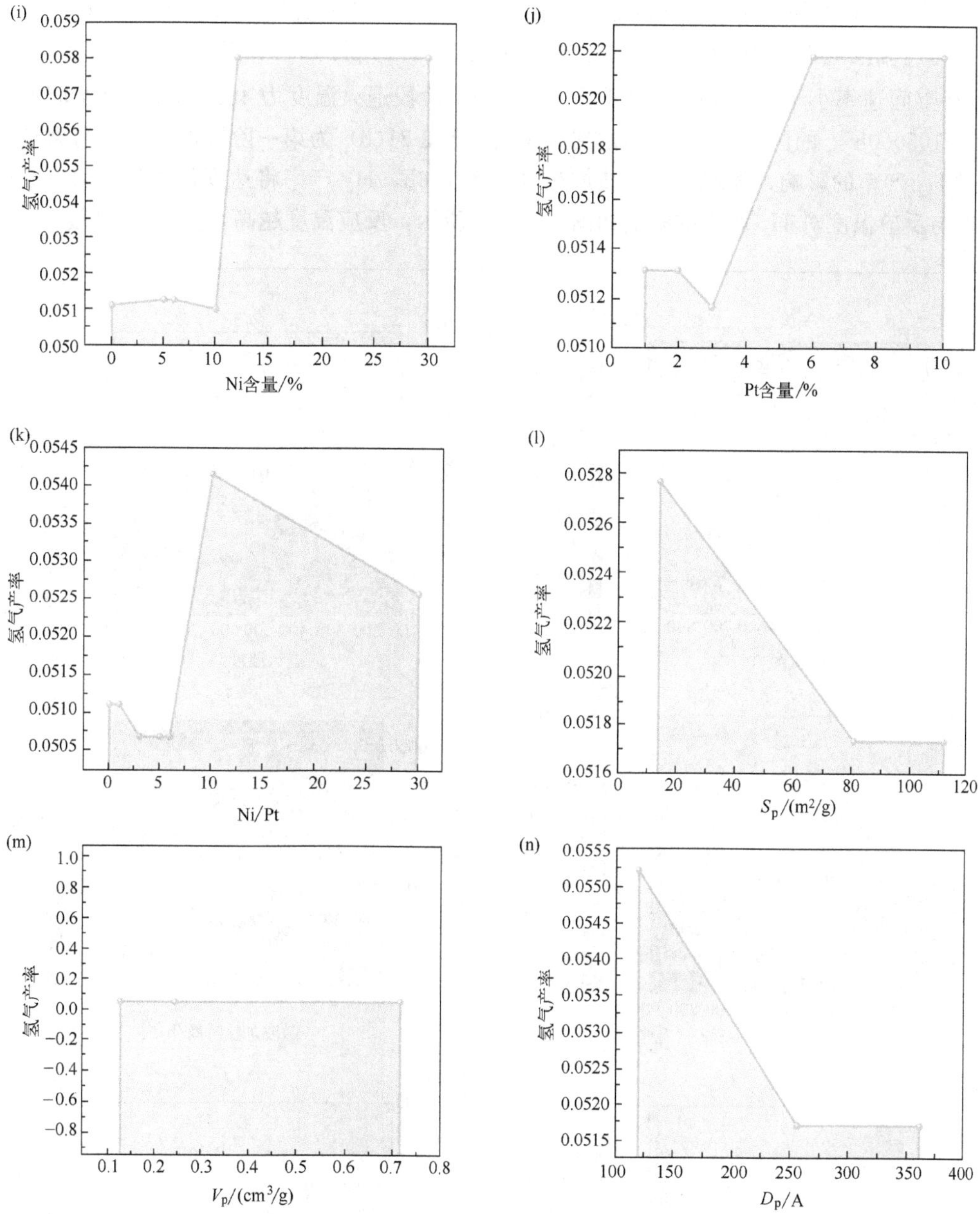

图 3-30 各参数对 H_2 产率的单向部分依赖性图

5.25% [图 3-30(k)]。在图 3-30(l) 中，H_2 产率呈下降趋势，之后随着 S_p 的增加保持稳定水平。在图 3-30(m) 中，V_p 对 H_2 产率无明显影响。此外，在图 3-30(n) 中 H_2 产率整体呈下降趋势，在 D_p 为 250Å（1Å=10^{-10}m）之后，H_2 产率保持稳定水平不变。

3.3.8 氢气产率的双向部分依赖性分析

双向部分依赖是一种分析方法，用于探讨两个输入因素对输出结果的联合影响。为此，采用该方法讨论基于机器学习获得的前四个重要特征参数（FCTem、GHSV、MATim、

T），探讨各参数之间对 H_2 产率的影响。图 3-31 讨论了第一阶段退火温度、空间速率、微波加热时间和反应温度对 H_2 产率的影响。由图 3-31(a) 可知，在第一阶段退火温度小于 300℃且空间速率小于 90000h^{-1} 的区域，以及第一阶段退火温度为 400～900℃且空间速率为 95000～105000h^{-1} 的区域，H_2 产率达到最大值。图 3-31(b) 为第一阶段退火温度与微波加热时间对 H_2 产率的影响，发现只要微波加热时间大于 6h，H_2 产率将达到最大化。第一阶段退火温度与反应温度对 H_2 产率的影响如图 3-31(c) 所示，反应温度越高，H_2 产率就越高。

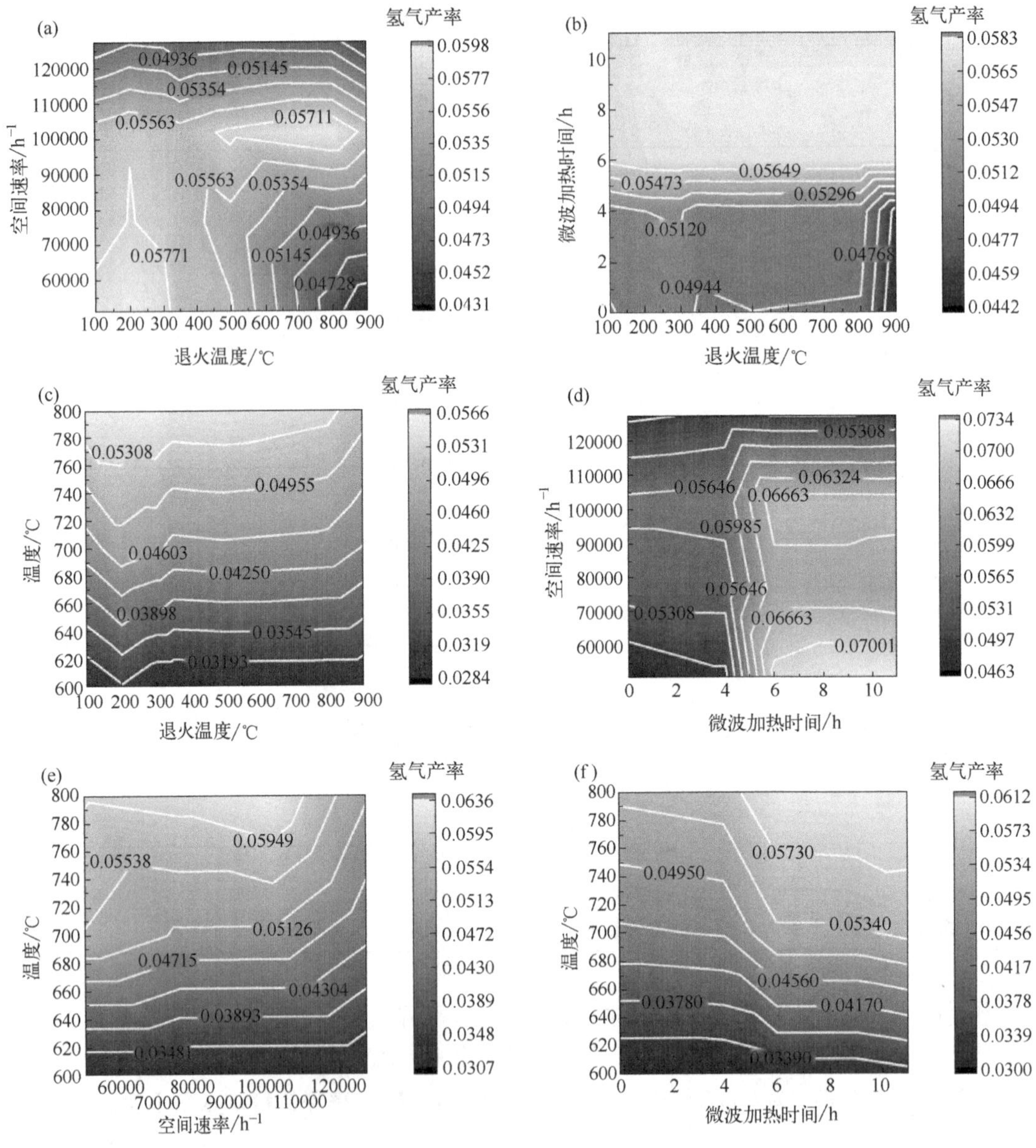

图 3-31 由 SHAP 获得最重要的四个特征之间对 H_2 产率影响的相互作用

图 3-31(d) 为微波加热时间与空间速率对 H_2 产率的影响，在微波加热时间大于 6h 且空间速率小于 60000h^{-1} 时，H_2 产率大于 7.00%。图 3-31(e) 为空间速率和反应温度对 H_2

产率的影响，在空间速率小于 $110000h^{-1}$ 时，反应温度越高，H_2 产率越高。此外，图 3-31（f）为反应温度与微波加热时间对 H_2 转化率的影响，反应温度越高微波加热的时间越长，H_2 产率越高。

课后思考与练习

1. 循环学习率优点是什么？数学表达式是什么？
2. 深度学习模型分类评价指标有哪些？优缺点是什么？
3. 常用的毒性数据集有哪些？
4. 机器学习预测高温重组的优点是什么？

第3章部分彩图

参考文献

[1] Lin K S, Zhou T, Gao X F, et al. Deep convolutional neural networks for construction and demolition waste classification: VGGNet structures, cyclical learning rate, and knowledge transfer[J]. Journal of Environmental Management, 2022, 318: 115501.

[2] Lin K S, Zhao Y C, Wang L N, et al. MSWNet: A visual deep machine learning method adopting transfer learning based upon ResNet 50 for municipal solid waste sorting[J]. Frontiers of Environmental Science & Engineering, 2023, 17 (6): 77.

[3] Tan Z C, Zhao Y C, Zhou T, et al. Hi-MGT: A hybrid molecule graph transformer for toxicity identification [J]. Journal of Hazardous Materials, 2023, 457: 131808.

[4] Tan Z C, Zhao Y C, Lin K S, et al. Multi-task pre-trained language model with novel application domains enables more comprehensive health and ecological toxicity prediction[J]. Journal of Hazardous Materials, 2024, 477: 135265.

[5] Guo Y Y, Zhao Y C, Li Z S, et al. Exploring interactive effects of environmental and microbial factors on food waste anaerobic digestion performance: Interpretable machine learning models[J]. Bioresource Technology, 2025, 416: 131762.

第 4 章

人工智能在固体废物处置工艺中的具体应用

4.1 基于热力学和深度学习多维度分析筛下垃圾热化性质

在干垃圾的采集和运输过程中，可能与未分类垃圾混合。为了资源最大化利用，通常在最终垃圾处理处置之前，采用滚筒筛和弹跳筛及振动床等机械筛分，以从混合垃圾中提取可回收物。分选过程中，透过滚筒筛和弹跳筛及振动床等筛孔的废物，被定义为筛下垃圾，其主要成分包括微小的土壤颗粒、残留的湿垃圾、碎小的落叶片以及微小的玻璃碎片等。由此可见，筛下垃圾是不可避免的干垃圾分选过程的副产品，需要高效处理。

热化处理在处理筛下垃圾时具有巨大潜力，深度学习算法在预测筛下垃圾成分和温度定量化关系中的应用，也鲜有研究报道。因此，采用热重-傅里叶变换红外光谱（TG-FTIR）技术表征主要气态产物，构建了深度学习模型［1D（一维)-CNN-LSTM］以准确预测和验证温度与组分的关系，为高效处理筛下垃圾提供了重要的参考依据，也验证了在筛下垃圾热化处理系统中应用深度学习方法的可行性和潜力。

4.1.1 FTIR 分析筛下垃圾热化处理气相成分

(1) FTIR 分析筛下垃圾燃烧气相成分

傅里叶变换红外光谱（FTIR）可通过特征光谱峰与功能团匹配，确认热降解后气相产物分布。图 4-1(a) 展示了筛下垃圾燃烧过程，在 10℃/min 下的三维红外光谱。基于特征吸收峰，峰值为 495.2℃的产生气体在二维红外光谱中可被识别出来，如图 4-1(b) 所示。燃烧气体产物包括 CO_2、H_2O 和 CO，以及 C═O 和酚类等。

在 3500～4000cm^{-1} 处检测到了 O—H 的特征峰，这归因于原始的水分子和其他化合物的分解或重组。在 3016cm^{-1} 处的峰表示 CH_4 的存在，可能是由苄基和甲氧基（—O—CH_3）

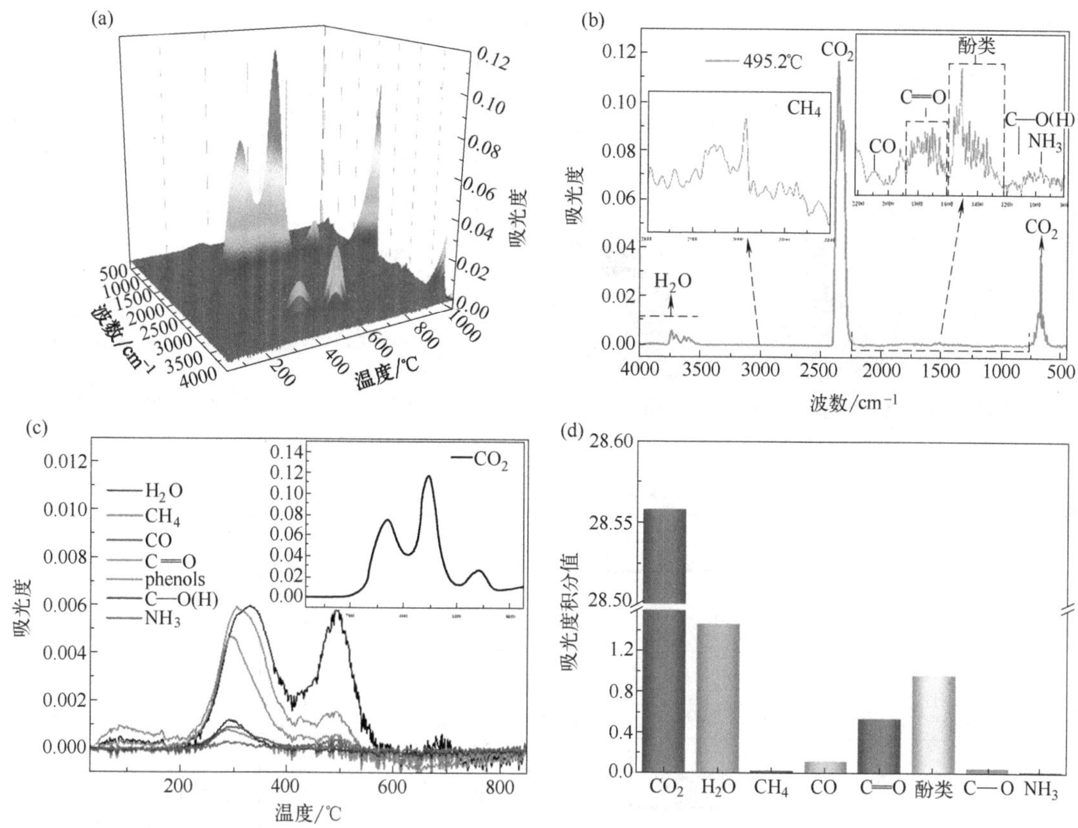

图 4-1 (a) 三维红外光谱图；(b) 495.2℃下挥发性化合物的 TG-FTIR 光谱；(c) 不同燃烧温度下挥发性化合物的吸收度；(d) 气体产物的吸光度积分值

的裂解产生的，或者是由自由基反应（$CH_2/CH_3+H \longrightarrow CH_4$）产生的。在 2358cm^{-1} 和 670cm^{-1} 处的峰表示存在 CO_2，主要是由于有机和无机物质的分解提供了形成 CO_2 的途径。在约 2094cm^{-1} 处出现了一个小峰，表示含有较低的 CO。其来源主要是甲醛（CH_2O）和/或甲酰自由基（· CHO）。此外，在波数 1604～1882cm^{-1}、1218～1586cm^{-1} 和 96cm^{-1} 处检测到了 C═O、酚类和 NH_3 的峰。

在特定波数下，评估化学反应温度与气体产物吸光度之间的关系，如图 4-1(c) 所示。在燃烧过程中，随着温度升高，吸光度先增加再减小。CO_2 和 NH_3 的峰值分别对应最高和最低的吸光度。图 4-1(d) 呈现气态产物的吸光值，其中气态产物的排放浓度从高到低依次为：CO_2>H_2O>酚类>C═O>CO>C—O>CH_4>NH_3。

(2) FTIR 分析筛下垃圾热解气相成分

图 4-2(a) 展示了在 10℃/min 升温速率下筛下垃圾热解的三维 FTIR 图，而图 4-2(b) 展示了在 687℃的红外峰值处检测到的相关气体。由图可知，在筛下垃圾热解过程中，检测到了气体产物如 H_2O、CO_2、CH_4 等，以及酚类、C—O 和羰基（C═O）等。

在红外波长频段为 3500～4000cm^{-1} 的吸收峰与 O—H 键的拉伸有关，这表明在热解过程中 H_2O 的释放。主要的 H_2O 释放温度范围在 138～700℃，这可能是因为涉及不同形态的水，包括结合水和结晶水的蒸发，以及热解过程中含氧官能团的裂解或反应。

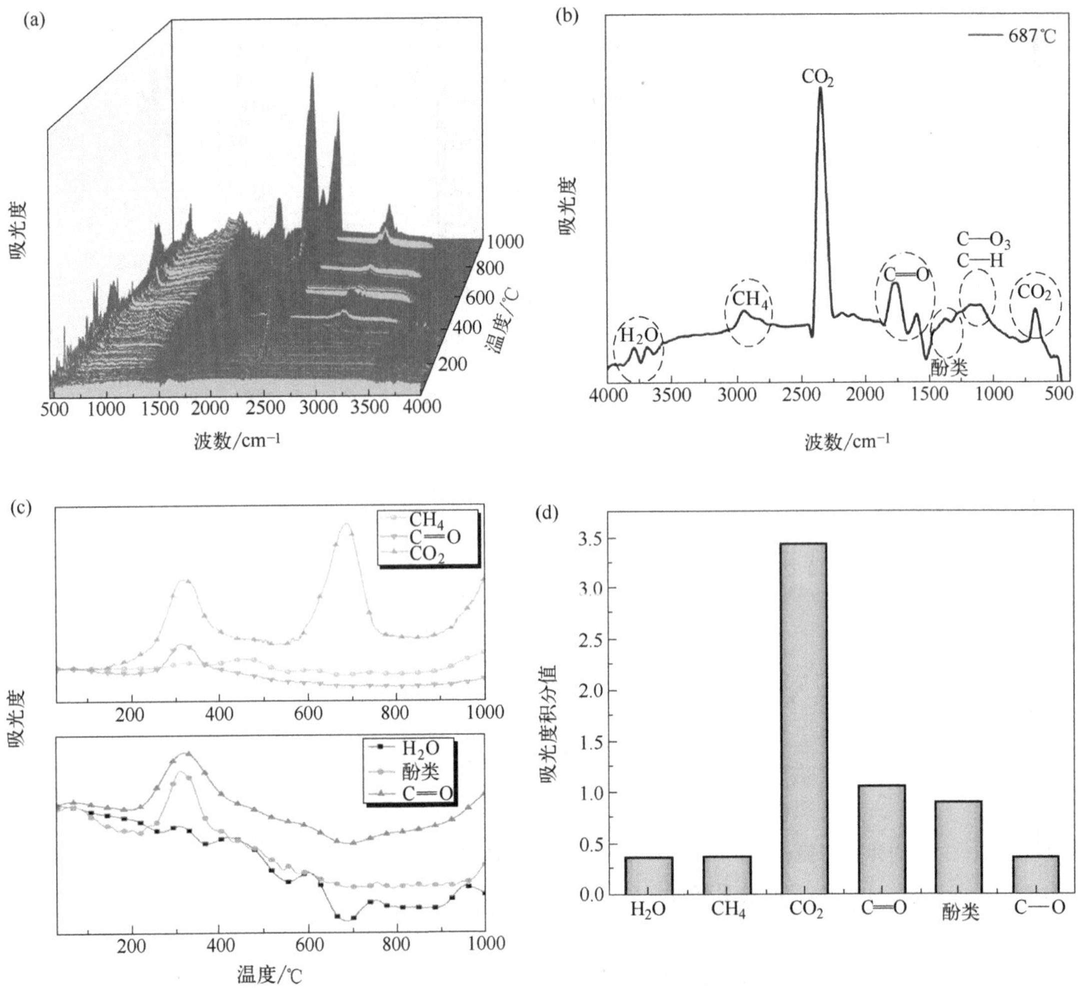

图 4-2 (a) 三维红外光谱图；(b) 在峰值温度 687℃ 处挥发物的 TG-FTIR 光谱；(c) 挥发物的吸光度随温度变化的曲线；(d) 筛下垃圾热解排放产物的产率

与红外波长范围为 2600～3200cm^{-1} 的吸光峰相关的是 CH_4 的释放。甲氧基是半纤维素、纤维素和木质素的重要组成部分，其分解将释放 CH_4 气体。与 CO_2 的释放有关的吸收峰，出现在 2250～2400cm^{-1} 和 600～750cm^{-1} 处。CO_2 主要来自筛下垃圾热解过程中，半纤维素、纤维素和木质素中的 C═O、—COOH、C—O 和 C—C 等的裂解和重组。

同时，在 950～1250cm^{-1} 处的吸收峰与 CO 有关。CO 主要来自热稳定性差的羰基和羧基降解。在 1600～1900cm^{-1} 处的吸收峰是由羰基（C═O）拉伸引起的，主要为—CH(O)CH—键断裂产生的醛和有机酸。红外波长在 1200～1600cm^{-1} 的吸收峰，与酚类的拉伸有关。

图 4-2(c) 显示了挥发性成分的强度与温度之间的关系。筛下垃圾热解在脱挥发分阶段和分解阶段产生了 CH_4、C═O、CO_2、H_2O 和酚类。半纤维素在低温时贡献了所有的挥发性成分。挥发物的吸光度随温度升高而增加，这可归因于木质素和纤维素的降解。由图 4-2(d) 可知，此类产物的浓度按以下顺序排序：CO_2>C═O>酚类>C—O>CH_4>H_2O。为

了证实 TG-FTIR 的结果，利用热解-气相色谱/质谱（Py-GC/MS）分析，以获取更多筛下垃圾热解详细信息。

4.1.2 1D-CNN-LSTM 模型模拟筛下垃圾热重曲线

（1）1D-CNN-LSTM 模拟筛下垃圾热重曲线各参数优化

1D-CNN-LSTM 算法由 1D-CNN 和一个双向 LSTM 组成，以 TG-FTIR 数据作为输入参数，并以样本 TG 数据作为输出参数。在表 4-1 中，神经网络模型中的四个超参数（神经元数量、随机失活、历时数量和批尺寸），用于优化模型的性能。第一个隐藏层中的神经元数量（序号 1～序号 4）为 150，训练损失和验证损失分别为 0.0344 和 0.0115 时获得了最高的 R^2 值，为 92.32%。随机失活是神经网络模型中的一个重要参数，可减少过拟合，间接提高模型的预测准确性。

表 4-1 1D-CNN-LSTM 模型优化

序号	神经元数量/个	随机失活	历时数量/个	批尺寸	训练值损失	验证集损失	R^2/%
1	120	0.002	200	25	0.0283	0.0074	90.80
2	150	0.002	200	25	0.0344	0.0115	92.32
3	180	0.002	200	25	0.0308	0.0400	85.35
4	210	0.002	200	25	0.0238	0.0034	87.66
5	150	0.001	200	25	0.0261	0.0087	65.48
6	150	0.002	200	25	0.0344	0.0115	92.32
7	150	0.003	200	25	0.0265	0.0055	94.41
8	150	0.004	200	25	0.0306	0.0049	89.89
9	150	0.005	200	25	0.0326	0.0046	83.41
10	150	0.003	100	25	0.0321	0.0084	78.77
11	150	0.003	200	25	0.0265	0.0055	94.41
12	150	0.003	300	25	0.0236	0.0097	75.84
13	150	0.003	400	25	0.0137	0.0037	75.31
14	150	0.003	500	25	0.0078	0.0028	68.06
15	150	0.003	200	25	0.0265	0.0055	94.41
16	150	0.003	200	50	0.0241	0.0039	89.87
17	150	0.003	200	75	0.0261	0.0056	93.30
18	150	0.003	200	100	0.0322	0.0059	65.56

综上所述，对于 1D-CNN-LSTM 算法用于筛下垃圾燃烧行为的预测，最佳参数为 150 个神经元、0.002 的随机失活、200 个历时和 25 的批尺寸。1D-CNN-LSTM 的性能如图 4-3 所示。

如图 4-3(a) 所示，训练误差（0.0265）和验证误差（0.0055）的 MSE 值在第 15 个历时保持大致稳定，这表明 1D-CNN-LSTM 模型已经收敛。如图 4-3(b) 所示，预测值与实验值之间的 R^2 为 94.41%。证实了使用 1D-CNN-LSTM 模型模拟筛下垃圾燃烧行为的可行

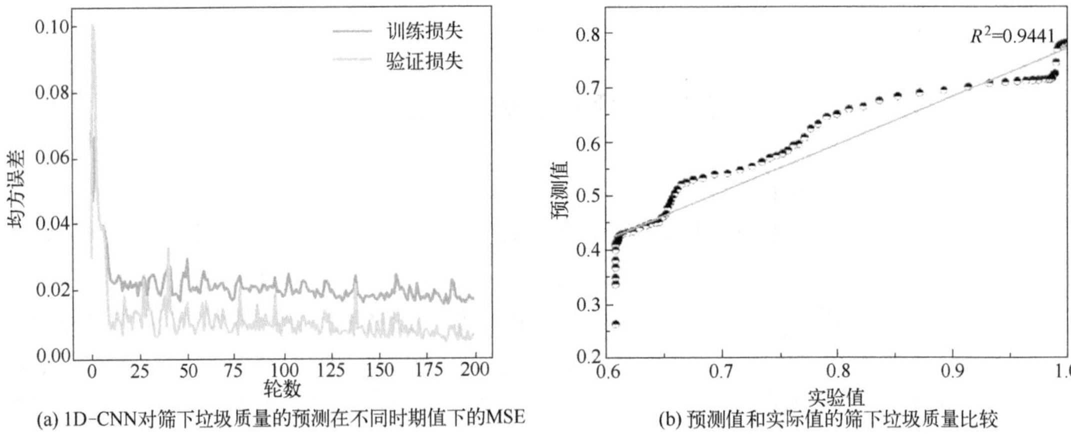

(a) 1D-CNN对筛下垃圾质量的预测在不同时期值下的MSE　　(b) 预测值和实际值的筛下垃圾质量比较

图 4-3　1D-CNN-LSTM 模型性能评估

性，表现出出色的泛化能力。

(2) 1D-CNN-LSTM 模拟筛下垃圾热重曲线权重分布

图 4-4 呈现了不同单元（LSTM、1D-CNN 和全连接层）中权重和偏置的分布情况。核可理解为神经元的权重，直方图显示了权重或偏置随着历时变化的分布情况。由图可知，当历时小于 50 时，1D-CNN 中的权重分布几乎没有变化，权重范围保持在 −0.2～0.2 之间

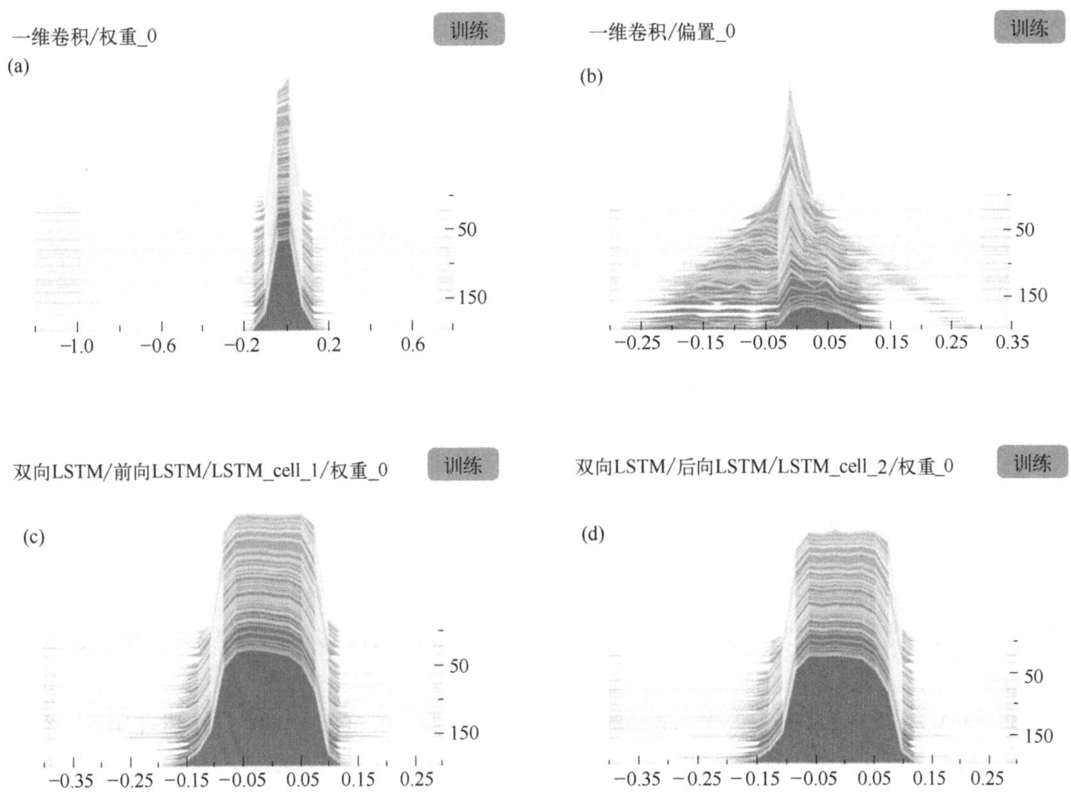

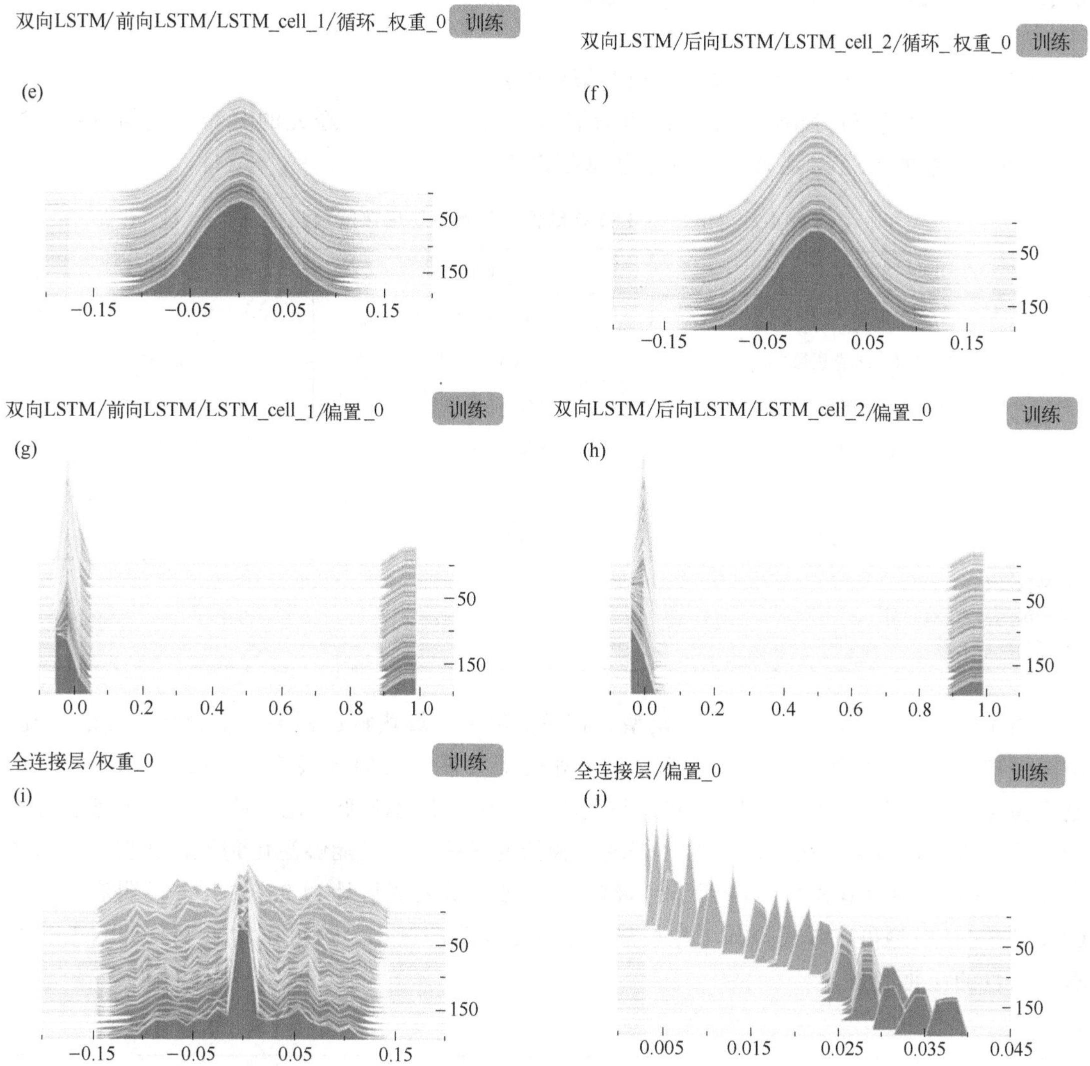

图 4-4　模型权重和偏置分布

(a) CNN 中的权重；(b) CNN 中的偏置；(c) 双向 LSTM 中 cell_1 的权重；(d) 双向 LSTM 中 cell_2 的权重；(e) 双向 LSTM 中 cell_1 的循环权重；(f) 双向 LSTM 中 cell_2 的循环权重；(g) 双向 LSTM 中 cell_1 的偏置；(h) 双向 LSTM 中 cell_2 的偏置；(i) 全连接层中的权重；(j) 全连接层中的偏置

[图 4-4(a)]。然而，偏置的分布较为分散，范围在−0.28～0.30 之间 [图 4-4(b)]。

对于 LSTM，LSTM_cell_1 和 LSTM_cell_2 中的核 [图 4-4(c) 和图 4-4(d)]、循环核 [图 4-4(e) 和图 4-4(f)] 以及偏置 [图 4-4(g) 和图 4-4(h)] 的分布趋势相似。同时，LSTM_cell_1 和 LSTM_cell_2 中的权重值呈现出高斯分布特点。

最后，在训练历时小于 50 时，全连接层单元的序列权重数值几乎保持不变（−0.14～0.14）。然而，全连接层的偏置值随着训练历时的增加而增加 [图 4-4(i) 和图 4-4(j)]，从 0.0025 增加到 0.0400。

4.1.3 1D-CNN-LSTM 预测筛下垃圾热解曲线变化

（1）1D-CNN-LSTM 预测筛下垃圾热解曲线性能

表 4-2 描述了 1D-CNN-LSTM 预测筛下垃圾热解过程、神经元的分布，其结构由 1D-CNN 和 1 个双向 LSTM 组成，涉及参数总数为 840061。

表 4-2 1D-CNN-LSTM 结构用于筛下垃圾热解预测

层数	输出形状	参数
Input_1(输入层)	(None,1,1776)	0
Conv1d(一维卷积层)	(None,1,180)	319860
Max_pooling1d(一维最大池化层)	(None,1,180)	0
Dropout(丢弃层)	(None,1,180)	0
Bi-LSTM(双向长短期记忆层)	(None,360)	519840
Dense(全连接层)	(None,1)	361

总参数:840061
可训练的参数:840061
不可训练的参数:0

图 4-5 展示了 1D-CNN-LSTM 模型，在模拟筛下垃圾热解过程中质量变化方面的表现。由图可知，在模型训练过程中，训练集损失和验证集损失的均方误差，在历时达到 30 之后趋于稳定，分别降至 0.005 和 0.002，并在后续训练中保持不变。这一趋势表明模型已经达到了收敛状态，即模型在训练数据上表现出较低的误差，并且能够泛化到验证数据上。由图 4-5(b) 可知，预测值和真实值筛下垃圾质量之间的相关值估计为 93.91%，说明利用 1D-CNN-LSTM 模型可有效模拟筛下垃圾热解过程中质量的变化，这可归功于 1D-CNN-LSTM 算法出色的泛化能力。

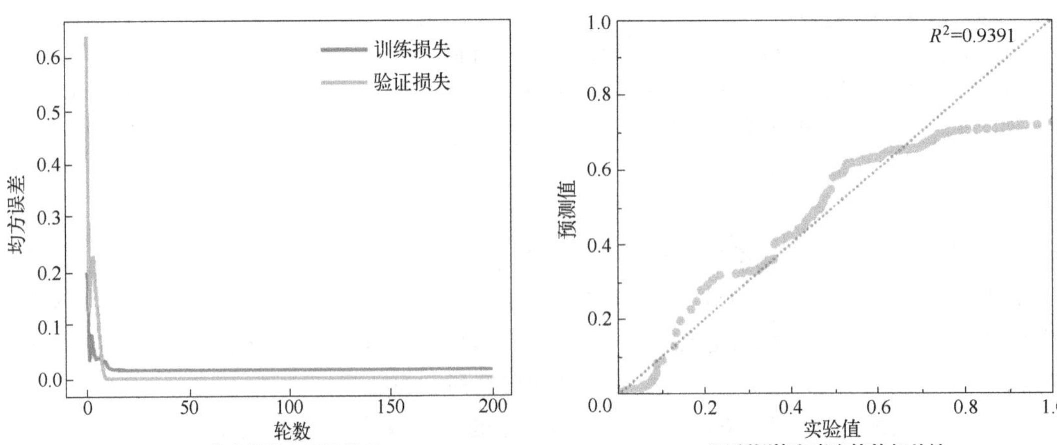

(a) 均方误差和历时关系
(b) 预测值和真实值的相关性

图 4-5 1D-CNN-LSTM 预测性能评估

（2）1D-CNN-LSTM 预测筛下垃圾热解曲线权重分布

1D-CNN、LSTM 和全连接层上的神经元的权重和偏置，如图 4-6 所示。首先，在历时达到 30 时，1D-CNN 层的权重分布几乎一致，其值范围为−0.2～0.2［见图 4-6(a)］。与之对应的神经元偏置值在−0.11～0.03 之间变化。这表明 1D-CNN 层的权重在模型训练过程中没有明显的偏向性，保持了相对稳定的分布。

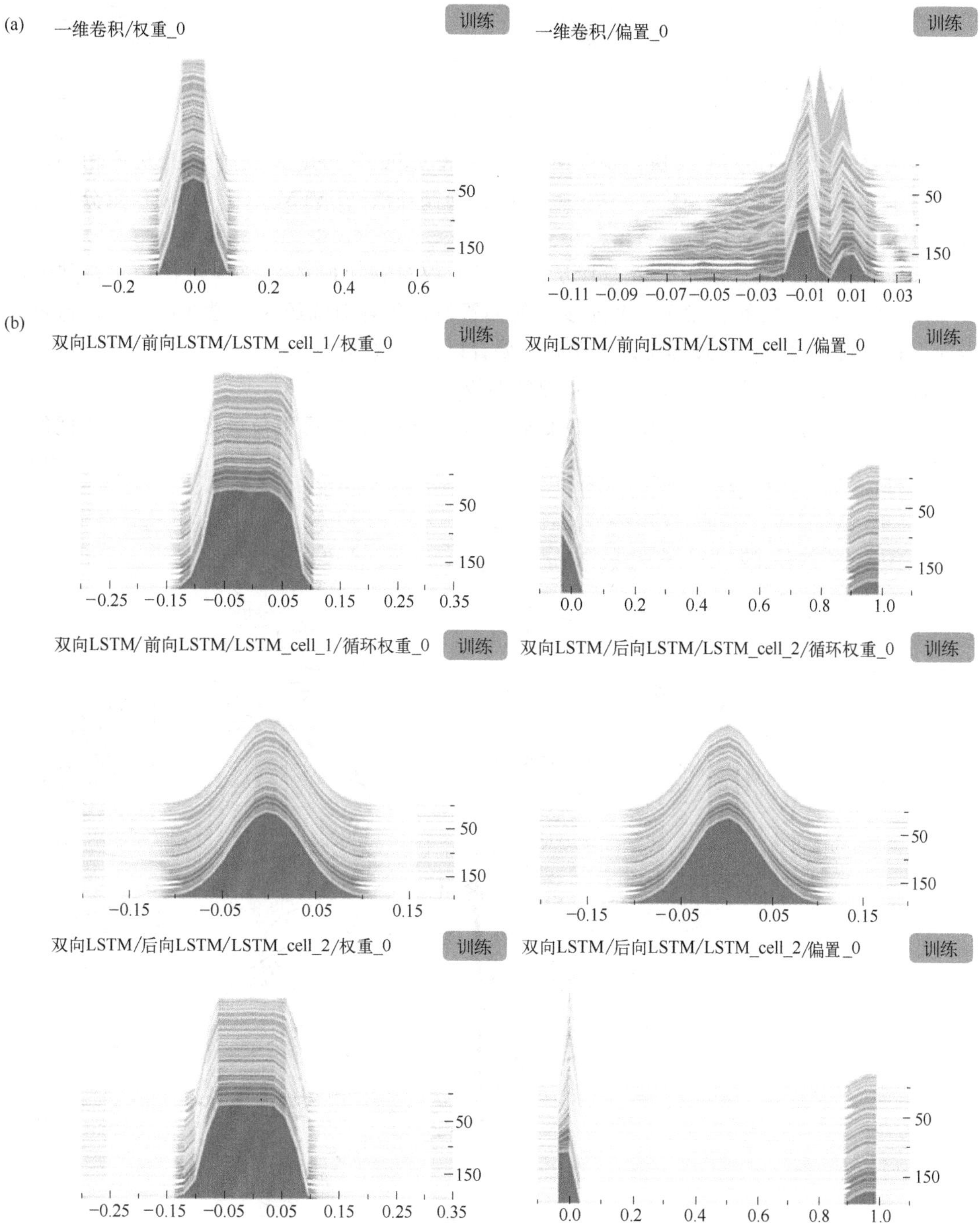

图 4-6

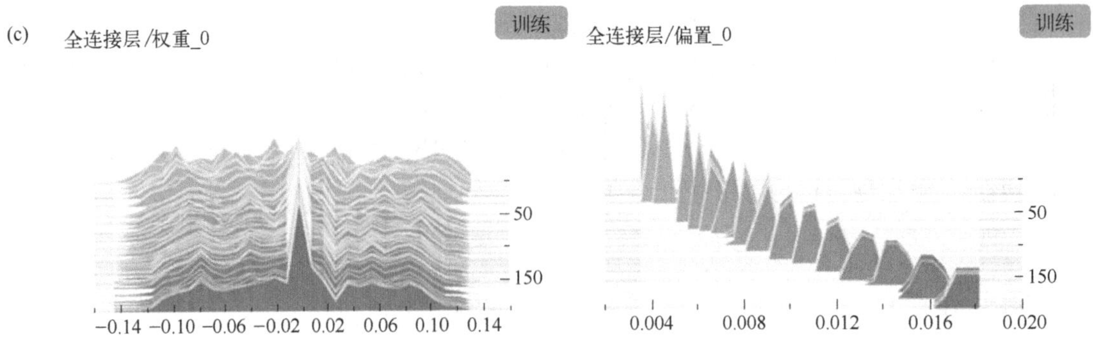

图 4-6　神经元权重和偏置分布

其次，对于 Bi-LSTM 模块，LSTM_cell_1 和 LSTM_cell_2 在外观上几乎相同，但 LSTM_cell_1 的权重分布范围为−0.15～1.00，而循环核（LSTM_cell_1）的权重分布符合高斯分布［见图 4-6(b)］。

最后，如图 4-6(c) 所示，全连接层的神经元权重在历时的变化中保持稳定，其范围在−0.140～0.125 之间。然而，全连接层的偏置值，随着训练历时的增加而增加，这可能表明全连接层在模型训练过程中逐渐调整其偏置以适应数据。

(3) 1D-CNN-LSTM 模拟筛下垃圾热解曲线变化过程

图 4-7 为基于 TensorBoard，将 1D-CNN-LSTM 模型预测筛下垃圾组分和温度之间的关

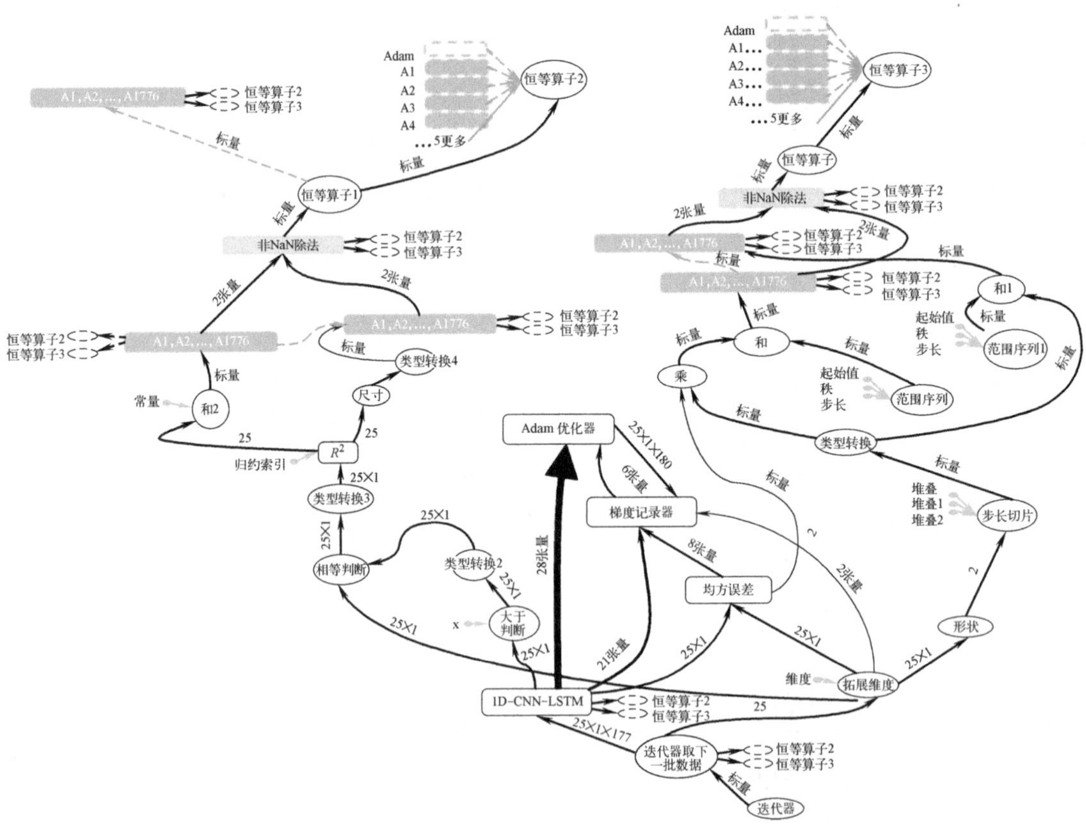

图 4-7　1D-CNN-LSTM 模拟筛下垃圾热解变化过程

系过程可视化。在这个可视化过程中，标度器被视为深度学习中提取的代表性特征信息的载体，用于将信息特征从一个单元传递到另一个单元。标度器的大小为“25×1”，代表每次训练过程的批量大小。

模拟筛下垃圾热解行为的过程中，MSE 和 R^2 是主要的评估指标。目标是通过随机梯度下降和 Adam 优化器来训练模型，使得 MSE 最小和 R^2 最大，从而实现精确的预测。箭头的大小表示张量的数量多少，涉及筛下垃圾的成分和温度。此外，较大的箭头表示包含更多的信息特征。

图 4-8 显示了 1D-CNN-LSTM 与其他深度学习算法预测筛下垃圾的热解性能方面的比较。各种算法的 R^2 按照以下顺序排列：1D-CNN-LSTM(93.91%)＞LSTM(85.35%)＞1D-CNN(81.45%)＞Attention(75.41%)。这表明，1D-CNN-LSTM 的性能明显优于其他三种算法。

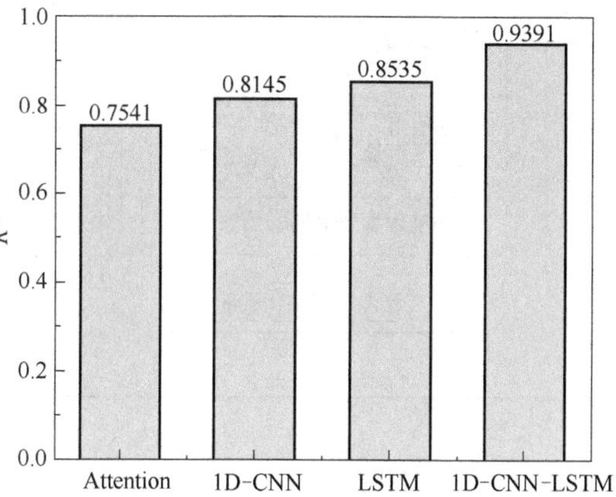

图 4-8　不同模型比较

4.2　基于可解释性机器学习分析环境与微生物因子对餐厨垃圾厌氧消化性能的交互效应

餐厨垃圾富含有机质与水分，既对环境造成污染压力，也为资源回收利用提供了潜在机遇。据统计，中国每年产生超过 1.25 亿吨餐厨垃圾，因此急需高效且环境友好的处理与管理策略。餐厨垃圾被认为是适用于厌氧消化的理想原料，该技术不仅可有效缓解垃圾污染问题，同时可产出可再生能源（沼气）和有机肥料，有助于实现碳中和目标。

厌氧消化是一种连续且复杂的生化过程，其中沼气产量是衡量厌氧消化性能的重要指标之一，能够直观反映处理效率。影响沼气产量稳定性与可靠性的因素众多，包括保留时间、pH 值、碱度（ALK）、温度和有机负荷率等。然而，目前厌氧消化工程在实际运行中常因多参数干扰而过程不稳定，影响其经济可行性。因此，急需监测并优化关键工艺参数以提升厌氧消化运行效率。为此，构建了四种 ML 模型，以环境因子与基因组数据为输入特征，系统预测与优化厌氧消化性能。所使用的数据来源于实际工业规模的厌氧消化厂，包括环境参数、微生物丰度及沼气产量等信息。研究进一步优化了输入特征组合，基于环境因子与细菌属特征，评估其对沼气产量的相对重要性与相关性。为增强模型可解释性，采用 Shapley 加性解释（SHAP）方法与偏相关分析揭示关键影响因素，为厌氧消化系统的精准调控与优化提供理论支撑。本研究为利用机器学习手段实现厌氧消化过程智能化控制提供了关键参考。技术路线图 4-9 所示。

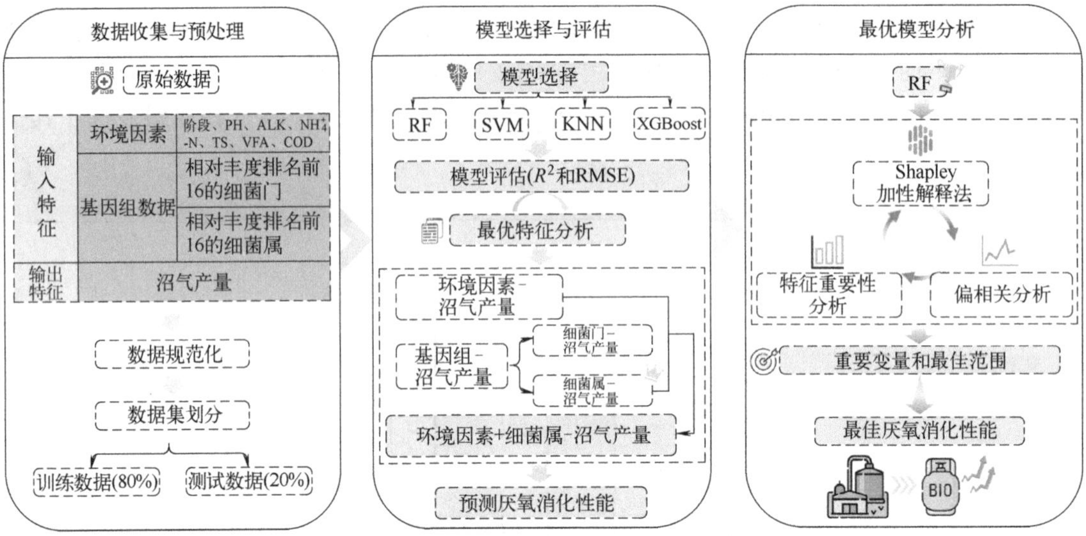

图 4-9　技术路线图

4.2.1　皮尔逊相关系数矩阵分析

（1）环境因子与沼气产量之间的交互作用

图 4-10 展示了环境因子与沼气产量的分布情况。结果显示，在厌氧消化的不同阶段中，化学需氧量（COD）分布范围相似，介于 5980～15980mg/L 之间。pH 值主要分布在 7.68～8.49 之间，表明其稳定性为微生物生长提供了良好的环境，从而促进了厌氧消化系统的正常运行。在不同阶段中，其他环境因子则存在显著差异。相比于阶段-1 碱度（ALK）为 11000～16000mg/L，氨氮（NH_4^+-N）为 2480～4240mg/L，总固体（TS）为 3.11%～4.37%，阶段-2 中 ALK（16000～19000mg/L）、NH_4^+-N（3690～4890mg/L）和 TS（3.12%～13.42%）均更高。阶段-2 的挥发性脂肪酸（VFA）浓度（885～1910mg/L）则低于阶段-1（1396～3866mg/L）。此外，两个阶段的沼气产量差异显著，阶段-1 为 46.58～65.17 m^3/t，阶段-2 为 97.42～144.34 m^3/t，这主要归因于阶段-2 搅拌系统的优化。

图 4-11(a) 显示，沼气产量与 pH 值呈中度正相关（$r=0.4$，$p<0.01$），与 ALK（$r=0.83$，$p<0.001$）、NH_4^+-N（$r=0.78$，$p<0.001$）及 TS（$r=0.53$，$p<0.001$）呈强正相关。VFA 与沼气产量呈负相关（$r=-0.72$，$p<0.001$），与 pH 值呈弱正相关（$r=0.40$，$p<0.05$），表明厌氧消化系统中 VFA 浓度升高会抑制沼气生成，pH 通过调控产酸菌活性间接影响 VFA 积累。厌氧消化过程中的关键参数 COD 与沼气产量之间的相关性较弱

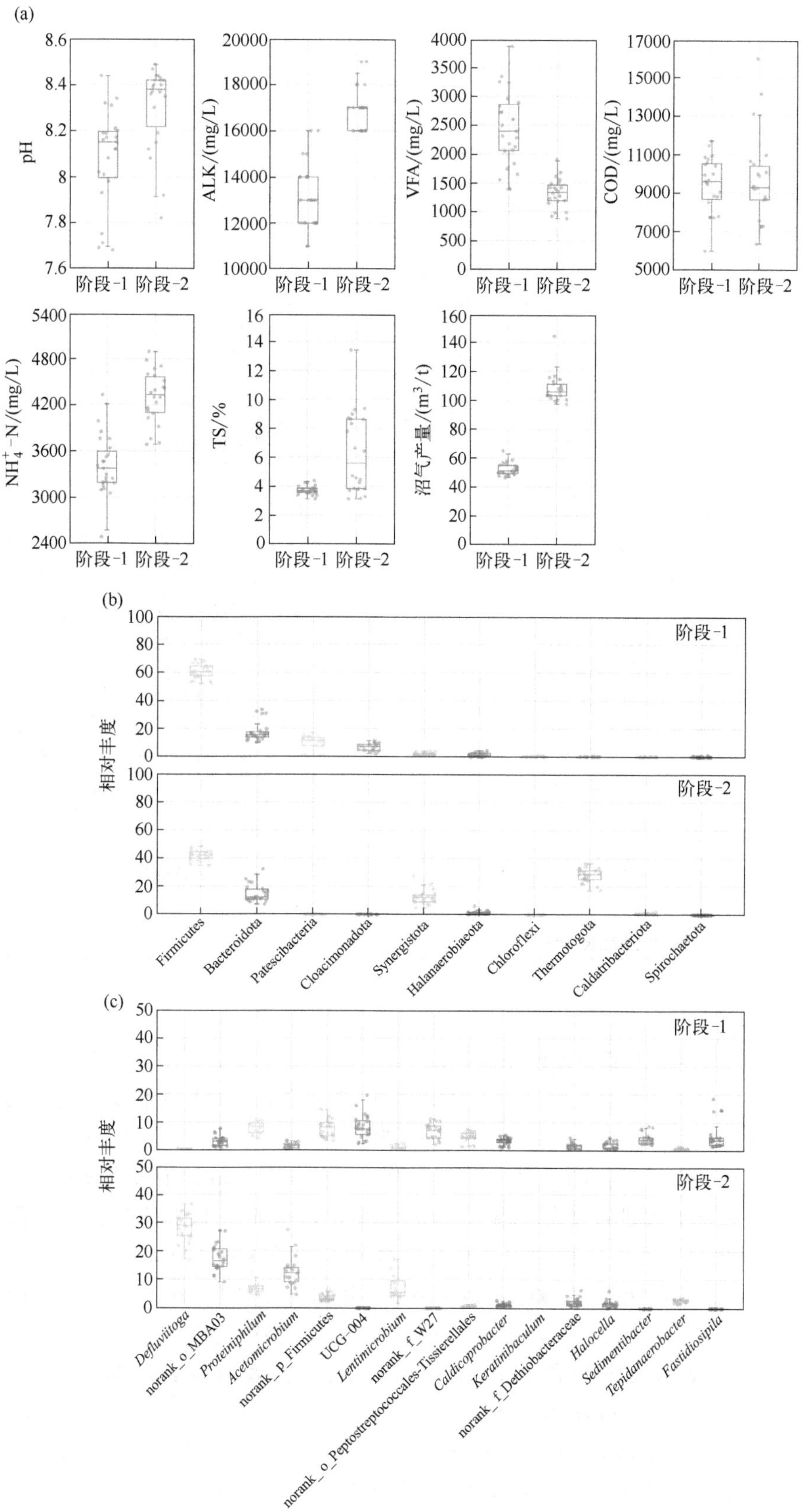

图 4-10 (a) 环境因子与沼气产量；(b) 细菌门类；(c) 细菌属

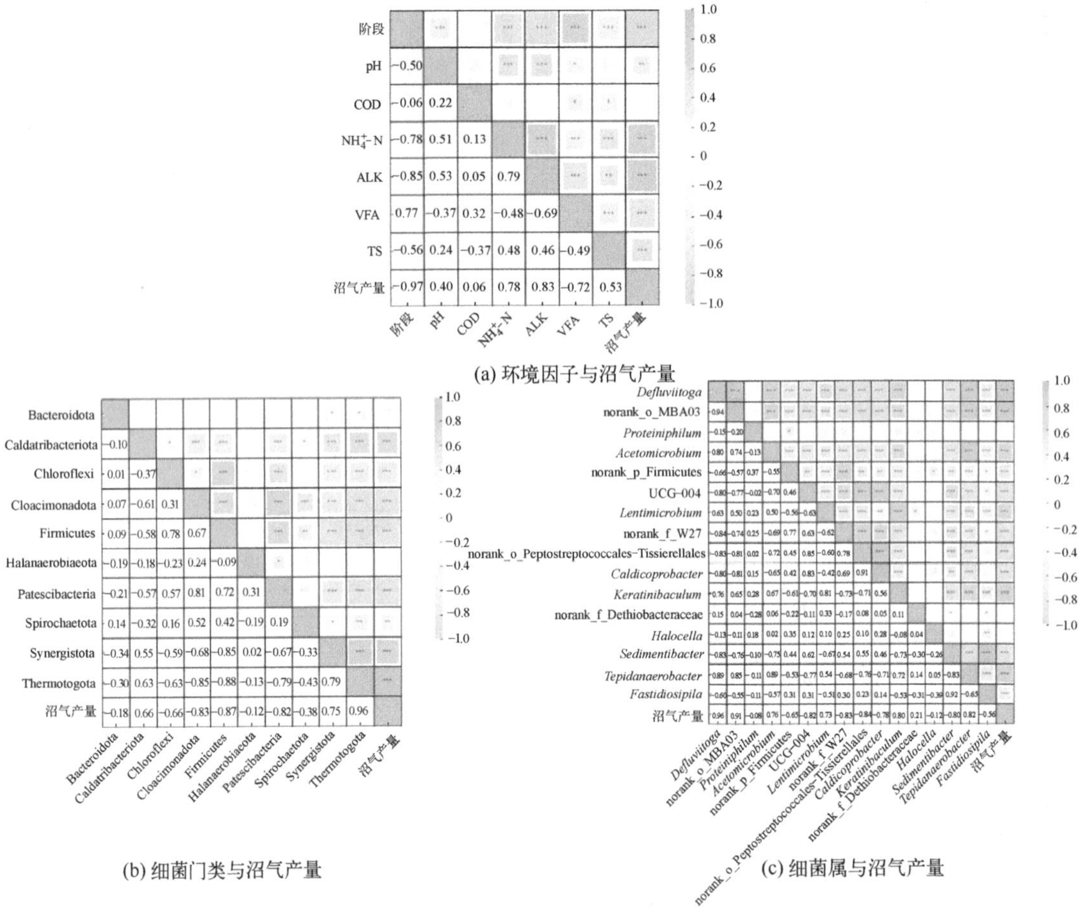

(a) 环境因子与沼气产量

(b) 细菌门类与沼气产量

(c) 细菌属与沼气产量

图 4-11 皮尔逊相关系数矩阵热图分析

(r=0.06，p>0.05)。

(2) 微生物与沼气产量之间的交互作用

图 4-10(b) 显示，在两个阶段中，厚壁菌门 (Firmicutes) 均为优势门类，其相对丰度在阶段-1 与阶段-2 中分别为 51.98%～69.2%和 34.56%～48.21%。Firmicutes 的优势地位是厌氧消化系统稳定运行的重要指征。阶段-1 中的 Firmicutes 相对丰度高于阶段-2，表明阶段-2 搅拌系统的改进可能导致温度等环境变化，从而对其生长产生抑制作用。尽管两个阶段的菌种相似，但菌群结构存在显著差异。阶段-1 中 Cloacimonadota 相对丰度为 2.19%～11.28%，但在阶段-2 中未被检测到；而热袍菌门 (Thermotogota) 在阶段-1 中相对丰度较低 (0.08%～0.65%)，但在阶段-2 中成为优势门类 (17.28%～36.43%)。图 4-10(c) 进一步显示，两阶段中的优势属也存在显著差异：阶段-1 中为 UCG-004 (2.44% ～ 19.74%)、norank_p_Firmicutes (3.45% ～ 14.42%) 与 norank_f_W27 (2.18%～11.28%)，阶段-2 则为 *Defluviitoga* (17.28%～36.43%) 与 norank_o_MBA03 (9.15%～27.12%)、*Acetomicrobium* (4.77%～27.39%)。其中 *Defluviitoga* 在阶段-1 中的相对丰度仅为 0.08%～0.65%。

图 4-11(b) 与图 4-11(c) 分别展示了细菌门类与属水平的皮尔逊相关系数矩阵分析。沼气产量与大多数门类之间不具备显著线性相关性，但不同门类间存在正负相关，反映了其协同或竞争关系。在属水平上，多数细菌属与沼气产量呈强相关，如 *Defluviitoga*（$r=0.96$，$p<0.001$）为正相关，norank_o_Peptostreptococcales-Tissierellales（$r=-0.84$，$p<0.001$）为负相关。为进一步挖掘变量与沼气产量之间的内在联系，后续章节将介绍基于机器学习方法的回归拟合分析。

4.2.2 基于环境因子的沼气产量预测

随机森林（RF）、支持向量回归（SVR）和 K 最近邻（KNN）三种机器学习算法在沼气产量回归预测中均展现出优异性能，其测试集决定系数（R^2）均超过 0.85。其中，RF 算法的预测性能最优，测试集 R^2 值为 0.9083，均方根误差（RMSE）为 8.95［图 4-12(a)］。相比之下，XGBoost 算法的测试准确率最低，R^2 为 0.7357，尽管其在训练集上表现良好（$R^2=0.9841$，RMSE=3.68），但在测试集中，部分样本预测值与实际值偏差较大，导致误差显著。

在图 4-12(a) 中，RF 模型用于评估各环境因子对沼气产量的重要性。结果显示，碱度

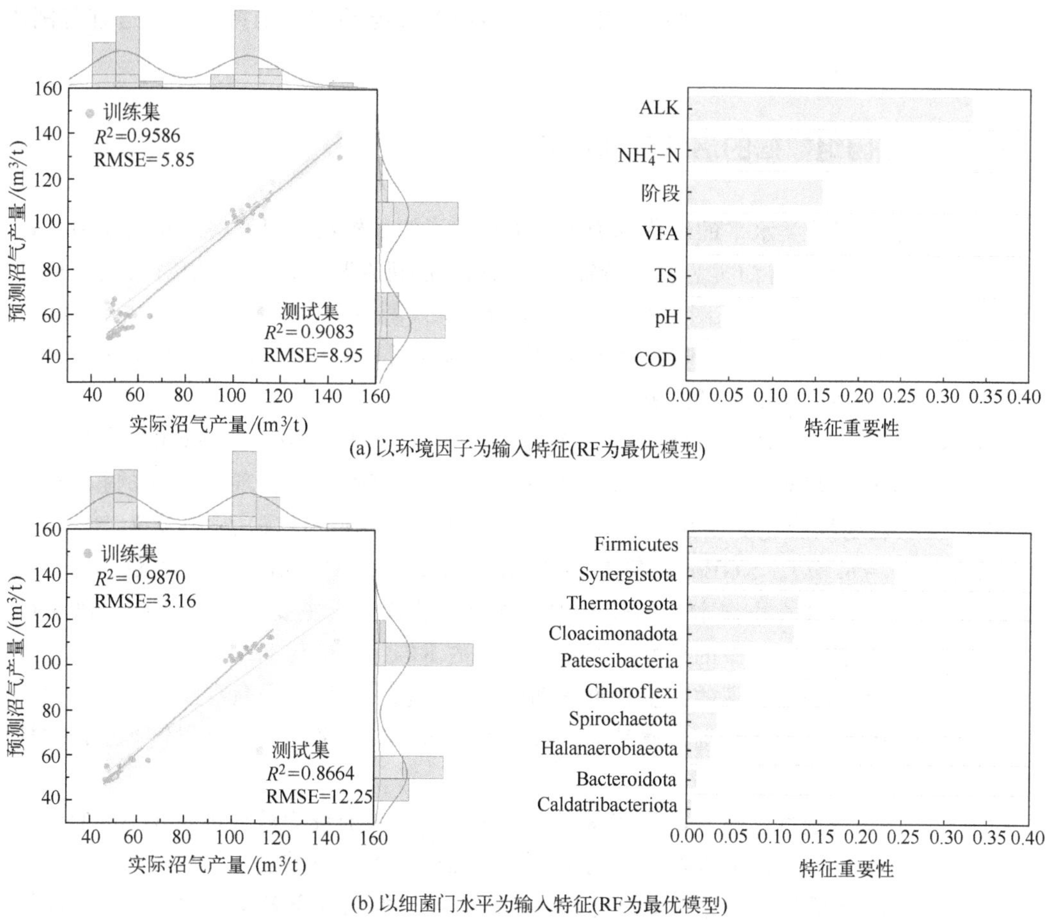

(a) 以环境因子为输入特征(RF为最优模型)

(b) 以细菌门水平为输入特征(RF为最优模型)

图 4-12

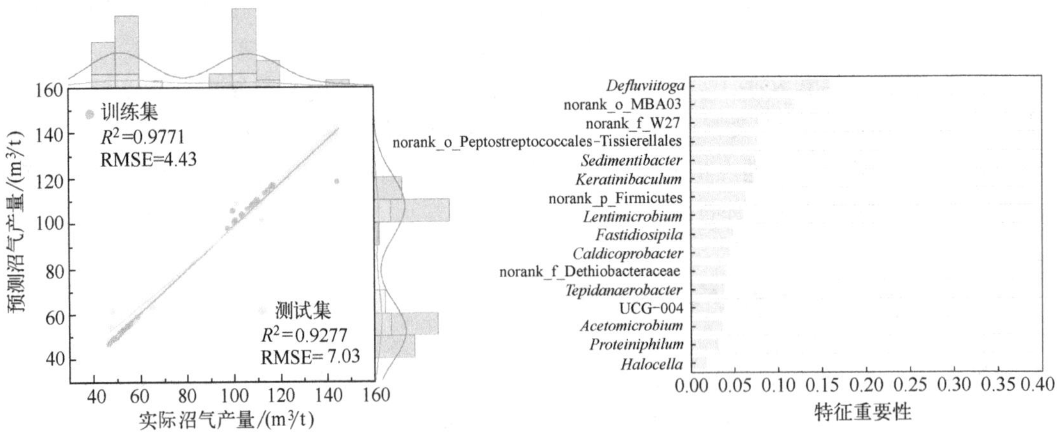

(c) 以细菌属水平为输入特征(SVR为最优模型)

图 4-12 最优模型的预测结果与特征重要性分析

(ALK)、氨氮（NH_4^+-N）和运行阶段为最关键的三个参数，特征重要性权重分别为 33.14%、22.35%和 15.61%。相关研究证实了碱度在影响厌氧消化性能及微生物群落结构中的关键作用。在厌氧消化过程中，VFA 的积累会导致 pH 下降，进而抑制产甲烷菌的生长与活性，除非系统中存在充足的 ALK 缓冲。碱度参数能够有效维持 pH 在适宜范围内，起到重要的缓冲作用。

4.2.3 基于基因组数据的沼气产量预测

进一步基于不同分类水平的细菌基因组数据评估了四种机器学习算法的预测能力。在门水平上，模型以 10 种优势门类为输入特征进行训练。随机森林（RF）模型对沼气产量的预测性能良好［R^2=0.8664，见图 4-12(b)］，而 XGBoost 算法的准确率较低（R^2=0.7882）。RF 与 KNN（R^2=0.8569）模型的 R^2 值接近。总体来看，RF、SVR 和 KNN 在门水平下的预测精度略低于基于环境因子的模型。

在属水平上，模型使用 16 种优势属进行评估。在 KNN 模型中，训练集的 R^2 值反而低于测试集，说明模型出现了异常的过拟合现象。RF 与 SVR 算法表现出较强的拟合能力，其中 SVR 模型表现最佳［R^2=0.9277，RMSE=7.03，见图 4-12(c)］，其次为 RF（R^2=0.9214，RMSE=6.37）。XGBoost 算法预测精度最低，在四种算法中 R^2 仅为 0.7556，RMSE 为 12.02。SVR 在小样本回归任务中表现出显著优势，主要得益于其结构风险最小化的理论基础。相较于门水平的模型，属水平模型的 RF、SVR 与 KNN 预测精度均有所提升。这说明属水平具备更丰富的微生物群落功能特征信息，有助于提高模型的预测能力。因此，进一步采用将环境因子与细菌属基因组数据融合的方式，来评估其对沼气产量预测精度的提升效果。

为进一步探讨关键微生物与沼气产量之间的相关性，基于最优模型进行了 SHAP 分析。如图 4-12(b) 所示，Firmicutes 被识别为最重要的细菌门类，贡献度达 30.79%。已有研究表明，Firmicutes 在厌氧消化过程中具有重要作用，该门类包含众多共代谢细菌，可降解多种底物并生成 VFA。第二重要特征为 Synergistota（占比 24.04%），其代表性功能是可在氢营养型产甲烷菌存在的条件下，通过葡萄糖与有机酸发酵产生乙酸、氢气与二氧化碳。

在属水平上，最具影响力的微生物为 *Defluviitoga* [15.98%，见图 4-12(c)]。该类微生物可分泌水解酶，将多糖类降解为乙酸、二氧化碳和氢气等厌氧消化过程中的关键中间产物。*Defluviitoga* 隶属于 Thermotogota，该门类在 SHAP 分析中的重要性较低，表明在门与属两个分类水平下，关键微生物的重要性存在差异。不同分类水平下细菌相对丰度的差异会显著影响特征重要性的识别结果。

4.2.4 基于组合数据集的沼气产量预测

图 4-13 展示了组合数据集在不同机器学习算法下的沼气产量预测精度。整体来看，RF、SVR 与 KNN 三种算法均表现出良好的预测性能，测试集决定系数（R^2）均高于 0.9。其中，RF 算法的预测效果最佳，R^2 达到 0.9879，均方根误差（RMSE）为 3.18；其次为 SVR（R^2=0.9369，RMSE=5.76）与 KNN（R^2=0.9349，RMSE=6.14）。XGBoost 算

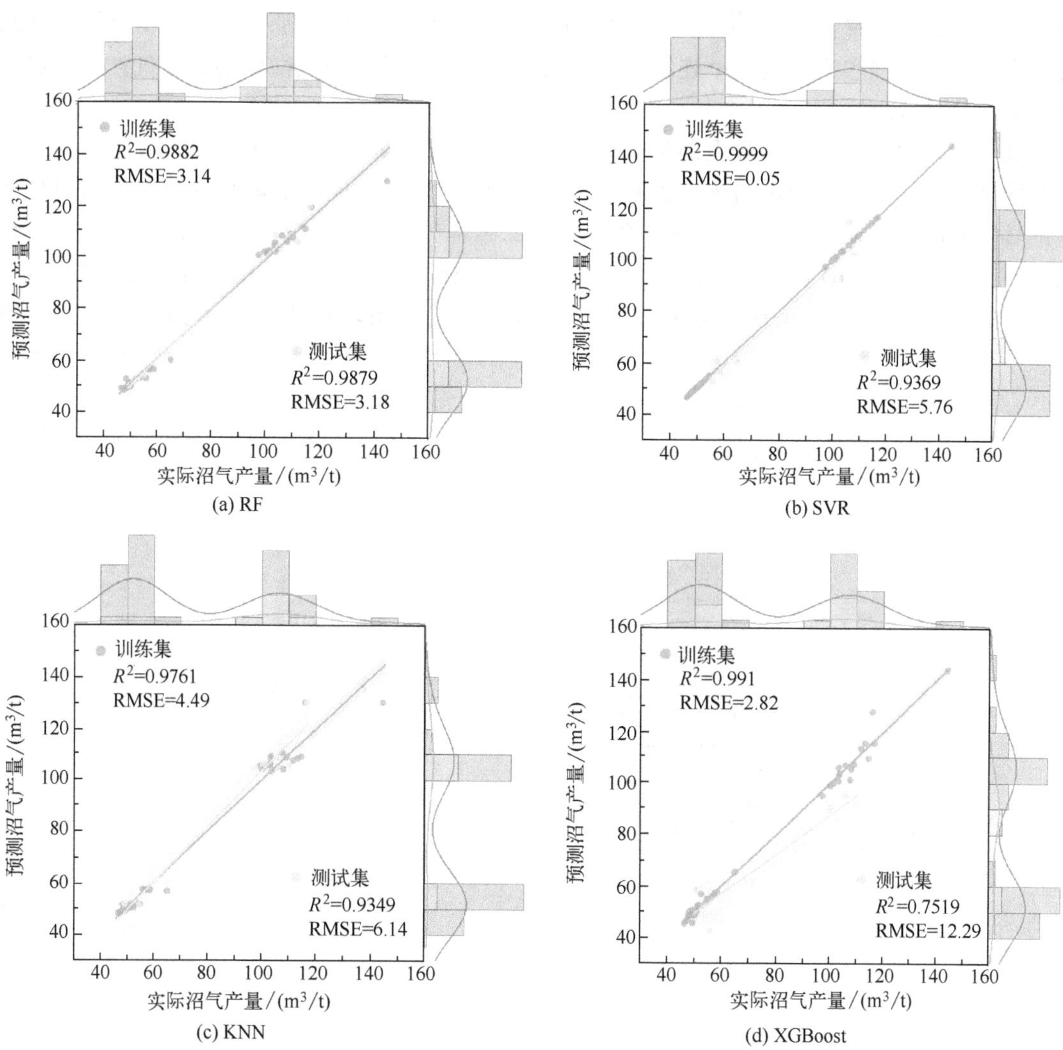

图 4-13 实测值与预测值的沼气产量对比图

法依然表现最差，预测精度最低（R^2＝0.7519，RMSE＝12.29），其表现欠佳可能源于对复杂特征交互作用的建模能力有限，以及对超参数调整较为敏感，难以适应数据特征及任务需求。

此外，在RF模型中，结合细菌属数据与环境因子所得的组合特征组，其预测精度显著高于单独使用操作参数或微生物数据的模型。通过引入多层次的数据知识，进一步提升了RF模型的预测能力。RF作为本研究中表现最优的算法，是一种集成学习方法，擅长处理高维数据，并有效避免过拟合问题。此外，该算法在厌氧消化数据建模中具有强泛化能力与快速收敛的优点。综合来看，优化后的RF模型可稳定、准确地预测沼气产量，为实际厌氧消化工程实验提供了重要参考依据。

4.2.5 解释性分析

基于RF算法，利用SHAP方法对影响沼气产量的关键因素进行了解释性分析［见图4-14(a)］。分析结果表明，细菌属特征是最主要的影响类别，其对沼气产量的贡献占比高达89.9%，远高于环境因子（10.1%）。这与厌氧消化过程的基本原理一致：厌氧消化包括水解、产酸、产乙酸和产甲烷四个连续且复杂的生物反应阶段，因此微生物在沼气产量形成中的主导地位是合理且预期的。

其中，对沼气产量影响最大的两个微生物属为*Keratinibaculum*和*Acetomicrobium*，而主要的环境因子为运行阶段与挥发性脂肪酸（VFA）。为进一步揭示这些特征对厌氧消化性能的具体影响，采用偏相关分析并结合一维与二维部分依赖图（PDP）进行解释。在一维PDP图中［图4-14(b)］，横轴表示输入变量的取值范围，纵轴则表示相应特征的SHAP值。其中，正的SHAP值表示该变量对沼气产量具有促进作用，负值则表示抑制作用。二维

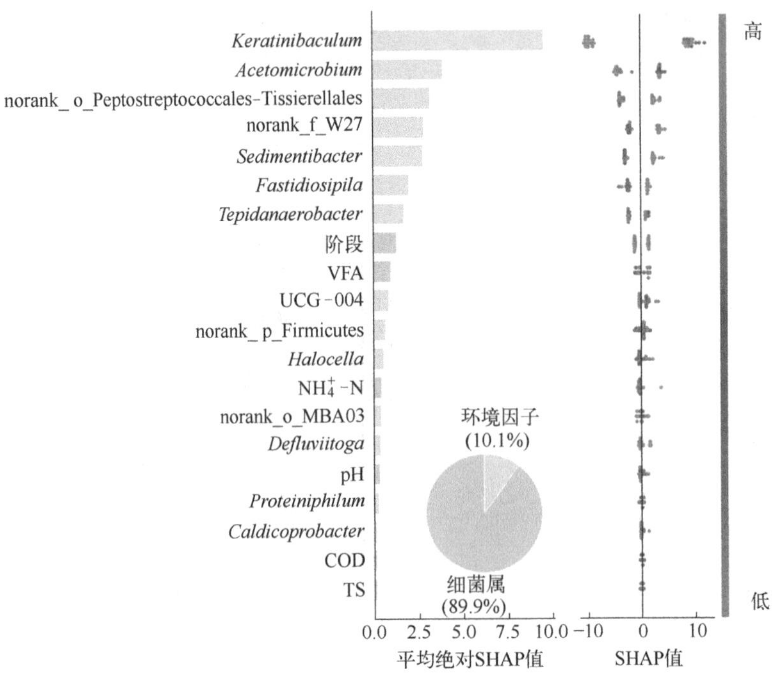

(a) 基于RF模型的SHAP值汇总图

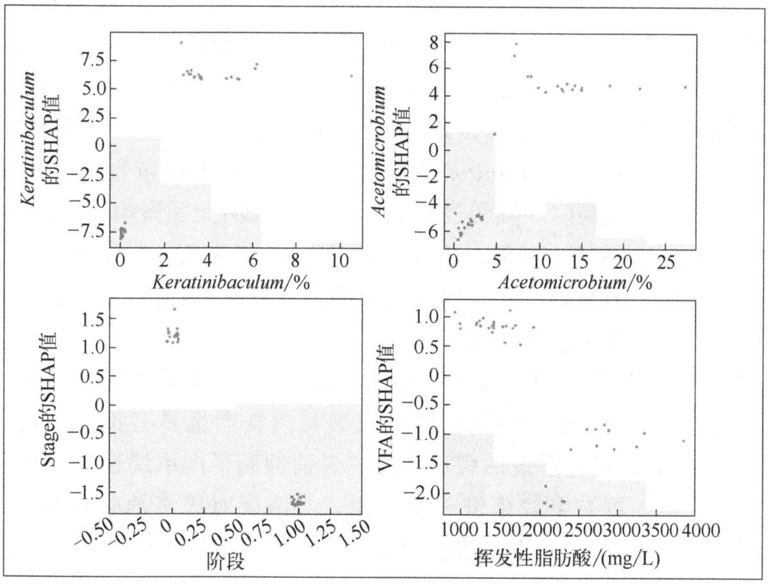

(b) 一维PDP

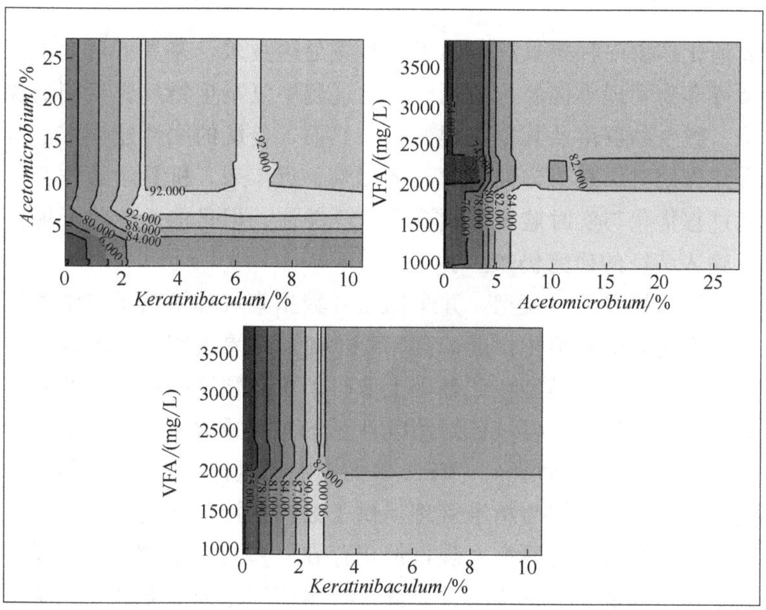

(c) 二维PDP

图 4-14　不同变量的可解释性分析结果

PDP 图［图 4-14(c)］则用于可视化两个变量间的交互作用，等高线越陡峭，表示两变量交互效应越显著。

图 4-14(b) 显示，当 *Keratinibaculum* 的相对丰度处于 0%～0.5%之间时，其 SHAP 值为负；而在其丰度增加至 2.5%～10%范围内时，SHAP 值变为正值，表明其对沼气产量具有积极影响。*Keratinibaculum* 是一种蛋白质降解菌，能以蛋白胨为底物产 VFA。富集蛋白降解菌如 *Fastidiosipila* 和 *Keratinibaculum* 可增强碳水化合物和蛋白质的分解，从而在生物强化条件下提高厌氧消化的产甲烷效率，这一发现与本研究结果一致。

Acetomicrobium 为沼气产量预测中的第二关键特征。当其相对丰度处于 0%～5%时，SHAP 值为负；随丰度上升至 10%～25%，SHAP 值趋于平稳，说明其促进作用在达到一定丰度后趋于饱和。该属细菌主要参与厌氧消化过程中的产酸阶段，能将有机物水解为乙酸、丙酸等中间产物，供甲烷菌进一步代谢产气。图 4-14(c) 显示，在 *Keratinibaculum*（0%～2.5%）与 *Acetomicrobium*（0%～6%）的低丰度范围内，两者具有显著的协同作用；但在相对丰度较高时，其等高线趋于平行，表明交互影响减弱。

此外，从图 4-14(b) 可见，阶段-1 的 SHAP 值为负，而阶段-2 为正，揭示出两个阶段在沼气产量分布上的显著差异。搅拌系统的改进提高了有机质与厌氧菌的接触效率，从而增强了降解能力并提升了沼气产量。

VFA 方面，当浓度低于 2000mg/L 时，其 SHAP 值为正，但随着浓度进一步升高，SHAP 值逐渐转为负，表明 VFA 过度积累对沼气产量具有抑制效应。该现象可能是由于 VFA 积累超过厌氧消化系统的缓冲能力，进而抑制了产甲烷过程。VFA 是厌氧消化过程中的关键中间产物，可被甲烷菌进一步利用，其浓度对厌氧消化系统运行效率具有决定性影响。由图 4-14(c) 可知，VFA 浓度控制在 2000mg/L 以下时，可实现最佳沼气产量。同时，建议厌氧消化系统中 *Keratinibaculum* 与 *Acetomicrobium* 的最优相对丰度分别为 2.5%～3%和 6%～27%。

厌氧消化作为一种前景广阔的餐厨垃圾处理技术，兼具可再生能源回收、高经济可行性与可持续废弃物管理等优势。对厌氧消化过程中复杂生物反应机制的深入理解，需综合考虑环境因子、微生物群落及其他关键变量。然而，传统的线性建模方法难以定量评估这些因素之间的交互作用对厌氧消化性能的具体影响。近年来，机器学习作为一种智能分析工具，在厌氧消化过程优化与实时监控方面受到广泛关注。但目前关于将环境因子与基因组数据融合作为 ML 输入特征的研究仍较少。

构建了四种机器学习模型，并采用组合数据集（环境因子与细菌属基因组数据）作为输入变量，以实现对厌氧消化性能的高精度预测。结果表明，环境因子与细菌属数据的融合特征组为最优输入组合，模型在此基础上取得了最高预测准确性。此外，基于最优模型开展的解释性分析进一步揭示了各特征对沼气产量的相对重要性与相关性。研究明确指出，*Keratinibaculum*、*Acetomicrobium*、VFA 等为影响厌氧消化沼气产量的关键因子。相关结果为厌氧消化系统的优化调控与精准管理提供了数据支持与理论指导。

尽管取得了有价值的研究发现，但仍存在一些待改进之处。首先，样本数量相对较少，可能限制了模型性能的进一步提升；其次，本研究主要聚焦于部分环境因子与细菌属数据，未能全面涵盖厌氧消化过程的所有关键变量，如 VFA/碱度比值、滞留时间、温度、有机负荷率以及古菌（archaea）基因组信息等，这可能影响了对沼气产量形成机制的全面解析。未来研究应优先扩展样本规模与变量维度，涵盖更多微生物与过程参数，以提高模型的泛化能力与预测精度。同时，有必要进一步优化并扩展现有建模算法结构，以持续提升性能与实用性。

4.3 基于生成扩散模型的高风险工业溶剂替代品设计

基于“必要使用-功能替代”框架，部分学者利用定量构效关系（QSAR）开展了绿色化学品替代研究，但候选化学品的部分性质仍依赖于烦琐的人工信息搜索，且并未充分考虑替代过程中的设计条件约束。为推进化学品替代设计自动化，提升化学品替代设计的迭代效率，本节以苯-环己烷萃取精馏体系为例，构建针对二甲基亚砜等高危害工业溶剂的多目标绿色替代品设计框架。首先收集文献数据，建立包括溶剂功能、环境健康危害与工业生产过程限制的绿色替代品设计数据集。针对各理化性质，分别训练获得最优定量构效关系模型，并分析各条件间的相关性与潜在约束关系，讨论性质预测模型用于绿色替代品设计的可行性。最后利用定量构效关系模型的预测数据，基于分子图生成扩散模型，分别建立无约束分子生成与条件约束分子生成模型，进而迭代筛选潜在的绿色萃取剂，见图 4-15。

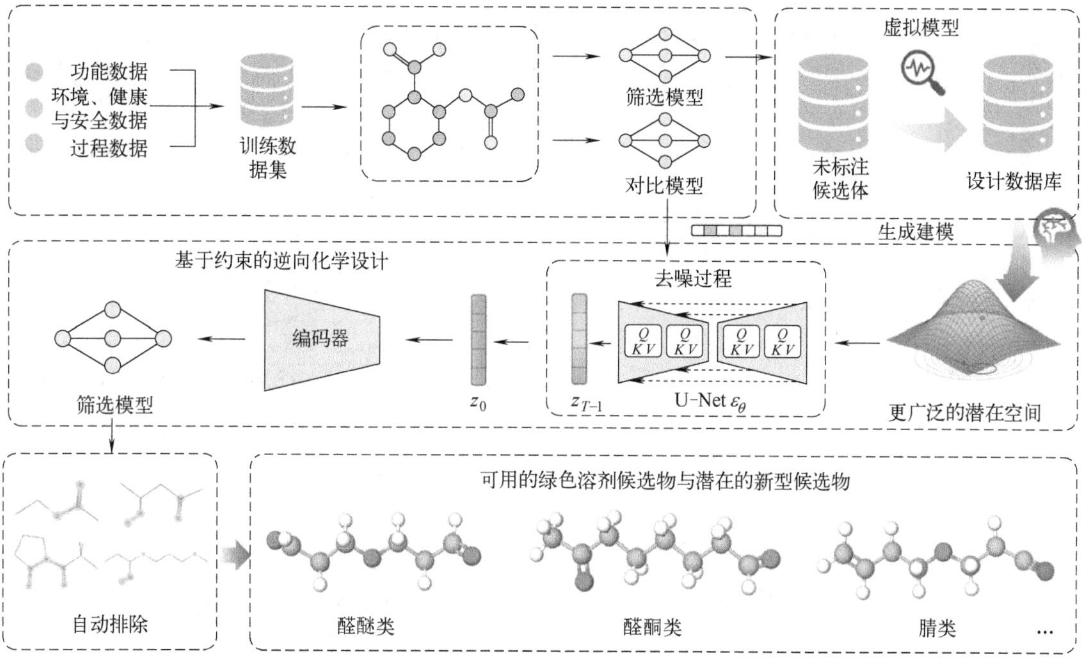

图 4-15　基于图神经网络预测危险废物有机组分生物活性研究流程

4.3.1　有害工业溶剂替代品设计与数据集构建

为实现苯/环己烷混合物的高效分离，目前工业工艺常采用以下流程。首先在萃取精馏塔中去除环己烷，随后在再生塔中回收苯作为馏出物，并循环利用高纯度溶剂。该过程中，选择具有高选择性和高溶解能力的萃取溶剂是整个工艺的核心：高选择性可确保溶剂优先溶解苯，从而提高分离效率；高溶解能力则有助于提高苯的处理量并减少溶剂用量。优化这两项性质不仅能降低能耗，还可提升工艺的可持续性。此外，为最大限度地降低环境危害，所选溶剂应具备低毒性，以减少有害排放并确保处置安全。

作为典型的化学替代设计案例，将苯/环己烷萃取精馏工艺的绿色溶剂设计视为多目标优化任务，该任务需综合考虑溶剂功能约束、环境健康与安全（EHS）约束以及工艺过程约束。如图 4-16 所示，首先构建了针对该任务的替代品设计数据库，其中覆盖了功能性、EHS 以及工艺过程条件，共涉及 36624 条实验/模拟数据。

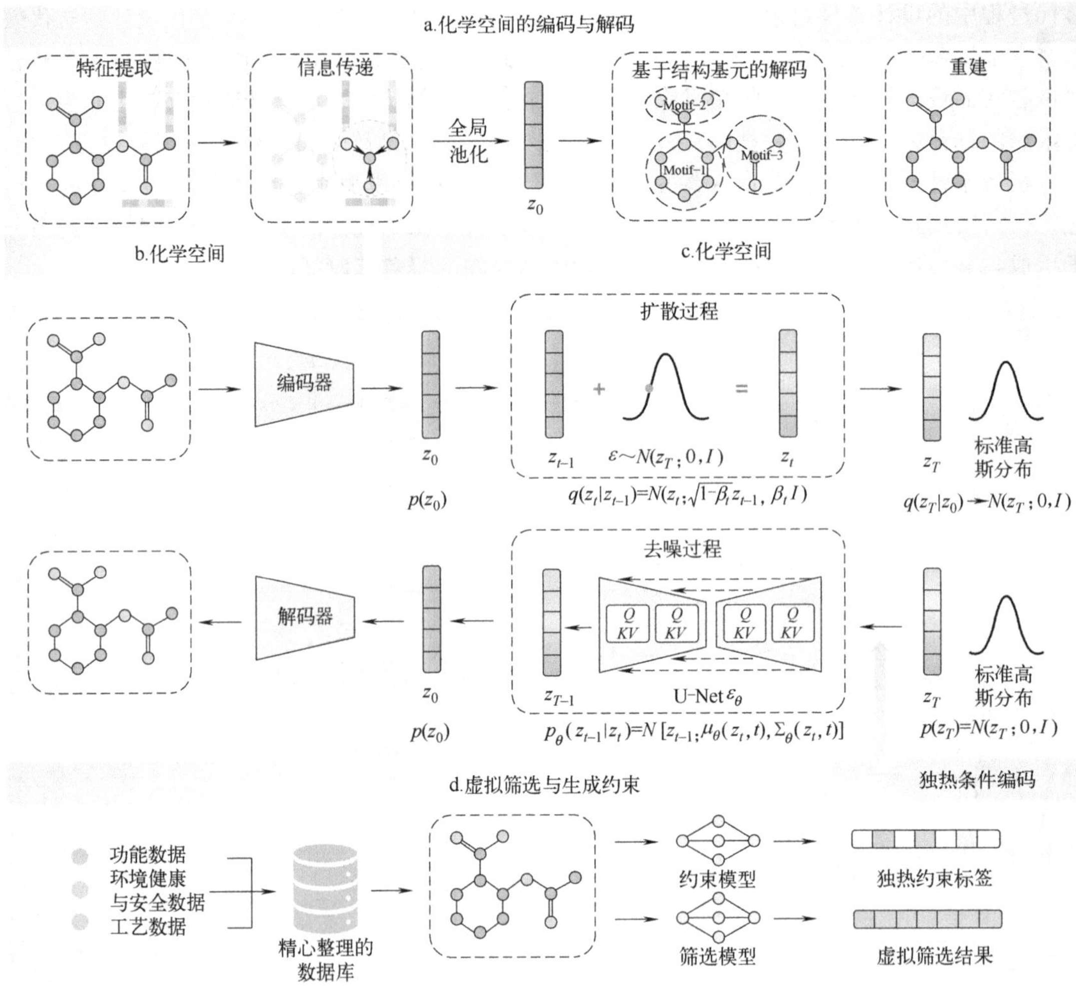

图 4-16　苯/环己烷替代萃取溶剂设计的总体流程图

在功能性数据集中，选取苯和环己烷的无限稀释活度系数（IDAC）作为评价溶剂选择性和溶解能力的功能指标。通过优化溶剂 IDAC，可增强溶剂选择性，减少杂质干扰，从而提高精馏效率并降低运行成本。IDAC 数据来源于以往研究，其中计算了 2130 种化合物在苯和环己烷中的 IDAC 值。

EHS 约束考虑了脂溶性、急性毒性［大鼠口服 LD_{50}（半数致死剂量）］以及闪点，数据均源于文献，各性质的设计阈值与以往研究保持一致。其中，脂溶性反映了化合物对脂质的亲和力，大鼠口服 LD_{50} 用于衡量健康毒性，闪点则用于评价溶剂安全性。

工艺过程约束主要包括溶剂在标准状态下的熔点（T_m）和沸点（T_b）。为确保溶剂在操作温度下保持液态，其熔点应低于 310K；为降低分离能耗，其沸点应低于 580K。

应用以上各数据集训练回归模型并尝试筛选合适的绿色溶剂。为进一步构建约束数据集，从文献中收集了四种常见苯萃取精馏溶剂［糠醛、砜烷、二甲基甲酰胺（DMF）及 *N*-甲基吡咯烷酮（NMP）］作为功能基准，其具体性质详见表 4-3。根据代表性溶剂，设定相应性质约束范围，结果见表 4-4。基于连续目标值是否符合约束，将各数据集转换为独热编码（one-hot encoding）形式，以便用于约束模型的训练。

表 4-3　四种苯/环己烷萃取精馏溶剂基本性质表

名称	SMILES	$IDAC_0$	$IDAC_1$	选择性	溶解能力
糠醛	O=Cc1ccco1	2.0165	0.6580	3.8901	0.5179
砜烷	O=S1(=O)CCCC1	1.9659	0.3618	4.9732	0.6964
DMF	CNCC=O	1.1151	−0.0090	3.0773	1.0090
NMP	CN1CCCC1=O	0.8613	−0.2160	2.9365	1.2410

表 4-4　苯/环己烷萃取精馏替代溶剂设计目标

约束种类	变量	约束范围
选择性	$IDAC_0$ $IDAC_1$	$S>2.9365$
溶解能力	$IDAC_1$	$C>0.6$
环境	亲脂性	亲脂性<3
健康	LD_{50}	$LD_{50}>2000mg/kg$
安全	闪点	闪点>280K
过程条件	T_b T_m	$T_b<580K$ $T_m<310K$

4.3.2 基于分子性质预测模型的绿色替代品虚拟筛选

4.3.2.1 基于 GROVER 的分子性质预测模型训练与验证

利用上节的替代品设计数据集，训练获得了七种筛选模型和七种约束模型，以分别用于虚拟筛选和条件生成。为缓解数据稀缺，采用预训练分子图模型 GROVER 作为任务微调的主干神经网络，该模型利用自监督学习于 1000 万无标签分子图上进行了预训练。在实际操作中，使用此前研究提供的 GROVER 预训练权重作为各终点训练初始化权重。此外，每个数据集按 8∶1∶1 的比例划分为训练集、验证集和测试集：训练集用于微调 GROVER 网络以预测不同性质终点，验证集用于超参数优化，测试集用于评估预测性能。各实验均使用三个固定随机种子进行三重交叉验证，并利用 RMSE 评估筛选模型性能，利用接受者操作特征（ROC）评估约束模型性能。汇总这些指标在测试集各折叠上的平均值和标准差，并绘于图 4-17(a) 和 (b)。为便于可视化，闪点、沸点 T_b 和熔点 T_m 上的 RMSE 按 1/40 进行刻度缩放，LD_{50} 上的 RMSE 按 1/2 进行刻度缩放。

对于筛选模型，将 GROVER 与两种应用广泛的模型（分子指纹模型 MorganFP 和分子图模型 AttentiveFP）进行了比较。如图 4-17(a) 所示，GROVER 在所有筛选终点上 RMSE 值都更小，均优于前两种模型，这体现了 GROVER 架构的优越性以及预训练模型在增强下游性能和缓解数据稀缺方面的优势。特别地，两种基于分子图的模型均优于基于指纹的 MorganFP，在一定程度上说明分子图表示通常更善于捕捉分子结构信息。在这些预测终点中，性能提升在较小数据集上更为明显；而在较大数据集（如闪点和沸点）上，AttentiveFP 和 GROVER 之间的性能差距缩小，这可能是由于数据量较多时，从头训练模型

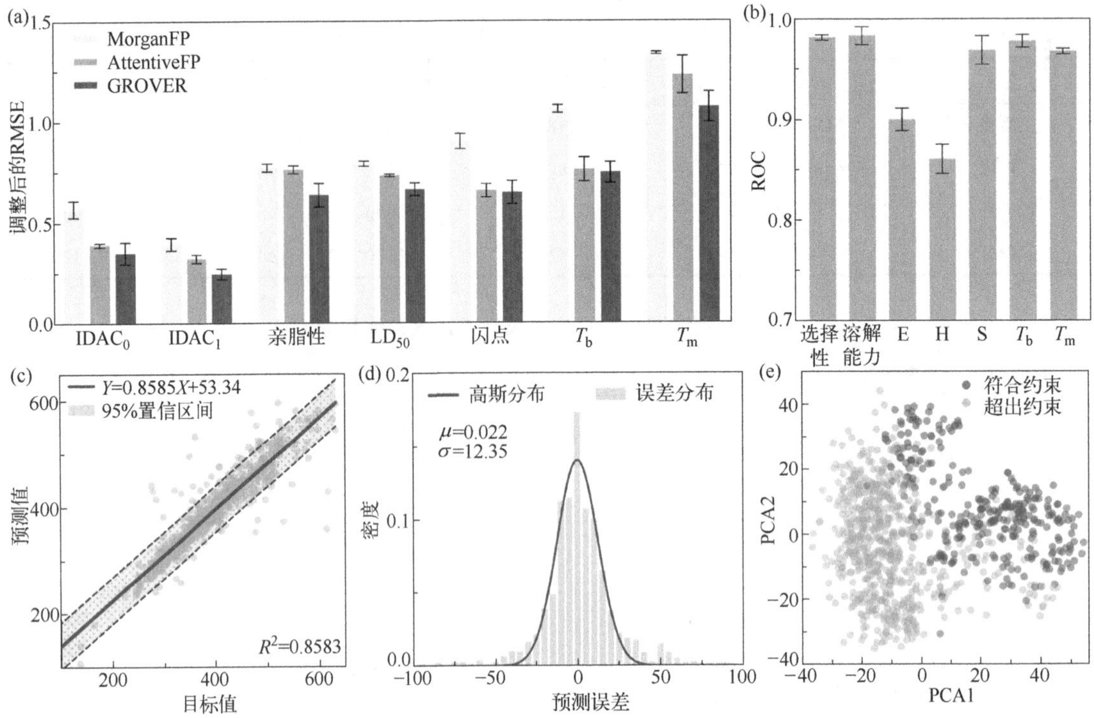

图 4-17 基于 GROVER 主干模型的筛选和约束模型性能评估

(a) 筛选模型在 7 个预测终点上的性能评估结果，包括 2 个功能属性（$IDAC_0$、$IDAC_1$）、3 个环境终点（亲脂性、LD_{50} 和闪点）以及 2 个过程属性（T_b、T_m）；(b) 约束模型在 7 个设计约束上的性能评估结果，包括 2 个功能约束（选择性、溶解能力）、3 个 EHS 约束以及 2 个过程约束（T_b、T_m）；(c) 闪点筛选模型在测试集上的回归散点图；(d) 闪点筛选模型在测试集上的残差分布图；(e) 基于熔点约束模型的分子表示 PCA 散点图

已可达到较高预测水平。

图 4-17(c) 和 (d) 分别绘制了闪点上的回归散点图和残差分布图。在闪点的测试集上，GROVER 的预测结果与真实目标值表现出强相关性，线性相关系数为 0.8583。其中，804 个数据点中仅有 42 个落在 95%置信区间外。图 4-17(d) 中的残差分布呈现接近零均值的高斯分布，大多数预测误差低于 50，约为平均值的 13%。以上结果表明 GROVER 在虚拟筛选中对功能、环境和过程性质具备不错的预测性能。

构建筛选模型后，进一步基于 GROVER 训练约束模型，包括 2 个功能约束（选择性和溶解能力）、3 个 EHS 约束以及 2 个过程约束（T_b 和 T_m）。如图 4-17(b) 所示，所有约束终点的 ROC 均超过 0.85，这表明模型在二元分类中具有高灵敏度和特异性。除 E 和 H 约束外，其余 4 个约束的 ROC 均高于 0.95。此外，从针对熔点的 GROVER 编码器中提取了测试集的分子表示，并通过 PCA 降维进行可视化。如图 4-17(e) 所示，符合熔点约束的分子与不符合约束的分子明显分离，体现了约束模型优异的分类能力。

4.3.2.2 “溶剂功能-环境危害-过程限制”约束

利用上节中的筛选模型，对包含 10475 个分子的外部绿色溶剂设计数据集进行了虚拟筛选，数据源自此前研究。筛选时利用四种常见但具有环境危害的萃取精馏溶剂作为功能和结构基准，包括二甲基亚砜（DMSO）、糠醛、二甲基甲酰胺（DMF）和 *N*-甲基吡咯烷酮

(NMP)。将预测的连续变量转换为相应的离散约束标签，结果可视化于图 4-18。

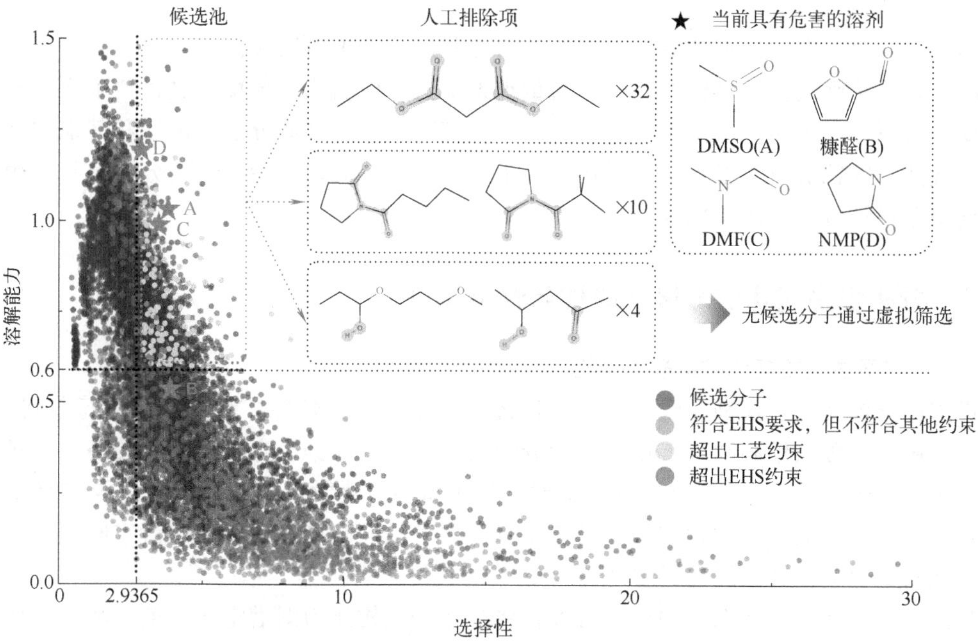

图 4-18　外部绿色溶剂设计数据集上的虚拟筛选散点图

如图 4-18 所示，两个功能指标（溶解能力和选择性）呈现出矛盾的趋势：溶剂对苯的溶解能力越强，其在苯/环已烷混合物中对苯的选择性往往越低。作为典型的芳香族/脂肪族混合物体系，苯和环己烷结构相似，区别仅在于苯具有 π 键共轭体系。一方面，由于结构相似性，能有效溶解苯的溶剂也倾向于溶解环己烷，从而降低了对苯的选择性；另一方面，共轭体系略微增加了苯分子的极性。根据“相似相溶”原理，极性较高的溶剂对苯具有更高的选择性。然而，极性的增加又会削弱溶剂对苯的溶解能力，这导致了图中溶解能力和选择性之间的指数衰减趋势。

类似地，功能约束与 EHS 约束之间也存在矛盾。具有高苯溶解能力的溶剂通常不满足 EHS 约束，这可能归因于具有高苯溶解能力的芳香族分子往往具有环境危害，如生物累积倾向等。这些结果显示：即使是仅平衡两个功能指标，也需要细致考虑指标之间微妙的变化趋势，这突显了多目标绿色溶剂设计的困难。

基于所有约束条件，可从原始设计数据集中筛选出初步的绿色溶剂候选池，共 46 个分子，根据其结构特征，可分为以下几类。

(1) EHS 主导候选池

32 个分子（占候选池三分之二）含有酯基，满足所有功能、EHS 和过程约束。其中，酯基频繁出现可能是因为：与其他官能团相比，酯基通常毒性较低且常用于日用品中。然而，酯基易分解，其热不稳定性可能阻碍其应用。

(2) 功能主导候选池

与 DMF 和 NMP 类似，10 个分子含有叔酰胺结构，具备高溶解能力和选择性，但同时也具有高毒性和生态风险。根据此前研究，酰胺化合物会影响微生物的生长代谢，促进其摄取蛋白质，并在生态系统中快速增殖。因此，尽管这些分子在 EHS 约束范围内，但仍可能具备其他类型的环境危害，如肝毒性和神经毒性等。

(3) 其他

其余 4 个分子含有羟基和酮基，这些基团容易发生分子内反应。

综上，尽管筛选模型可辅助进行高通量虚拟筛选，但功能、环境和过程约束之间复杂矛盾的变化关系难以平衡。全面考虑化学生产中所有现实因素（如分子稳定性和其他类型的毒性）不现实，往往需要在虚拟筛选后进行人工后筛选。然而，初步筛选的分子都具备明显缺陷，这源于设计数据集的局限性。

4.3.3 分子图生成式扩散模型原理与性能验证

4.3.3.1 分子图生成式概率扩散模型架构

虚拟筛选涉及筛选模型和约束模型：筛选模型用于预测各性质终点，以进行替代评估；约束模型则基于独热编码约束，用于指导分子生成。为引导分子生成，引入图潜空间扩散模型（graph latent diffusion model，GLDM），该模型涉及化学空间、潜空间以及二者中表征的转换方法。具体而言，化学空间是指通用分子图表示的高维原始空间，潜空间则是经模型学习后获得的更紧致的低维编码空间。

受潜空间扩散模型在图像领域的启发，将生成分支构建为图潜空间扩散模型，主要包括图自编码器（graph auto-encoder，GAE）和潜空间内的生成式扩散模型（diffusion model，DM）。GAE 旨在通过分子重构学习分子的通用低维表示，潜空间内的 DM 则用以提高生成性能。

GAE 通过图编码器将输入图映射为潜空间内的嵌入表示，然后使用图解码器重构原始图，重构目标是构建与原始化学空间等效的分子低维空间。重构训练可使潜空间编码更通用，而性质预测模型的嵌入表示往往只针对特定性质。整个过程可表示为：

$$z_0=\mathrm{Encoder}(x) \tag{4-1}$$

式中，Encoder 为编码函数；z_0 为潜空间嵌入表示，同时也是扩散模型的输入。为从 z_0 恢复分子，采用了此前研究中较为成熟的图解码器。

在潜空间中，DM 遵循去噪扩散概率模型（DDPM）的基本原理。DDPM 可视为两条马尔可夫链：一条前向链增加数据扰动，最终成为随机噪声；另一条反向链从随机噪声中重构数据。其中，前向链是人为设计的，可用于将任何数据分布转换为更简单的先验分布，如标准高斯分布。相反，反向链则基于深度神经网络参数化的转移核实现，以逆转前向链的效果。

形式上，给定数据分布 $q(z_0)$，前向马尔可夫过程生成一系列随机变量 $z_0,\cdots,z_T$，其转移核 $q(z_t|z_{t-1})$是人为设计的。在 DDPM 中，常见转移核是高斯扰动，即

$$q(z_t|z_{t-1})=N(z_t;\sqrt{1-\beta_t}z_{t-1},\beta_t I) \tag{4-2}$$

其中，β_t 是模型超参数，定义如下：

$$\alpha_t=1-\beta_t \tag{4-3}$$

$$\bar{\alpha}_t=\prod\nolimits_{s=1}^{T}\alpha_s=\prod\nolimits_{s=1}^{T}1-\beta_s \tag{4-4}$$

由此，可在任意时间步 t 直接采样 z_t：

$$q(z_t|z_0)=N[z_t;\bar{\alpha}_t z_0,(1-\bar{\alpha}_t)I] \tag{4-5}$$

以上公式描述了前向马尔可夫链，而反向过程旨在从被破坏的数据表示 z_T 恢复原始数据分布。具体而言，反向马尔可夫链由先验分布 $p(z_T)=N(z_T;0,I)$ 和可学习的转移核 $p_\theta(z_{t-1}|z_t)$ 进行参数化，转移核形式为：

$$p_\theta(z_{t-1}|z_t)=N[z_{t-1};\mu_\theta(z_t,t),\Sigma_\theta(z_t,t)] \tag{4-6}$$

式中，θ 表示模型参数，均值 $\mu_\theta(z_t,t)$ 和方差 $\Sigma_\theta(z_t,t)$ 经深度神经网络学习获得。在去噪过程重构 $\hat{z}_0$ 后，使用图解码器恢复分子图 $\hat{x}$，其中 Decoder 为解码函数：

$$\hat{x}=\text{Decoder}(\hat{z}_0) \tag{4-7}$$

在推理阶段，首先从标准高斯分布中随机采样，然后通过去噪过程进行祖先采样（ancestor sampling），并使用图解码器生成新的分子图样本。

4.3.3.2 无约束生成扩散模型的训练与验证

变分自编码器（variational auto-encoder，VAE）训练时的损失函数由三部分组成：先验损失 L_{prior}、重构损失 L_{rec} 和瓦瑟斯坦（Wasserstein）损失 L_{WAE}。具体形式如下：

$$\text{VAE 损失}=\lambda_{\text{prior}}L_{\text{prior}}(x)+L_{\text{rec}}(x)+\lambda_{\text{WAE}}L_{\text{WAE}}(x) \tag{4-8}$$

$$L_{\text{prior}}(x)=-D_{\text{KL}}[q_\theta(z|x)\parallel p(z)] \tag{4-9}$$

$$L_{\text{rec}}(x)=E_{z\sim q_\theta(z|x)}E_{i\sim U}\lg p(s_i|z,M_i) \tag{4-10}$$

$$L_{\text{WAE}}(x)=E_{\tilde{z}\sim p(\tilde{z})}[D(\tilde{z})]-E_{x\sim p_d(x)}\{D[F(x)]\}+\lambda E_{\tilde{z}\sim p(\tilde{z})}\{[\parallel\nabla_{\tilde{z}}D(\tilde{z})\parallel-1]^2\} \tag{4-11}$$

式中，λ_{prior} 和 λ_{WAE} 是控制各损失贡献的超参数，D_{KL} 是库尔贝克-莱布勒（Kullback-Leibler，KL）散度，q_θ 是潜变量 z 的后验分布参数模型，$p(z)$ 是先验多元高斯分布，E 是概率分布的期望，U 是均匀分布，s_i 表示解码步骤 i，M_i 是 s_i 步骤后生成的分子，$p_d(x)$ 是原始数据分布，D 是对抗学习（adversarial learning）中的判别器（Discriminator），$\tilde{z}$ 是先验潜变量。

无约束生成扩散模型的训练目标是逆转正向马尔可夫链的扰动效果，这通常通过优化变分下界（VLB）实现，其具体形式如下：

$$L_{\text{ELBO}}=D_{\text{KL}}[q(z_T\mid z_0)\parallel p(z_T)]+\sum_{t=1}^{T}E_{q(z_t|z_0)}L_{t-1} \tag{4-12}$$

$$L_{t-1}=D_{\text{KL}}[q(z_{t-1}|z_t,z_0)\parallel p(z_{t-1}|z_t)] \tag{4-13}$$

该目标由最终时间步的 KL 散度和之前时间步的 KL 散度之和组成。经过简化后，最终的损失函数为：

$$L_{\text{DM}}(\theta)=E_{z_0,t,\varepsilon}[\parallel\varepsilon-\varepsilon_\theta(z_t,t)\parallel^2] \tag{4-14}$$

$$z_t=\sqrt{\bar{\alpha}_t}z_0+\sqrt{1-\bar{\alpha}_t}\varepsilon \tag{4-15}$$

式中，$z_0\sim q(z_0)$，$t\sim U(1,T)$，$\varepsilon\sim N(0,I)$，ε_θ 是用于预测噪声的神经网络。

为评估无约束生成扩散模型的性能，从每种方法中采集 10000 个分子，并评估以下四个指标：有效性、唯一性、新颖性和 KL 散度。其中，有效性评估生成的分子是否符合基本的分子结构原理；唯一性评估分子是否重复；新颖性评估模型是否能生成训练集中不存在的分子；KL 散度衡量生成分子与训练集分子之间关于氢键供体数量（NumHDonors）和芳香环数量（NumAromaticRings）等各化学特征分布的接近程度。具体计算方式如下。

（1）有效性

10000 个生成分子中有效分子的比例。其中，有效分子定义为 SMILES，表示可被 RD-

Kit 成功解析的分子。

$$有效性=\frac{有效分子数量}{生成分子总数量} \tag{4-16}$$

(2) 唯一性

在生成模型中采样，直到获得 10000 个有效分子，重复分子通过相同标准 SMILES 识别，通过计算不同标准 SMILES 的数量除以 10000 获得。

$$唯一性=\frac{独特分子数量}{生成的有效分子总数量} \tag{4-17}$$

(3) 新颖性

在生成模型中采样，直到获得 10000 个不同的有效分子，计算其中训练数据集之外的分子比例。

$$新颖性=\frac{训练集外的独特分子数量}{生成的独特分子总数量} \tag{4-18}$$

(4) KL 散度

该得分量化了训练集分子分布与生成分子分布之间的差异，通过 RDKit 计算 NumHDonors、NumAromaticRings 等 9 个物理化学描述符，并利用 ECFP4 指纹（扩展连接性指纹 4）计算最近邻相似度分布，然后通过核密度估计（对于连续描述符）或直方图（对于离散描述符）估计描述符分布。随后，计算每个描述符的 KL 散度得分并汇总最终得分。

$$\text{KL 散度得分}=\frac{1}{k}\sum_{i}^{k}\mathrm{e}^{-D_{\mathrm{KL},i}} \tag{4-19}$$

利用式（4-8）中的 VAE 损失函数训练优化图自编码器，并利用以上指标对模型生成性能进行评估。特别地，由于设计数据集仅含数千个分子，规模较小，不足以让图解码器充分学习分子的构建过程。与性质预测模型预训练类似，可利用 ChEMBL 中的 150 万个分子对 GAE 进行预训练，以缓解生成模型的数据稀缺问题。具体而言，利用此前研究的模型权重初始化 GAE 模型参数，再于设计数据集上进行参数微调。为方便说明，将此前研究中的预训练无约束模型称为“预训练模型”，而通过微调获得的模型称为“微调模型”。

图 4-19(a) 展示了预训练 GAE 与其他三种典型分子生成方法——类似于虚拟筛选的随机采样器（RS）、基于 SMILES 的生成模型 SMILES LSTM，以及基于图的生成模型 Graph MCTS 的比较。其中，随机采样器可保持与原始数据集相似的采样分布，确保采样分子的有效性和唯一性。然而，与虚拟筛选类似，它无法生成原始分布之外的新颖分子。SMILES LSTM 在唯一性和 KL 散度方面表现良好，但由于 SMILES 表示中缺乏明确的结构信息，常生成无效的分子字符串。相比之下，两种基于图的模型在有效性、唯一性和新颖性方面表现出色，这体现了分子图表示的优势。在两种图模型中，预训练 GAE 具有更高的 KL 散度，在拟合训练集分布方面优于 Graph MCTS。因此，选择预训练 GAE 作为初始生成器，以采样化学上有效、唯一且新颖的分子。

分子图生成过程见图 4-19(b)，某种程度上模拟了分子的真实构建过程。具体而言，图解码器以采样向量为输入，并从空图开始逐步构建分子。在每一步中，它可选择一个新的原子或基团添加到当前分子中，或者停止生成。如果继续生成，新原子（或基团中的原子）成为下一个连接点，并通过添加一个或多个化学键连接到分子主体。而在预训练阶段，所有分子被分解为若干部分，图解码器逐步学习每一步的构建规则，如共价键约束和常见官能团，具体过程详见 MoLeR 模型。

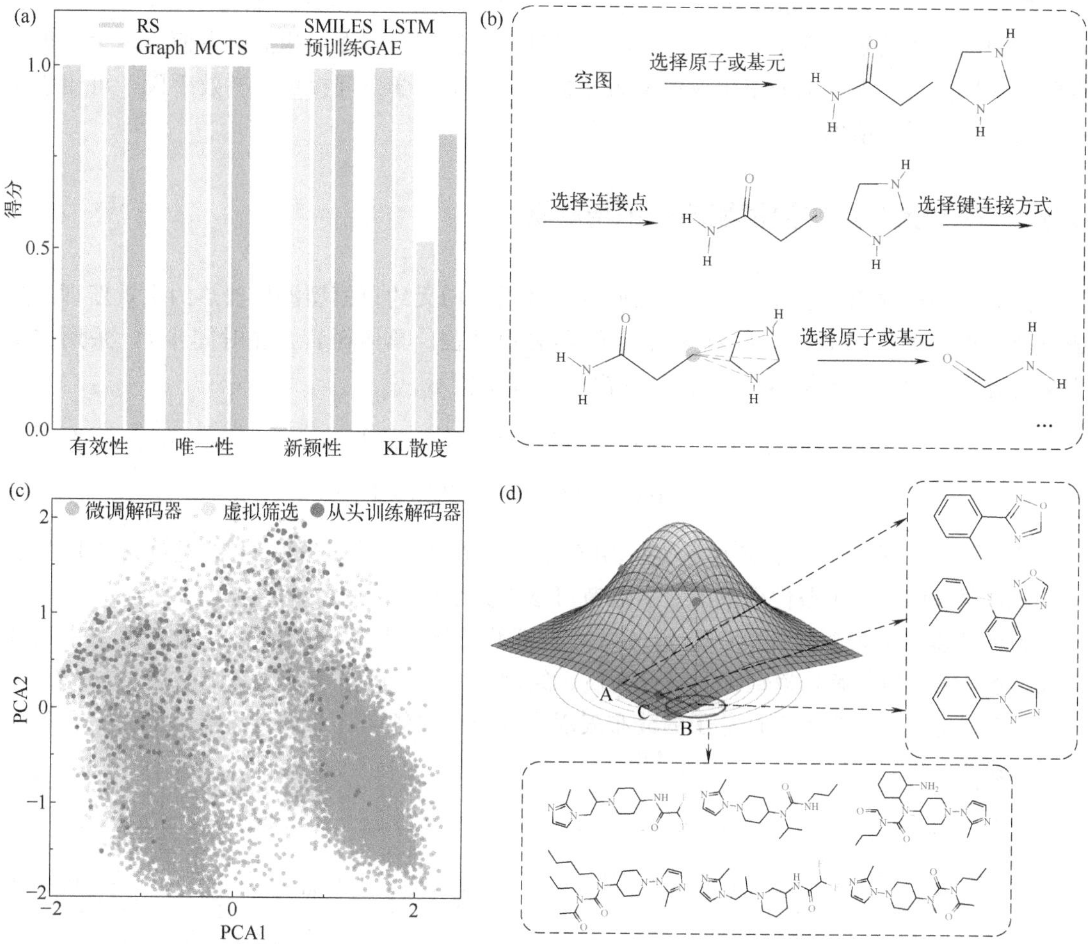

图 4-19 无约束分子生成模型的性能评估与分析

(a) 不同分子生成方法的性能评估；(b) 基于分子基团的图解码器生成案例；(c) 虚拟筛选数据集分子与模型生成分子的嵌入表示 PCA 降维散点图；(d) 潜空间内的内插与邻域分析

此外，从生成模型中采样 1000 个分子，同时使用虚拟筛选中的所有分子，然后通过 PCA 进行降维和可视化，获得图 4-19(c)，它展示了虚拟筛选和无约束生成模型所覆盖的二维化学空间。特别地，从头训练的图自编码器易发生“模式坍塌”，即过度拟合少数分子(仅生成了 254 个不同分子)。对比之下，预训练 GAE 所覆盖的化学空间更广泛，这体现了大规模预训练的必要性。与虚拟筛选的设计数据集相比，预训练 GAE 覆盖了更广阔的空间，尤其是在 PCA2 值较小的区域。此外，预训练 GAE 的分布与虚拟筛选数据的分布相比，存在明显偏移，这说明模型具备一定的外推能力，这一点在高新颖性得分中也得到了体现。

为测试潜空间的平滑性并尝试挖掘更多化学含义，利用模型进行插值和邻域分析，结果如图 4-19(d) 所示。具体而言，在任意两个采样分子（A 和 B）的编码之间进行线性插值，然后通过图解码器生成中间分子 C。与两端的分子相比，局部插值的分子具有相似的结构基团，例如苯环和 1,2,4-噁二唑，并添加了苯硫醚作为桥接基团。此外，采样另一个分子，并在潜空间中选择两个随机正交方向，以步长 0.1、最大步长 10，搜索潜在邻居。与插值类似，相邻的编码可解码为相似的分子，它们通常以不同的方式排列相似的基团，例如咪唑、哌啶和酮。这些结果体现了潜空间的结构平滑性以及图解码器在结构插值方面的能力，再结合模型外推能力，无约束分子生成模型为探索更广阔的化学空间提供了有效手段，可用于从头探索潜在的绿色溶剂。

4.3.4 多约束生成扩散模型的训练与验证

为提高采样效率并引导分子生成倾向目标性质，向无约束模型添加独热约束重新训练生成模型，将约束条件 y 嵌入 GAE 的潜空间和去噪过程。具体而言，在时间步 t，采用多头交叉注意力机制将分子编码 z_t 与条件 y 融合，如下所示。

$$H=(H_1,\cdots,H_i,\cdots,H_{\text{head\_num}}) \tag{4-20}$$

$$H_i=\text{Attention}(QW_i^Q,KW_i^K,VW_i^V) \tag{4-21}$$

式中，z_t 用作查询 Q；条件标签 y 用作键 K 和值 V；W_i^Q、W_i^K、W_i^V 是针对不同注意力头 i 的学习层。关于条件生成的更多细节可参考先前的研究。

为评估多约束模型的性能，分别从原始虚拟筛选数据集、微调模型和约束模型中采样 10000 个分子，通过筛选模型预测设计性质，绘制采样分子的溶解能力和熔沸点，结果见图 4-20。特别地，约束模型采样分子的分布表现了性质优化倾向，如更高的溶解能力、更低的熔点和沸点。

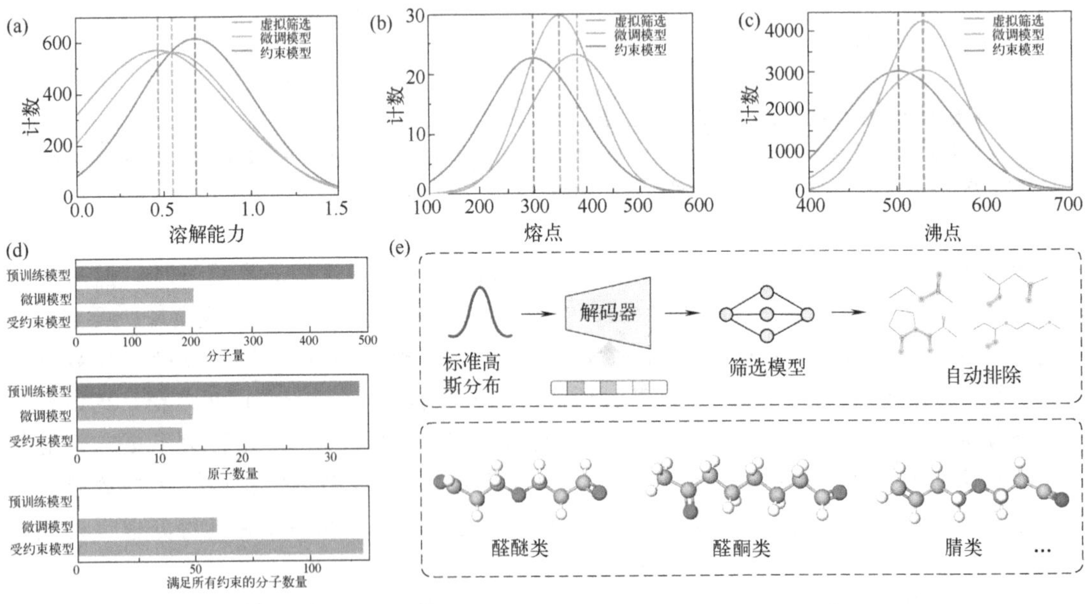

图 4-20 多约束分子生成模型的特征分析与应用

(a) 约束模型采样分子的溶解能力分布图；(b) 约束模型采样分子的熔点分布图；(c) 约束模型采样分子的沸点分布图；(d) 预训练模型、微调模型和约束模型采样分子的平均分子量、平均原子数以及满足所有约束条件的分子数量比较；(e) 基于约束模型自动化分子筛选此外，图 4-20(d) 分别计算了源自预训练模型、微调模型和约束模型采样分子的平均分子量、平均原子数以及满足所有约束条件的分子数量。在增加约束后，满足条件的分子数量从 54 增加到了 122，且约束模型更倾向于生成分子量更低、原子数更少的分子，这些特征都更符合约束条件，体现了多约束生成模型在提升采样效率和优化分子性质方面的有效性。

4.3.5 基于多约束生成扩散模型的替代品设计

利用多约束模型、筛选模型和程序筛除规则，生成潜在的苯/环己烷绿色萃取溶剂。如图 4-20(e) 所示，对多约束模型生成的分子进行后筛选，以确保满足约束条件，并基于虚拟筛选总结的筛除规则进一步过滤：①排除含有热不稳定酯基和羟基的分子；②排除含有叔酰胺结构的分子。经迭代，最终获得 22 种适用于苯/环己烷混合物萃取精馏过程的潜在绿色溶剂。

在这些分子中，15 种为醛醚，3 种为醛酮，2 种为二醛，1 种为腈，1 种为聚醚。特别地，3-丁-3-烯氧基丙腈也曾于此前基于分子优化和化工模拟的设计研究中出现。其中 3 种分子具有刺激性或易燃性；在剩余的 19 种分子中，7 种存在于 PubChem 数据库中，这表明其合成相对容易，而剩余 12 种分子不在 PubChem 中。综上，推荐这 7 种存在于 PubChem 中的分子作为苯/环己烷混合物萃取蒸馏过程的潜在绿色溶剂。

课后思考与练习

1. 影响厌氧发酵产氢因素有哪些？

2. 机器学习在进行筛下细料热处理、厌氧发酵和高风险工业溶剂替代品筛选等方面的优点是什么？

第4章部分彩图

参考文献

[1] Chen H J, Cao Y D, Qin W, et al. Machine learning models for predicting thermal desorption remediation of soils contaminated with polycyclic aromatic hydrocarbons [J]. Science of the Total Environment, 2024, 927: 172173.

[2] Jiang X P, Li Z S, Lin K S, et al. Enhancement of anaerobic digestion from food waste *via* inert substances based on metagenomic analysis: Oxidative phosphorylation and metabolism [J]. Environmental Research, 2024, 246: 118033.

[3] 孙剑. 城市固废焚烧过程烟气含氧量智能预测与优化控制方法研究[D]. 北京：北京工业大学，2023.

[4] 詹静芳，王珊珊. 中国生活垃圾填埋场甲烷源碳排放量预测评估[J]. 环境科学与技术，2022，45 (11)：147-155.

第 5 章 人工智能在资源化与循环经济中的应用

5.1 AI 在再生材料性能预测中的应用

5.1.1 再生材料资源化概述

再生材料是指通过回收、加工和再利用等过程，将原本被视为废弃物的材料重新转化为具有使用价值的原材料或产品。这些材料在经过适当的处理后，可以替代部分或全部原生材料，用于生产新的产品，从而实现资源的循环利用和可持续发展。再生材料的二次资源化不仅可以减少对自然资源的开采，还能减少废弃物对环境的污染，具有显著的经济和环境效益。

根据国际回收局（BIR）和联合国环境规划署（UNEP）数据，全球每年再生材料生产总量超过 20 亿吨，主要包括金属、塑料、纸张、玻璃、纺织物及建筑废弃物等。其中，全球再生钢年产量约 6.5 亿吨，中国、欧盟、美国是主要回收地区。全球年再生塑料回收量为 3500 万～5000 万吨，但仅占塑料总产量的 9%～15%。欧盟回收率较高（约 30%），东南亚国家回收率不足 10%。全球再生纸浆年回收量约 2.5 亿吨，回收率达 60%以上。欧洲、北美和东亚地区回收率领先（>70%）。根据《中国再生资源回收行业发展报告（2024）》，我国 2023 年废钢铁、废有色金属、废塑料、废纸、废轮胎、废弃电器电子产品、报废机动车、废旧纺织品、废玻璃、废电池（铅酸电池除外）十个品种再生资源回收总量约为 3.76 亿吨（图 5-1），再生回收总额约为 1.30 万亿元。国内多地再生材料资源化回收产业呈现出专业化、产业化、集约化、集群化的发展态势，再生材料资源回收行业发展前景一片光明。

目前常见的可再生材料有：

① 再生金属：主要为铝、铜、锌等，常来源于废旧金属制品，如铝合金门窗、建筑钢材、废旧电器铜缆等，可通过电弧炉等熔炼和再加工，制成新的再生金属。再生金属的纯度

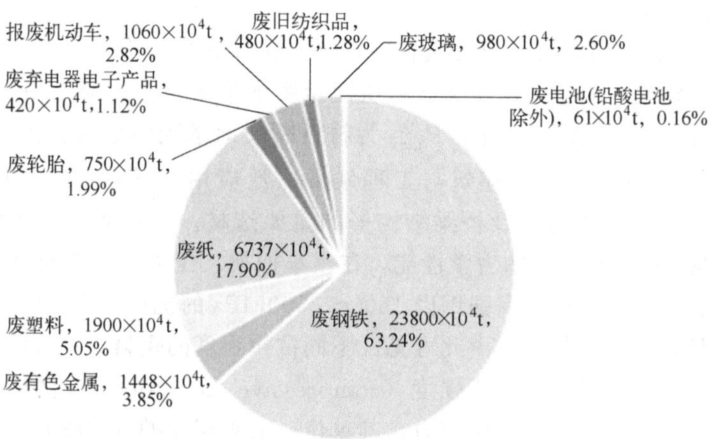

图 5-1 2023 年我国主要品种再生资源回收量及占比情况

和性能与原生金属相当。

② 再生塑料：主要包含聚乙烯（PE）、聚丙烯（PP）、聚对苯二甲酸乙二醇酯（PET）、聚氯乙烯（PVC）等，来源于废旧塑料袋、塑料瓶和废旧管道等，经过清洗、破碎、熔融等工艺制成新的塑料颗粒。

③ 再生生物质：主要类型为农业废弃物、林业残余物、城市有机废弃物等，可通过物理、化学、生物手段转化为生物基聚烯烃、工程复合基材、生物基可降解塑料等再生产品。

④ 再生橡胶：废旧轮胎和橡胶制品经过热解、粉碎等工艺制成再生橡胶颗粒。

⑤ 再生电池：主要从铅酸蓄电池、镍氢电池中回收铅、镍、氢氧化镍等材料，经过处理后用于制造新的铅酸蓄电池的极板和铅零件以及镍氢电池的正极材料。

5.1.2 再生材料的常见性能特点

在资源高效循环利用进程中，再生材料的性能指标体系占据核心地位，其量化表征直接决定了再生产品品质、功能实现效能以及使用周期，进而对其市场定位与价值评估产生决定性影响。但与原生材料相比，再生材料性能往往存在偏差，这种偏差主要是由于原材料的组成、回收工艺的精细度、添加剂的合理运用以及再生过程中微观到宏观的结构演变等多重因素相互作用。目前，在再生塑料、再生金属和再生生物质等典型再生材料领域，关键性能指标的关注重点集中于力学强度、耐环境介质侵蚀的耐久性以及在不同温度工况下维持结构完整的热稳定性等方面。而在材料的再生循环工艺链中，影响上述性能表征的因素广泛且复杂，原材料的化学组成与物理结构特性、回收处理过程中的工艺参数控制精度、添加剂的种类与掺量优化策略，以及再生阶段材料内部组织结构的演变规律等，均会对最终性能产生深远影响。正是这些多元影响因素的复杂耦合与叠加效应，导致了再生材料的性能指标呈现出广泛的变异性与不确定性。

目前常见的再生材料性能指标如下。

① 强度是指材料抵抗外力作用而不发生破坏的能力，本质上是材料内部原子/分子间结合力的宏观表现。根据国际标准化组织（ISO），强度被定义为“单位截面面积材料在破坏

前能承受的最大应力值”，其物理单位为兆帕（MPa）或吉帕（GPa）。目前强度类型主要分为抗拉强度、抗压强度等。

抗拉强度（tensile strength）是衡量材料在单向拉伸载荷作用下，于断裂前能够承受的极限应力指标，其定义为单位原始横截面积所能承受的最大拉力，通常用σ_b表示。其计算公式可表达为：$\sigma_b = F_{max}/A_0$。式中，F_{max}为材料断裂前承受的最大拉力，N；A_0为原始横截面积，m^2。以钢材为例，在建筑与工程领域广泛应用的低碳钢，其抗拉强度范围在300～500MPa之间，是建筑材料及桥梁结构等的重要选材。相较而言，高强钢的抗拉强度为700～1500MPa，凭借其卓越的力学性能，在汽车框架、压力容器等对强度要求较高的应用场景中发挥着关键作用。而超高强钢以1500～2500MPa的抗拉强度区间，成为航空航天、装甲防护等尖端领域的理想材料。由此可见，不同抗拉强度的钢材，在实际工程应用中展现出明确且各有侧重的适用场景。抗压强度（compressive strength），即材料在单向压缩载荷作用下，于破坏前能够承受的最大压应力，其单位一般采用兆帕（MPa）或牛顿每平方毫米（N/mm^2）。其计算公式为：$\sigma_{bc} = F_{max}/A_0$。式中，$F_{max}$是指材料破坏时所承受的最大压力，N；$A_0$为试样原始横截面积，$mm^2$。不同材料的抗压强度存在显著差异。例如，焦炭的抗压强度相对较低，在10～25MPa之间；而钨钢合金凭借其出色的抗压性能，抗压强度可高达3000～6000MPa。抗压强度与抗拉强度共同构成材料核心的力学强度表征体系。特别是抗压强度与抗拉强度比值（σ_{bc}/σ_b），对材料的应用适配性具有关键影响。当抗压强度显著高于抗拉强度时（$\sigma_{bc}/\sigma_b \approx 10:1$），这类材料通常表现出较强的脆性特质，如陶瓷、玻璃等。对于韧性金属材料，如低碳钢、铝合金等，其抗压强度与抗拉强度较为接近，且兼具优异的塑性表现［$\sigma_{bc}/\sigma_b \approx (1\sim1.5):1$］。在工业生产实践中，为了契合多样化的应用场景需求，工程界通常依据材料的固有属性，通过精准调控材料的组分构成，实现性能的定制化塑造。例如，在高速公路建设领域，PP纤维混凝土因其独特的力学增强效果而备受青睐。当纤维的掺量被精确调节至1.2%时，该复合材料的抗拉强度可提升约30%，从而有效缓解因温度波动而引发的应力开裂问题，显著增强道路结构的耐久性与稳定性。

② 耐久性是指材料在长期使用过程中，抵抗物理、化学、生物及环境因素的综合作用，保持其原有性能而不发生破坏或变质的能力。该性质直接决定了材料在特定环境条件下可实现的使用寿命以及所能提供的安全可靠性水平。从具体分类角度来看，依据材料抵抗环境侵蚀能力的不同，耐久性可细分为抗渗性、抗冻性以及抗硫酸盐侵蚀性等不同类型；从材料抵抗物理力学性能的耐久性角度考量，又可以划分为抗磨损性、抗碳化性以及抗分层性等；从化学稳定性维度，则包含耐酸碱性、抗老化性等。若不考虑生产工艺以及存储环境因素，纸张的耐久性与其所采用的纸浆原料质量存在着密切关联。相较之下，再生纸的纸浆原料来源较为复杂多样，故而对再生纸耐久性的要求也更为严苛。目前，我国已针对再生纸浆制定了国家标准GB/T 43393—2023。在该标准体系中，对于本色再生纸浆、白色再生纸浆以及含机械浆再生纸浆的技术指标均进行了详尽且有效的规定，同时，还对包括抗张指数、耐破指数以及撕裂指数在内的多项关键性能指标予以了明确规范，以确保再生纸浆能够在满足耐久性要求的基础上，实现其在再生纸工业中的广泛应用。

③ 热稳定性是衡量材料在高温或温度变化条件下，保持其结构、性能和功能基本不变的关键特性。它涉及多个方面，包括热分解温度、热失重、热膨胀、热导率、热冲击阻力等。再生材料的热稳定性受到多种因素的综合影响，如材料的化学结构、物理结构、外来杂质以及加工条件等。在再生金属材料中，选择晶粒尺寸细小且均匀的材料，如再生铝合金，

可以显著提高晶界的稳定性，从而增强材料的耐热性。这是因为细小且均匀的晶粒结构能够有效抑制高温下的晶界滑动和晶粒长大，进而提高材料的热稳定性。对于再生塑料，其孔隙率对热导率有显著影响。研究表明，当孔隙率超过5%时，材料的导热系数会下降。这不仅可能影响材料的热传导效率，还可能导致局部过热，增加材料在高温环境下的失效风险。此外，工业生产中再生塑料和橡胶的多次加工也会对其热稳定性产生不利影响。多次加工过程中，材料中的分子链可能发生断裂，导致热变形温度降低10～20℃，同时显著加快热氧老化速率。这种现象限制了再生塑料和橡胶在高温或长期使用环境中的应用。为了提升再生材料的热稳定性，需要在材料的回收、加工和改性过程中进行精确控制。通过优化生产工艺，减少外来杂质的引入，控制加工条件，可以有效改善再生材料的热稳定性，从而扩大其在高性能应用领域中的使用范围。

总的来说，再生材料因其对资源高效循环利用的关键作用而备受重视，其性能指标体系对再生产品的品质、功能和使用寿命具有决定性影响。与原生材料相比，再生材料的性能存在偏差，主要受到原材料组成、回收工艺、添加剂使用及再生过程中结构演变等因素的综合影响。为了提升再生材料的性能，需要深入研究材料再生过程中的物理化学变化本质，并借助先进的表征技术和性能预测模型等手段，解析材料性能与再生影响因素之间的内在联系。利用不同AI技术建立针对目标性能的预测模型，并通过精准控制关键影响因素来实现再生材料性能的优化提升，已经成为推动再生材料产业高质量发展的关键科学问题与技术瓶颈。

5.1.3 再生材料性能预测

(1) PSO-BRT模型预测废弃尾矿胶结膏体回填物强度

在矿物开采过程中，废弃尾矿作为其副产品大量产生。据相关数据，目前已累计产生了约250亿吨的废弃尾矿，其中超过100亿吨被堆存于尾矿坝中。在矿物资源的清洁生产实践中，废弃尾矿常被回收利用并作为胶结膏体回填物（cemented paste backfill，CPB）加以应用。胶结膏体回填物的回收利用效果在很大程度上取决于其机械稳定性，而该稳定性可通过无约束抗压强度（unconfined compressive strength，UCS）来表征。然而，进行大量的UCS测定实验往往面临着成本高昂且操作烦琐的困境。鉴于此，借助AI技术，对投入与产出之间的关系进行精准建模，能够有效实现对CPB强度的预测。在众多AI方法中，利用增强回归树（boosted regression tree，BRT）算法并结合粒子群优化（particle swarm optimization，PSO）算法构建的PSO-BRT强度预测模型，展现出了在预测胶结膏体回填物无约束抗压强度方面的显著优势和有效性能，为相关研究和应用提供了新的思路与方法。

在图5-2中，展示了BRT模型的实验和预测UCS值与训练集上的最佳超参数的比较。由图可知，具有最佳超参数的BRT模型成功地模拟了UCS值和影响变量之间的非线性关系。图5-2(a) 显示其中有八个主要部分，对应于八种尾矿的UCS结果。不同类型尾矿的UCS响应表现出不同的模式。例如，T2和T8尾矿之间的比较表明，不同尾矿的UCS值和变化模式有很大不同。因此，使用BRT模型成功模拟所有尾矿的UCS表明BRT对于CPB的UCS预测具有巨大的潜力。图5-2(b) 显示具有最佳超参数的BRT模型的指数损失为0.11，实验和预测的UCS值之间的R^2值为0.96，表明在训练集上实现了良好的正相关。结果表明，PSO-BRT方法在预测CPB强度方面具有很大的潜力。粒子群优化算法在模型的超参数调整中是有效的，在所有损失函数的前12次迭代中达到最低的群体最小均方误差值。

优化的 BRT 模型在训练集和测试集上都有很好的表现。

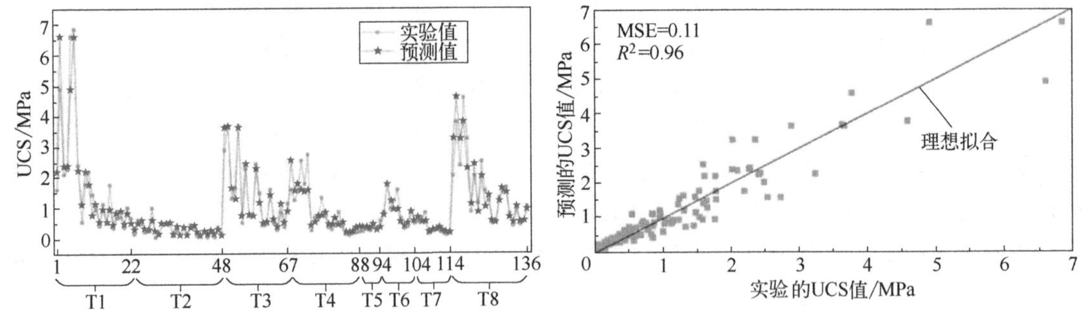

(a) 实验和预测UCS的评估　　(b) 统计回归

图 5-2　具有最佳超参数的 BRT 模型在训练集上的性能

(2) BR-ML 模型预测塑性沥青混合物的强度和稳定特性

塑料凭借其柔韧性、耐用性、防水性以及低成本等显著优势，得到广泛应用。湿法和干法是将塑料引入柔性路面的两种主要方法。无论采用何种添加方式，在沥青中引入回收塑料均能带来多方面的潜在益处。首先，这一做法有助于减少垃圾填埋场中塑料废弃物的堆积，同时降低道路建设对环境的负面影响。其次，由于减少了集料或沥青的用量需求，塑料的添加能够有效削减路面建设成本。此外，路面的工程性能亦可得到显著提升，特别是在抗裂性和抗车辙能力等关键特性方面。然而，这些优势在很大程度上受到所用塑料类型、混合工艺条件以及沥青混合料特性等因素的制约。BR-ML 模型在预测塑性沥青混合物（PAMs）的多项关键性能指标方面，包括空隙率（V_a）、马歇尔流（MF）、马歇尔稳定性（M_s）、抗拉强度比（TSR）以及间接抗拉强度（ITS），均展现出卓越的预测效能。该模型能够精准地对这些复杂性能参数进行建模与预测，为优化 PAMs 的配方设计与性能评估提供有力的理论依据与技术支撑。

如图 5-3 所示，在测试和训练阶段，当评估预测和观察结果之间的相关性时，R^2 值分别为 0.925、0.922、0.987、0954 和 0.939。BR-ML 模型同样在整个训练过程中表现出很强的一致性。此外，BR-ML 模型产生了很低的 MAE、MSE 和 RMSE 值。

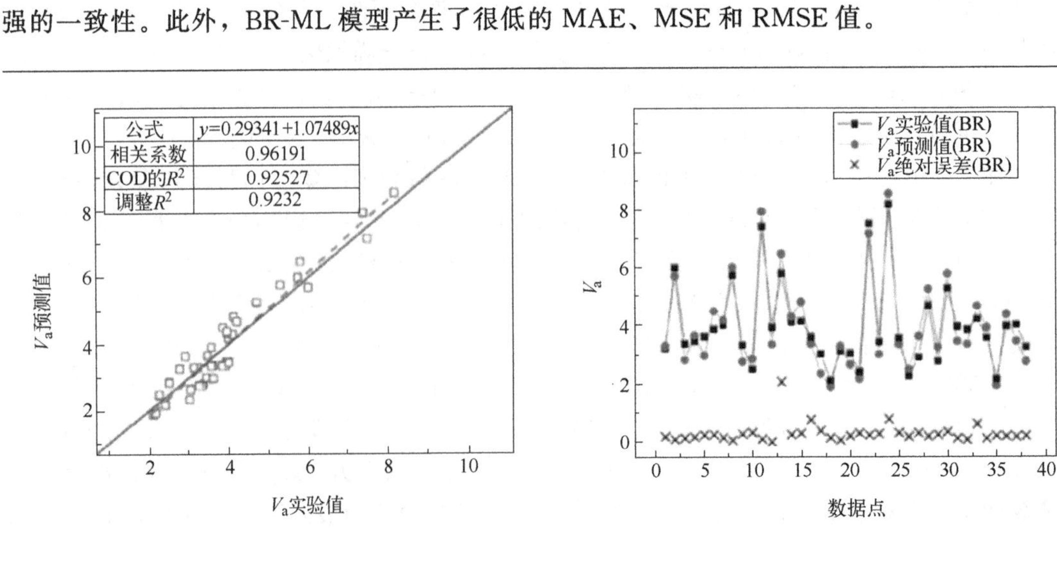

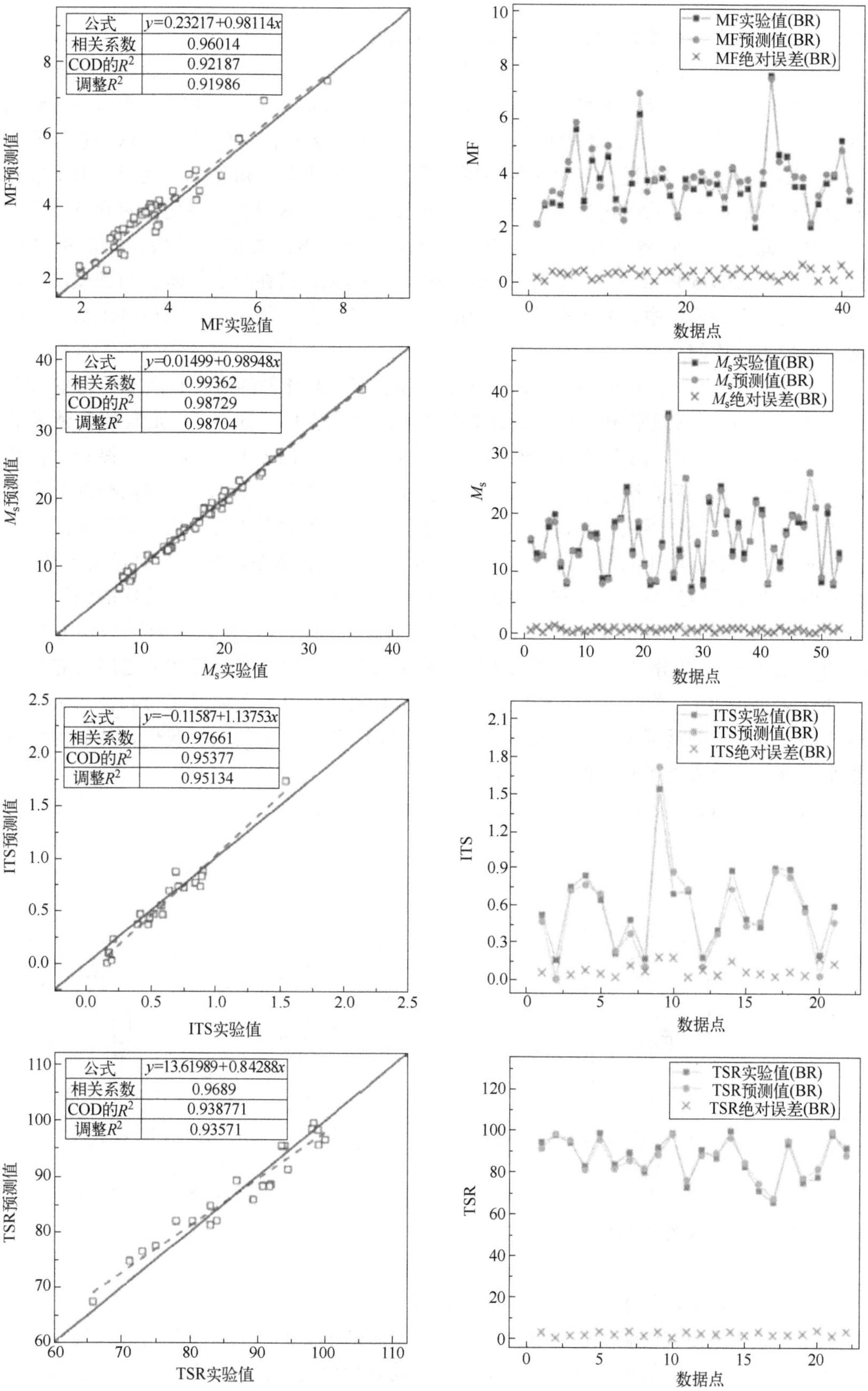

图 5-3　BR-ML 模型对塑性沥青混合物中不同性能指标的预测展示

（3）HTC-GNN 模型预测农林废弃物水热碳化的特性

我国每年产生数百万吨农林废弃物，将农林废弃物转化为绿色能源为能源相关应用提供了一种可持续的战略途径。水热碳化（hydrothermal carbonization，HTC）作为一种有效的先进技术，能够在亚临界水环境中将生物质分解为小分子和生物炭。HTC 过程通常在 180～250℃的温度范围内进行，生成的碳氢化合物在性质上与褐煤相似。然而，由于废弃生物质的复杂组成以及水热碳化过程中涉及的复杂反应机制，获得具有特定性能的 HTC 产物并非易事。此外，不同类型农林废弃物的组合往往导致不同的实验结果。图形神经网络（graph neural network，GNN）作为一种新兴的计算框架，已在分子性质预测领域展现出广阔应用前景。在该模型中，分子被抽象为图结构，以学习其拓扑表示，从而试图从原子和化学键层面捕捉结构信息。

如图 5-4 所示，与畜禽废物相比，农林废弃物含有更高比例的有机物质和较低的灰分含量。从图 5-4(a) 可以观察到，农林废弃物经过 HTC 反应后，碳（C）元素的含量显著增加，氧（O）和氢（H）的含量则呈现出不同程度的降低。图 5-4(b) 进一步揭示，畜禽废弃物原料在热解反应后，碳、氢、氧元素的含量分布更加均匀，氮（N）和灰分的分布则更加集中。与农林废弃物不同，畜禽废弃物在高温处理后，氮含量下降并向较低的浓度范围集中。这一现象可能归因于某些营养元素（如有机氮）在工艺水中溶解，并通过美拉德反应、环化反应和缩聚反应迁移到烃类和生物油中。在图 5-5 中，验证集中表现较优的预测特征为灰分、碳（C）、氧（O）和氮（N）。经过 6000 次迭代训练后，验证集的平均均方根误差（RMSE）为 3.65。灰分（Ash）、氧和氮的预测结果表明，预测值与真实值之间具有显著的相关性（$R^2>0.90$）。总体而言，HTC-GNN 模型有效地学习了农林废弃物和畜禽废物不同成分的训练数据，并捕捉了 HTC 和协同 HTC（Co-HTC）反应的关键属性，从而为农林废弃物水热碳化应用提供了有力的技术手段。

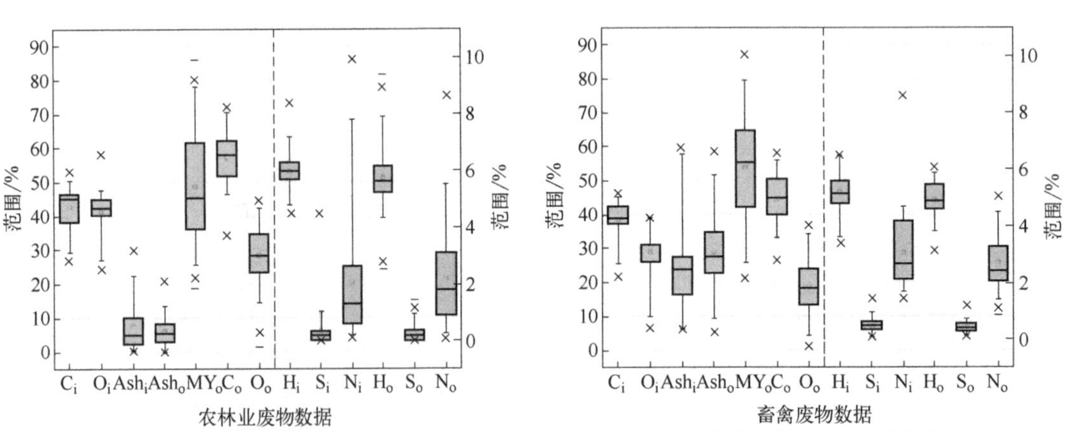

(a) 每个组成要素的农林业废物数据分布

(b)每个组成要素的畜禽废物数据分布

图 5-4　农林业和畜禽废物数据特征

（4）利用机器学习技术预测废弃口罩气化过程

医用口罩大多由聚丙烯等合成材料制成，而聚丙烯本质上不具备生物可降解性。当此类口罩被随意丢弃时，它们极有可能进入水体及其他自然生境，进而对海洋生物乃至整个生态系统构成潜在威胁。不仅如此，口罩的生产与处理过程还会消耗大量的能源与资源，导致碳

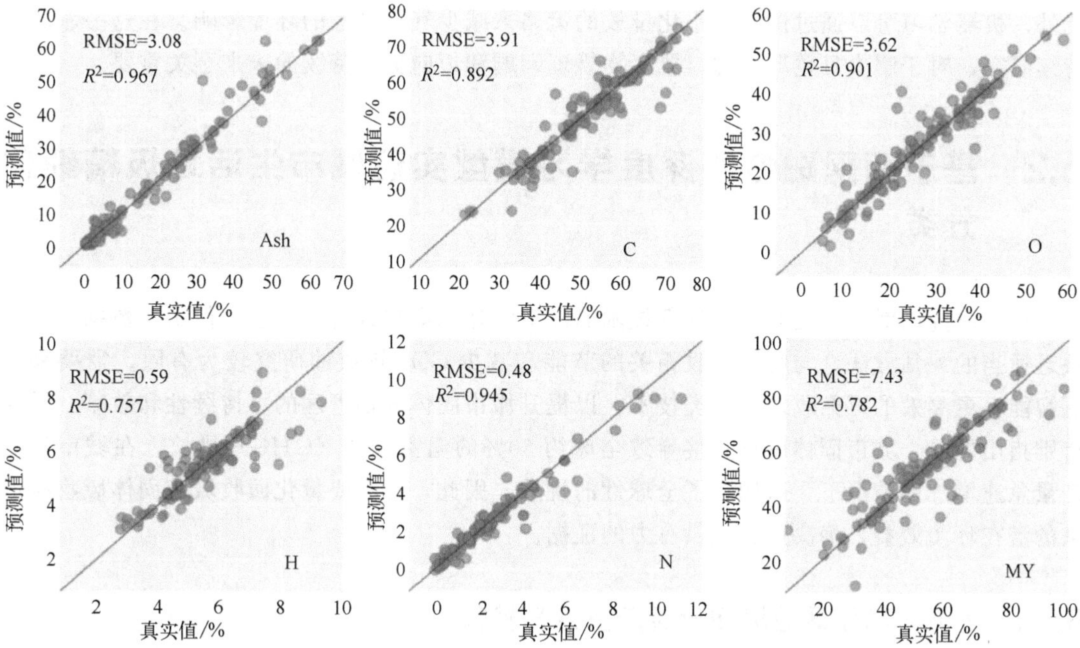

图 5-5 验证数据集上的模型预测：预测的特征包括灰分、碳、氧、氢、氮含量和产量（MY）

排放量上升，加剧环境负担。气化技术作为一种先进的废物处理手段，能够在高温且限氧的条件下，将固态废弃物转化为诸如含氢合成气等有价值的产物。针对废弃口罩气化处理的研究具有极为关键的意义，这不仅有助于缓解由废弃口罩所引发的一系列环境问题，更能深入挖掘其作为可再生资源的能源潜力。

就口罩废料的气化过程而言，其核心原理在于：将废弃物置于气化反应器中，在蒸汽作为气化剂的参与下，使废料经受高温条件。通过此过程，原本难以处理的口罩废料得以高效转化为合成气。该合成气主要由氢气、甲烷、一氧化碳、二氧化碳及少量蒸汽组成，其具体的化学反应方程式如下所示：

$$CH_{\alpha_1}N_{\alpha_2}O_{\alpha_3}+xH_2O+yH_2O \longrightarrow \beta_1 H_2+\beta_2 CO+\beta_3 H_2O+\beta_4 CO_2+\beta_5 CH_4$$

式中，$CH_{\alpha_1}N_{\alpha_2}O_{\alpha_3}$ 表示口罩废物的化学成分，α_i 表示第 i 种元素与碳的摩尔比，y 表示蒸汽剂的摩尔比，x 表示口罩废物的含水量，β_i 表示合成气第 i 种成分的摩尔数。

设计蒸汽与口罩废物比（SFWR）、温度和含水量（MC）为输入变量。每个输入变量设置 11 个水平，采用机器学习算法共进行 1331 次运算。使用 R^2 值检查机器学习算法的准确性，在大多数情况下，R^2 值超过 98%，显示了它们的有效性。具体来说，当涉及冷气体效率（η_c）、能量效率（η_{ex}）和排放时，机器学习算法分别实现了 99.85%、98.93% 和 99.33%的 R^2 值。这么高的 R^2 值，说明这些机器学习模型在预测口罩废料气化过程的可靠性和准确性是毋庸置疑的。但是机器学习算法的成功很大程度上取决于大规模高质量数据集的可用性。在口罩废物气化的情况下，可用的数据可能有限，尤其是对于气化过程中至关重要的特定参数或变量。另一个限制是气化过程本身的复杂性和可变性。气化涉及许多相互依赖的变量和参数，例如温度、压力、原料组成和停留时间。

总的来说，机器学习技术在口罩废物气化过程中的应用具有广阔的前景。通过开发精确的预测模型和优化工艺条件，研究人员可以提高效率，并从这些废物中生产有价值的资源。此外，机器学习可以通过识别最小化排放的策略来减少气化过程的环境影响。在这一领域的持续研究，对于解决日益严重的口罩废物管理问题和迈向更可持续的未来至关重要。

5.2 基于两网融合和深度学习模型实现城市生活垃圾精细化分类

许多研究已对城市固体废物处理技术的经济和环境影响进行了调查，但由于数据不足和缺乏适当的评估方法，与废物回收相关的节能和减少 CO_2 排放的研究较为有限。需要采用更智能、更高效的可回收垃圾分类技术，以提升城市固体废物管理的可持续性和效率。需要特别指出的是，城市固体废物直接导致全球约 50%的温室气体（GHG）排放，在城市废物产量急速增加的情况下，这构成了全球性的挑战。因此，有必要量化回收城市固体废物所带来的潜在环境效益，为决策者提供有力的证据。

5.2.1 上海城市生活垃圾四分类产量分布特征

图 5-6 呈现了从 2019 年 1 月 1 日至 2021 年 12 月 31 日期间上海各区四分类生活垃圾产量及数据完整性的情况。在图 5-6(a) 中，可观察到干垃圾的产量分布如下：浦东新区 (PD，4.53×10^6t)＞闵行（MH，1.66×10^6t)＞嘉定（JD，1.46×10^6t)＞宝山（BS，1.40×10^6t)＞青浦（QP，1.22×10^6t)＞松江（SJ，1.21×10^6t)＞静安（JA，0.85×10^6t)＞虹口（HK，0.84×10^6t)＞普陀（PT，0.83×10^6t)＞奉贤（FX，0.82×10^6t)＞徐汇（XH，0.80×10^6t)＞杨浦（YP，0.76×10^6t)＞黄埔（HP，0.75×10^6t)＞长宁（CN，0.54×10^6t)＞金山（JS，0.50×10^6t)＞崇明（CM，0.41×10^6t)。图 5-6(b) 为各区每天的干垃圾产量，由图可知，除了浦东新区以外（每天干垃圾产量约为 6.0×10^6 kg)，每个区整体每天干垃圾产量为 $2.0\times10^4\sim1.0\times10^6$kg。在图 5-6(c) 中，列出了各区干垃圾数据的缺失情况。值得注意的是，各区的有效数据完整性均高于 96.58%，仅有 3.42%的数据存在缺失。

然而，从图 5-6(d)～(f) 中可以看出，虹口区、崇明区和青浦区的湿垃圾数据缺失率较高，分别为 100%、78.56%和 26.18%，这将严重影响湿垃圾处理的相关计算结果。其他区的湿垃圾产量排序如下：浦东新区（1.74×10^6t)＞闵行（0.82×10^6t)＞松江（0.71×10^6t)＞嘉定（0.68×10^6t)＞宝山（0.62×10^6t)＞徐汇（0.47×10^6t)＞普陀（0.37×10^6t)＞静安（0.30×10^6t)＞杨浦（0.29×10^6t)＞长宁（0.28×10^6t)＞金山（0.26×10^6t)＞黄埔（0.16×10^6t)＞奉贤（0.10×10^6t)。

如图 5-6(g)～(l) 所示，可回收垃圾和有害垃圾在各区的数据缺失率分别高达 50%和 90%以上。实际上，数据缺失问题是不可避免的，人为错误、技术故障、数据损坏、存储问题或传输错误等均可导致数据缺失。数据的缺失可能对分析和决策产生重要影响，因此，在数据处理和分析时需要仔细考虑如何处理这些缺失数据，以避免结果的误导。为此，本节采用数据平均值填充的方法来处理可回收垃圾和有害垃圾的数据缺失问题。

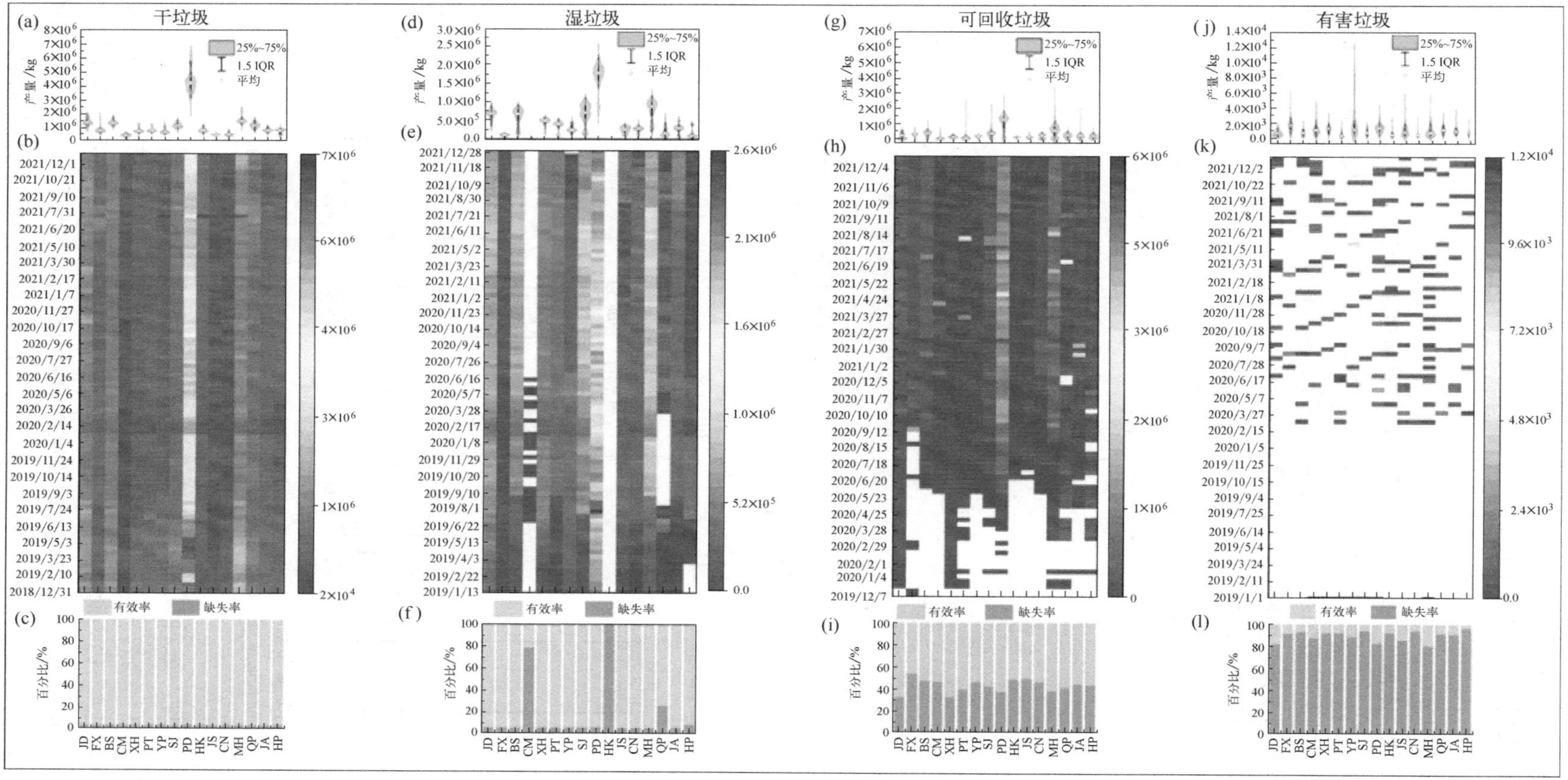

图 5-6　2019 年 1 月 1 日至 2021 年上海四分类各区垃圾分布情况

(a) 干垃圾各区分布情况；(b) 干垃圾每天各区产量；(c) 干垃圾数据缺失状况；(d) 湿垃圾各区分布情况；(e) 湿垃圾每天各区产量；(f) 湿垃圾数据缺失状况；(g) 可回收垃圾各区分布情况；(h) 可回收垃圾每天各区产量；(i) 可回收垃圾数据缺失状况；(j) 有害垃圾各区分布情况；(k) 有害垃圾每天各区产量；(l) 有害垃圾数据缺失状况

5.2.2 可回收垃圾组分和产量预测

（1）可回收垃圾组分

由图 5-7(a) 可知，上海的可回收垃圾产量呈现出逐渐增加的趋势，从 2 月的 2999.33t/d 增长到 12 月的 5067.22t/d。这一趋势可以归因于上海在 2019 年 7 月开始实施的生活垃圾分类政策以及不断完善的两网融合系统，使越来越多的小区信息能够传输到网络上。此外，值得注意的是，在 1 月和 2 月，可回收垃圾产量相对较低，可能是因为春节假期期间许多人离开城市，导致相应的垃圾产量减少。

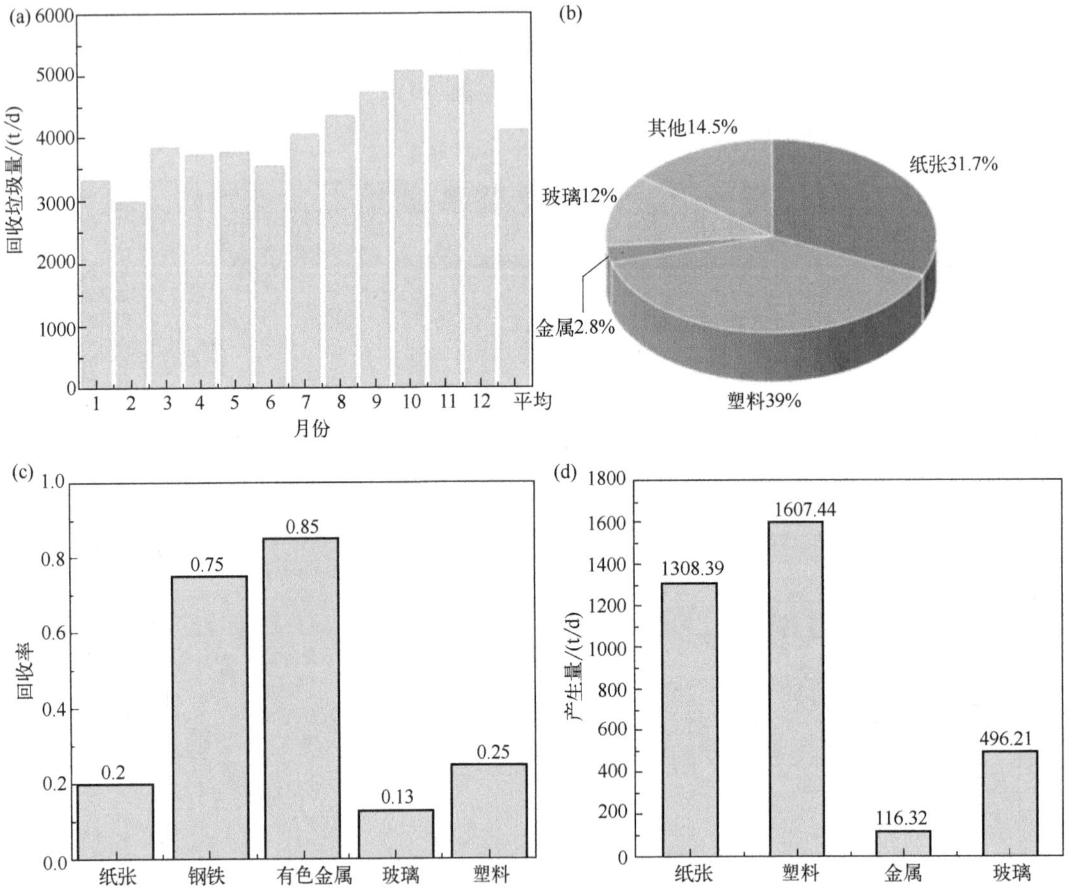

图 5-7 上海可回收废物的数量和组成

(a) 可回收废物产生量；(b) 可回收废物的组成部分；(c) 目前情况下的回收率；(d) 每种类型的可回收废物量

由图 5-7(b) 可知，塑料废物占可回收废物的比例最大（39.0%），其次是纸张（31.7%）、其他材料（14.5%）、玻璃（12.0%）和金属（2.8%）。值得注意的是，金属废物的回收率最高（超过 75%），而其他可回收废物的回收率不足 30%，这明显低于发达国家的水平，表明可以采取相应措施来提高可回收废物的回收率。本研究采用了可回收废物的日均产生量（4124.81t/d），并基于 RWNet-18 模型来分析采取智能分类后带来的节能、减少二氧化碳排放和经济效益的潜力。此外，如图 5-7(d) 所示，纸张、塑料、金属和玻璃的产生量分别为 1308.39t/d、1607.44t/d、116.32t/d 和 496.21t/d。

(2) 可回收垃圾产量预测

图 5-8 展示了基于 1D-CNN-LSTM-Attention 模型对上海 2020～2025 年可回收垃圾产量的预测结果。在图 5-8(a) 中，呈现了模型在训练过程中随着历时的变化，训练集和验证集的均方误差逐渐减小。当历时达到 35 时，均方误差趋于稳定，表明模型已经达到了收敛状态。

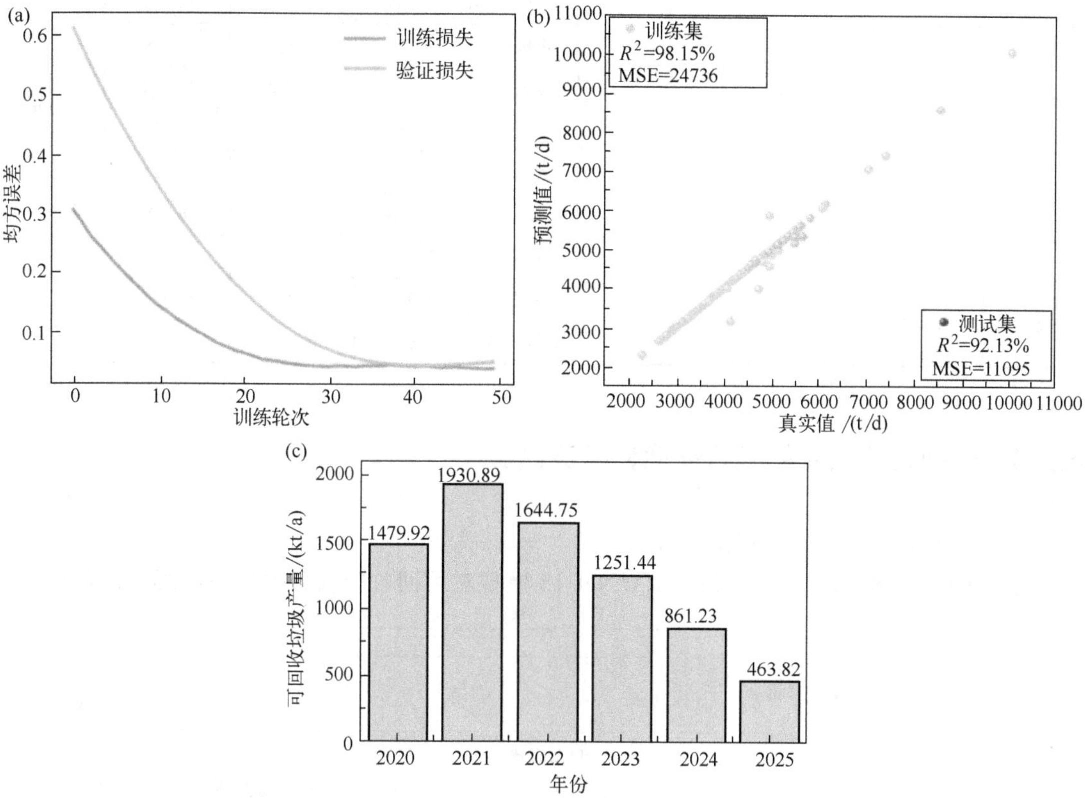

图 5-8 基于 1D-CNN-LSTM-Attention 预测上海可回收垃圾产量

(a) 模型训练时历时与损失值的关系；(b) 预测值与真实值之间的相关性和均方误差；(c) 2020～2025 年上海可回收垃圾产量

从图 5-8(b) 可以看出，在训练集和测试集上，模型的均方误差分别为 24736 和 11095，而相关性分别为 98.15%和 92.13%。这表明模型对可回收垃圾产量的预测是准确的。基于这些结果，预测了上海在 2020～2025 年的可回收垃圾产量分别为 1479.92kt/a、1930.89kt/a、1644.75kt/a、1251.44kt/a、861.23kt/a 和 463.82kt/a。

5.2.3 可回收垃圾和有害垃圾精细智能化分类效率

选择 RWNet-18 和 HVGGNet-11 这两种精细智能化分类模型，并利用它们来评估可回收垃圾和有害垃圾的环境效益。表 5-1 呈现了分别基于 RWNet-18 和 HVGGNet-11 进行可回收垃圾和有害垃圾精细化分类的结果。

表 5-1 利用 RWNet-18 和 HVGGNet-11 实现可回收垃圾和有害垃圾精细化分类

可回收垃圾类别	RWNet-18				有害垃圾类别	HVGGNet-11			
	精确率	召回率	F1 分数	准确率		精确率	召回率	F1 分数	准确率
纸板	0.992	0.952	0.972	0.884	纽扣电池	0.938	0.960	0.949	0.905
					电池	0.931	0.966	0.948	
玻璃	0.880	0.957	0.917		药袋	0.894	0.955	0.924	
					胶水	0.856	0.716	0.780	
金属	0.943	0.923	0.933		杀虫剂	0.907	0.911	0.909	
					白炽灯	0.924	0.899	0.912	
纸张	0.861	0.916	0.888		药瓶	0.886	0.801	0.841	
					荧光灯	0.889	0.867	0.878	
塑料	0.939	0.688	0.794		铅蓄电池	0.918	0.962	0.940	
					体温计	0.856	0.650	0.739	
加权平均	0.899	0.891	0.889		膏药	0.847	0.808	0.827	
					加权平均	0.904	0.905	0.903	

5.2.4 可回收垃圾智能回收环境和经济效益

(1) 总节能和二氧化碳减排潜力

基于 CO_2 减排和节能，评估了 RWNet-18 模型对可回收废物分类的环境影响。如图 5-9

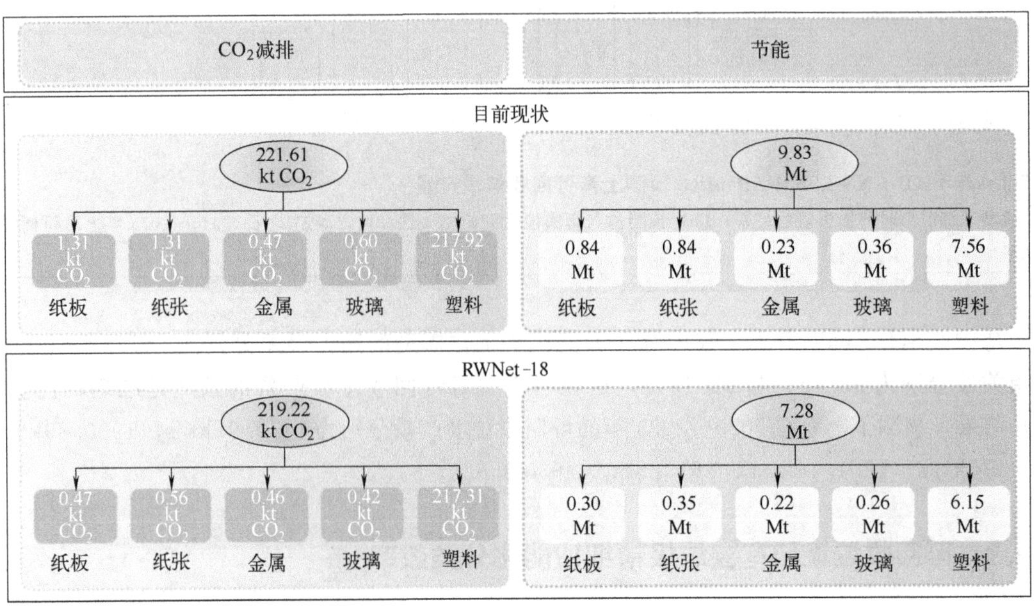

图 5-9 二氧化碳减排和节能潜力

所示，RWNet-18 在废物回收管理中具有显著减少 CO_2 排放和能源消耗的潜力。RWNet-18 模型可实现的总节能和 CO_2 减排分别为 7.28 百万吨标准煤当量和 21.922 万吨 CO_2。结果表明，RWNet-18 模型有潜力进一步提高当前回收系统的性能，潜在的能源节约率为 76.39%，CO_2 减排率为 98.94%。

（2）经济效益分析

由图 5-10 可知，使用 RWNet-18 模型进行可回收垃圾分类相对于现有系统，可以实现显著的经济效益提升。具体而言，现有系统的经济效益为 427.05 千元/d，而通过 RWNet-18 模型进行分类，经济效益为 1601.84 千元/d。这意味着 RWNet-18 模型可使经济效益增加 3.75 倍，显示了其显著提高可回收垃圾分类盈利能力的潜力。

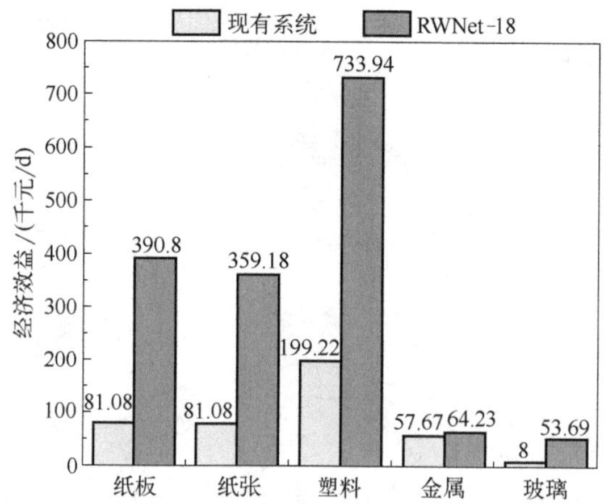

图 5-10　经济效益分析

综合考虑总体能源节约、CO_2 减排和经济效益的分析结果，表明尽管上海已经实施了强制性的废物分类政策，但仍然有必要考虑采用深度学习技术来进一步提高废物分类的效率。

5.2.5　有害垃圾污染物性质和资源性质的分析

图 5-11 为有害垃圾资源化潜力的物质流分析。在本研究中，上海的有害垃圾总量为 797430kg，其中包括荧光灯（244217kg）、油漆桶（208109kg）、电池（126169kg）、药品（208893kg）、温度计（296kg）和其他物品（如胶片纸和杀虫剂，9746kg），其中各危废组成如表 5-2 所示。荧光灯由 87.04%的玻璃、12.90%的金属和塑料、0.0576%的荧光粉和 0.0024 %的汞组成。荧光粉中具有回收稀土元素的潜力，其中 Y_2O_3 的浓度为 251.8mg/g，Eu_2O_3 的浓度为 9.7mg/g。因此，估计可回收的有害垃圾中的 Y_2O_3 和 Eu_2O_3 的数量分别为 17.17kg 和 0.68kg。

残留油漆约占油漆桶总质量的 1%（2081kg），并且通过 Py-GC/MS 分析检测到了 876.45kg 的丁烯、406.65kg 的 1-甲基环丙烷甲醇、265.13kg 的 2-乙酰氧基-1-甲氧基丙烷、237.24kg 的甲苯以及其他有机化合物。鉴于缺乏关于家庭废旧电池类型的可用数据，其组成是根据相关文献以及对各种电池类型具有相同百分比分布的假设进行估算的。

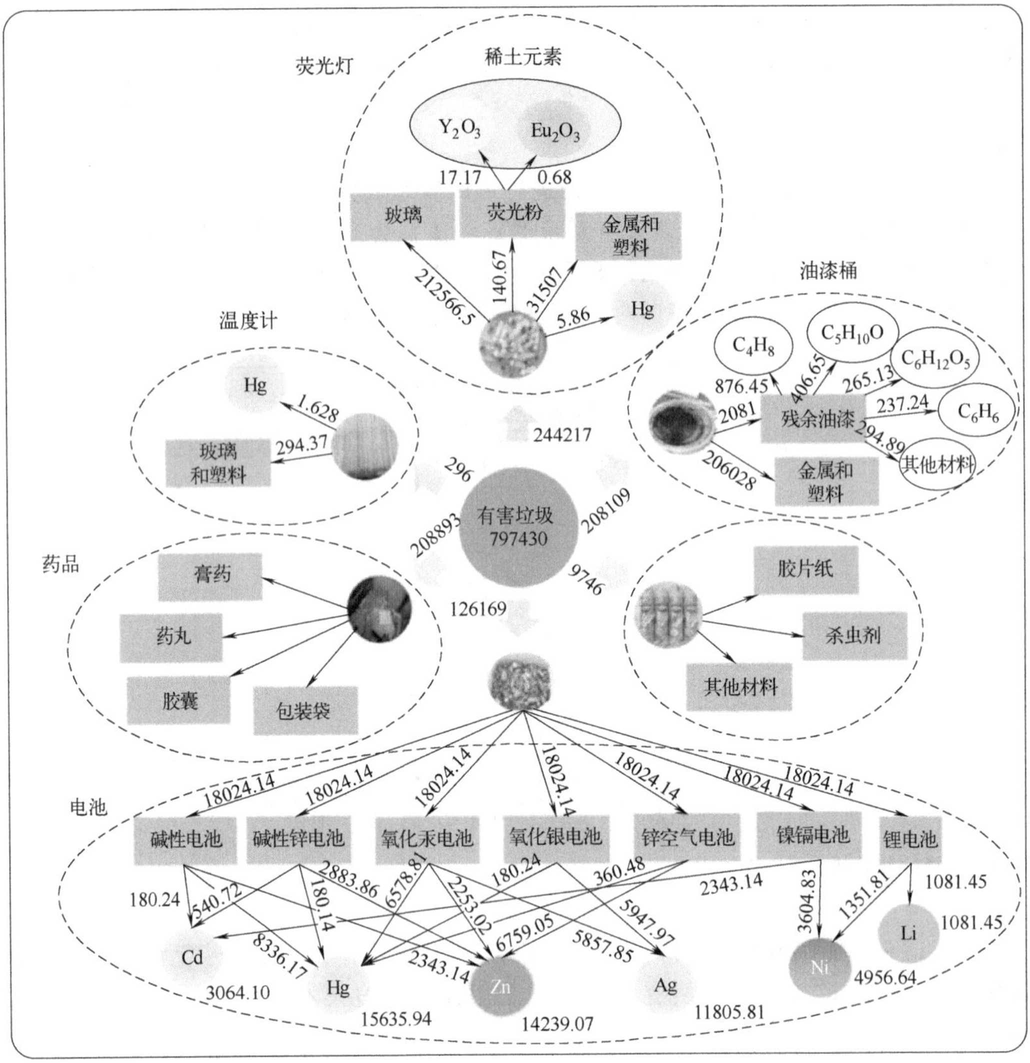

图 5-11　物质流分析（单位：kg）

可回收的金属包括 3064.10kg 的镉、15635.94kg 的汞、14239.07kg 的锌、11805.81kg 的银、4956.64kg 的镍以及 1081.45kg 的锂，所有这些金属都具有可能对地下水污染构成重大威胁的特性。此外，废弃温度计中的汞约为 1.63kg。

将其对环境、公共健康和经济的影响最小化至关重要。有害垃圾通常含有各种重金属，如汞，常见于废旧荧光灯管、废旧电池和废弃温度计中。通过吸入、摄入或皮肤接触暴露于汞可以导致不可逆的神经系统疾病、呼吸/肾功能衰竭甚至死亡。对其他重金属如镉、锌、银、镍和锂的不当处理也可能对环境造成严重后果，包括土壤退化和污染。

有害垃圾的分类和回收还具有促进经济发展的巨大潜力。稀土金属在电子和个人可穿戴设备的高科技应用中至关重要，可从荧光灯中回收。剩余的油漆可通过热解提取丁烯、1-甲基环丙醇、2-乙酰氧基-1-甲氧基丙烷和甲苯等有机化合物，这些化合物在化工和合成领域中起着重要作用。然而，由于这些成分的异质性，本研究没有讨论家庭医疗废物和其他有害垃圾的组成和影响，后期将进一步详细讨论。

有害垃圾是一把双刃剑，既有资源属性，又有污染属性。国家、政府和企业强调加大研究力度，并开发能够高效回收有害垃圾材料的新技术变得至关重要。

表 5-2　各危废的组成

类别		组成
废弃荧光灯		玻璃（87.04%）、金属和塑料（12.90%）、荧光粉（0.0576%）以及汞（0.0024%）
废弃油漆桶		C_4H_8（42.15%）、$C_5H_{10}O$（19.54%）、$C_6H_{12}O_3$（12.74%）、C_6H_6（11.40%）和其他（14.17%）
废电池		金属/%
废电池	碱性锌电池	镉（0.01）、汞（0.025～0.5）、锌（8～18）
废电池	氧化汞电池	镉（0.03）、汞（0.01）、锌（12～20）
废电池	氧化银电池	汞（30～43）、银（30～35）、锌（10～15）
废电池	锌空气电池	汞（1）、银（30～35）、锌（30～35）
废电池	镍镉电池	汞（2）、锌（35～40）
废电池	碱性电池	镉（11～15）、镍（15～25）
废电池	锂电池	镍（5～10）、锂（5～7）
医用温度计		汞（约1.1g/个）
家庭废弃药品		膏剂、片剂、胶囊、包装袋

课后思考与练习

1. 常见的再生材料主要包括哪几类？
2. 各类再生材料的主要来源分别是什么？
3. 请任选一种再生材料，分析其回收与再生利用过程中可能面临的技术难点与解决策略。
4. 如何利用深度学习计算环境效益？

第5章部分彩图

参考文献

[1] 夏冰. 混凝土构件再利用与可持续性设计[D]. 上海：同济大学，2022.

[2] 温天成，卜元卿，张后虎. 人工智能技术在固体废物综合治理领域的研究进展及展望[J]. 生态与农村环境学报，1-18.

[3] 刘兵. 基于机器学习的再生混凝土强度预测和 LCA-LCC 生态效率评价[D]. 北京：北京交通大学，2021.

[4] 蒋超. 污染地块修复与风险管控环境效率评估框架构建与应用研究[D]. 杭州：浙江大学，2024.

第 6 章

人工智能技术在固体废物中的应用展望

6.1 大语言模型在固体废物治理中的应用

6.1.1 基于语言模型的政策解读与实施方案生成

在固体废物治理领域，政策法规的复杂性与不断演化的监管要求，往往对相关从业人员、地方政府及环保企业提出较高的专业要求。传统的政策解读依赖人工阅读与分析，不仅耗时耗力，且存在理解偏差和更新不及时的问题。随着大语言模型（large language models，LLM）的快速发展，尤其是 GPT、BERT 及其衍生模型的广泛应用，基于自然语言处理（natural language processing，NLP）的政策文本智能解析与响应式实施方案生成成为可能，从而为固废治理提供了更高效、智能的政策执行支持。

（1）政策文本结构与语义解析能力

以国家和地方关于固体废物管理的典型法律法规为例，如《中华人民共和国固体废物污染环境防治法》《危险废物转移管理办法》《生活垃圾分类制度实施方案》等，这些政策通常包括立法目的、术语定义、排放标准、处置要求、监督机制、惩罚条款等多个结构化模块。LLM 通过 Transformer 结构的强大语义建模能力，能够对上述文本进行深度语义理解与段落级语用识别。例如，通过嵌入层（Embedding）将原始文本转换为高维向量，并利用多头注意力机制（multi-head attention）捕捉政策各条款间的关联性与上下位关系，再经过前馈网络与位置编码，可实现政策条文之间逻辑结构的准确还原。

以法律条文中的因果关系识别为例，当模型识别出类似“若……则……”“应当……否则……”等句式时，可通过逻辑回溯机制构建规则图谱（rule graph），进一步支持政策合规性检查系统的开发。此外，通过微调领域专属模型（如固废法律微调 BERT 模型），还可实现对专业术语（如“三同时制度”“污泥共处置”“协同处理”）的上下文语义增强，显著提升模型在政策文档中的准确率与召回率。

（2）政策解读自动化系统架构设计

政策解读系统通常包括三个核心模块：政策输入与结构化解析模块、语义知识映射模块、合规风险提示与方案推荐模块。政策输入模块可支持多格式（PDF、Word、HTML）解析与语句级切分，结构化解析模块则采用 LLM 进行条文标签分类（如责任主体、管辖范围、关键任务、时间节点）与实体关系抽取（如主体-行为-对象三元组识别）。例如，在“县级以上人民政府应当制定本行政区域内的生活垃圾分类实施方案”这一条文中，系统将提取出【主体】：县级以上人民政府；【义务】：制定；【对象】：生活垃圾分类实施方案。

随后，在语义知识映射模块中，可将上述解析结果对接至政策知识图谱（policy knowledge graph），实现与既有政策、地区管理能力、设施建设进度等要素的动态关联。该图谱通常包括“政策法规、执行主体、监管要求、资源配套、处罚条款”五大类节点，边则表示各类约束逻辑或任务依赖关系。在此基础上，系统可自动判断某地区是否具备落地执行的基础条件，并提示执行风险或合规建议。

（3）响应式实施方案自动生成机制

为了支持更高水平的政策执行落地，基于 LLM 的实施方案自动生成模块可结合区域属性、管理水平、历史执行情况等，通过文本生成模型（如 T5、GPT-4 等）输出个性化建议报告。例如，输入政策条文、区域基本情况和管理瓶颈等信息后，模型将输出包含以下内容的响应式文档：政策条款摘要与执行节点说明；各执行部门的任务分解与时间表；预期目标与风险点预警；推荐技术路线与资源调配建议；考核指标与评估体系设计。

该生成过程可借助提示词工程（prompt engineering）技术进行控制与优化，例如设置提示词（prompt）为“请根据以下政策条款与区域条件，为县级市制定一份可执行的建筑垃圾分类方案”，并输入相应背景材料，模型即可生成结构完整、逻辑清晰的方案文本。

此外，响应式文本生成也可与知识增强方法（knowledge-augmented LLM）相结合，自动引用法规数据库与技术标准库中的内容，为方案撰写提供依据。例如，引入检索增强生成（retrieval-augmented generation，RAG）架构，使模型先从知识库中检索与输入问题最相关的文档片段，再将其嵌入上下文输入语言模型中，实现具有“可验证依据”的文本生成。

（4）典型应用案例分析

以某省级政府委托研究机构开发的“固废政策智能解析平台”为例，平台集成了法律法规实时更新模块、政策自动分类与解读模块、区域实施能力评估模块及个性化实施方案生成模块。项目上线后大幅缩短政策评估周期，由原本的人工解读 2～3 周缩减至自动化处理 1～2 天，并提升了政策执行方案针对性与落地效率，特别是在《“无废城市”建设试点工作方案》分析中取得显著成效。

在另一个案例中，某环保咨询公司利用微调版 GPT 模型为各地县区政府自动输出“危险废物收运系统建设方案”，根据不同地区危险废物产生量、收运路线、处置能力等信息，定制化推荐设施配置、运力调度与联单追踪策略，极大降低了人工建模时间与决策错误风险。

此外，还有研究探索通过少样本提示（few-shot prompting）方式快速适配不同政策背景，构建多场景适应的政策解读多任务模型。该模型在城市生活垃圾、医疗废物、工业固废三类政策文本中均表现出良好的适应能力与生成一致性。

6.1.2 LLM 支持的智能化固废管理决策系统

随着人工智能技术的持续发展，传统的固废管理系统正逐步向“智能化、数据驱动、闭环优化”的方向转型。在这一背景下，集成大语言模型（LLM）的智能化固废管理决策系统成为关键支撑手段。其通过理解和生成自然语言信息，结合物联网（IoT）、知识图谱、大数据分析与优化算法，实现了从数据采集、过程控制、风险预警到资源配置与策略优化的全流程协同管理。

6.1.2.1 系统总体架构与工作流程

一个完整的基于 LLM 的固废管理决策系统一般包括以下五大核心模块：多源数据采集与预处理模块、知识建构与语义融合模块、智能推理与情境感知模块、策略生成与决策优化模块和可视化界面与交互式反馈模块。这五大模块不仅构成了信息流、逻辑流和决策流的主干通道，更是实现“理解—生成—优化—反馈”闭环治理逻辑的技术基石。

第一，多源数据采集与预处理模块。固废治理涉及的数据来源多样，包括传感器采集数据、卫星遥感影像、结构化管理台账、公众举报文本、政策文件、PDF 报告等。该模块通过部署 IoT 网关、边缘采集节点与自动同步接口，实现对地理、时间、对象等维度的信息全域接入。在预处理技术上，采用数据清洗、格式统一、空值填充、时间对齐等常规步骤，并配合 NLP 工具（如 spaCy、TextRazor）实现对政策文本的分句、命名实体识别和依存句法结构解析。同时，对于传感器数据则采用滑窗去噪、变异检测及低秩压缩等时序处理方法，确保输入数据的质量与一致性，便于后续嵌入式建模。

第二，知识建构与语义融合模块。该模块的主要任务是将散落于各源的信息结构化、语义化，并构建起可用于推理与调用的知识图谱。技术实现方面，采用基于预训练语言模型（如 RoBERTa＋OpenIE）的三元组抽取方法，构建“主体-谓词-客体”形式的实体关系库。例如，从“2024 年 5 月起，某区禁止焚烧建筑垃圾”中抽取出政策时限、空间约束与禁令对象三元信息。同时，融合 Schema. org、环保行业标准（如 GB 18599）等知识模板，对语义进行层级归一处理。图谱嵌入方面，引入 TransE、ComplEx 或 R-GCN 等深度图神经网络，将符号级知识转化为可用于推理的连续向量，实现不同来源知识的语义融合与统一表示。

第三，智能推理与情境感知模块。该模块是 LLM 系统“思考力”的体现，其目的是在多种治理场景下，根据上下文输入与规则约束生成响应策略。利用思维链提示（chain-of-thought prompting，CoT）和上下文学习（in-context learning）机制，模型可处理带有条件依赖与时序特征的问题。例如，在面对“雨季期间，填埋场容量紧张且交通不畅”这一复合情境时，模型能结合历史调度模式与实时监测数据，识别最优应急路径与备用接收站。同时，情境感知还涉及对文本、图像、表格等多模态信息的融合建模，使用 UniLM、BLIP-2 等统一编码器，将图像异常识别（如场站渗滤液外溢）与文本规则对齐，使系统对“突发事件”具备语义感知能力。

第四，策略生成与决策优化模块。在拥有结构化知识与上下文理解后，系统需生成具体可执行的策略文本。该模块通过指令微调（instruction tuning）或基于人类反馈的强化学习（reinforcement learning with human feedback，RLHF）技术，使模型具备“由例到策”的迁移能力。例如，模型可以输出“在某路段高峰时段，建议先调度 3 辆小型车转运餐厨垃圾，避开重车高峰”的自然语言决策建议。同时，结合周期性学习率（cyclical learning rate）与 PPO 等优化算法，系统可通过多轮仿真模拟反馈优化其策略选择，使每次输出在收益-成本-风险的多维权衡下更优。此外，模型还可实现多目标优化，如同时最小化运输时间、最大化载重效率并控制投诉率。

第五，可视化界面与交互式反馈模块。为实现“人机共管”的协同治理模式，系统提供可交互式数据可视化界面，供管理人员实时查看指标动态、模型输出与反馈建议。该模块结合 D3. js、Plotly、ECharts 等图形库，提供地图热力图、动态路径图、AI 指令树等多种可视组件。同时，集成对话式助手（chat-based assistant）接口，用户可通过自然语言输入“请调出上月某街道厨余投放异常分析报告”或“推荐一套清明假期填埋场应急排班方案”，系统将调用对应模块反馈结果。此外，嵌入式反馈机制记录用户操作行为与模型调用偏好，实现模型行为的细粒度微调与长期演化优化，确保系统在实际运行中的持续适应性。

6.1.2.2 关键技术原理与实现机制

（1）多源数据融合与上下文建模

在固体废物治理中，多源异构数据的融合与语义建模是智能化决策系统的基础。这些数据形式各异，来源包括感知层［如全球定位系统（GPS）、物联网传感器］、结构化平台数据库（如企业申报系统）、半结构化文本（如事件记录表单）以及非结构化政策法规文档。传统的基于规则的方法难以在语义层面进行一致性建模，因而引入大语言模型（LLM）并配合语义对齐机制成为一种可行路径。

① 异构数据的统一向量表达：编码结构设计。针对上述多源数据，需要先将不同模态的数据编码到同一语义嵌入空间中，便于下游推理任务调用。当前常用的做法是采用编码器-解码器（encoder-decoder）结构，如 T5 或 mT5，它能够处理表格、传感器时间序列、纯文本等多种输入形式。编码器部分使用多头自注意力（multi-head self-attention）网络对输入进行嵌入和结构建模，输出为上下文感知的表示向量。以“车载称重异常”这一场景为例，输入数据可包括：时间序列形式的称重数据（如 10min 内重力传感器输出）；车辆位置信息（如 GPS 经纬度，匹配道路地图向量）；环卫监管日志文本（如“该车凌晨三点两次进入不同中转站”）。

这类多模态输入在编码器中进行处理后会通过“统一投影层”投向一个共享向量空间（通常维度为 768 或 1024），实现语义等价对齐。为了保持不同模态输入之间的独立性与连通性，一些模型还引入了模态类型嵌入（modality-type embedding），如 Perceiver 或 Flamingo 中的处理方式。

② 跨模态语义对齐与注意力机制。在完成编码后，系统需要识别不同模态之间的语义相关性，这依赖于跨模态注意力（cross-modal attention）机制的设计。在 T5 的多头注意力机制中，每一组头部计算如下：

$$\mathrm{Attention}(Q, K_i, V_i) = \sum_{i=1}^{L_x} a_i V_i \tag{6-1}$$

式中，Q（查询，query）来自主模态（如文本描述“是否存在超载转运”）；K（键，key）和 V（值，value）分别来自传感器数据或图像向量表示。通过该机制，模型可以将文本中“称重异常”这一触发点，与传感器中突然上升的质量变化、跨区域的 GPS 路径进行语义关联。

③ 统一语义嵌入空间建构。为了实现有效的语义融合，系统需将所有数据统一映射至

一个高维嵌入空间。在技术实现中，可以使用 BERT-style 模型输出的［CLS］向量或 T5 编码器最后一层中间层输出作为语义向量。在训练过程中，采用三元组损失（triplet loss）或对比损失（contrastive loss）来优化不同模态之间的语义距离，使得相关事件（如“高频夜间倾倒”和“凌晨称重异常”）的向量距离小于非相关事件。

三元组损失表达式如下：

$$L=\max[\|f(a)-f(p)\|^2-\|f(a)-f(n)\|^2+\alpha,0] \tag{6-2}$$

式中，$f(x)$为编码后的向量表示，a 为 anchor（当前事件），p 为正样本（语义相关），n 为负样本（语义无关）；α 为边际值（如 0.3）。通过该损失函数的优化，模型逐步学习“谁与谁是相似的”，构建全局语义一致的嵌入空间。

④ 上下文建模与窗口感知。在实际部署中，环境数据具备明显的时间相关性，因此还需要引入滑动时间窗口机制（sliding temporal window）进行上下文建模。例如，传感器数据可以通过 5 分钟滑窗形成短期行为模式，配合 Transformer 的位置编码机制实现时间感知。模型可以自动识别短时间内垃圾车超载、异常转弯、频繁靠站等行为，并结合文本日志对这些行为进行语义解释。例如：

输入：03:42:30，车辆编号 X123，出现装载质量突增（＋850kg），GPS 坐标移动至××区域 A 站。输出（模型推理）：可能存在夜间非法倾倒行为，建议调度检查组于早高峰前到达该站点复查。

⑤ 实现工具与部署建议。技术工具建议如下：

向量表示模型：T5、mT5、FLAN-T5、OpenAI Embedding API（如 text-embedding-ada-002）。多模态表示融合：Perceiver IO、PaLM-E、BLIP-2。模型微调框架：PEFT、LoRA（低秩适配），适合中等算力服务器部署。数据缓存与语义索引：FAISS＋Redis，支持语义搜索。

部署方面，建议引入向量数据库管理模态索引（如使用 Milvus），并配合 LLM 做高层语义推理调用，实现“数据层→表征层→推理层”的封装式分离架构，便于后续扩展与维护。

(2) 知识图谱融合与实体-事件对接

在智能固废治理决策系统中，大语言模型可以通过深度语义解析与信息抽取技术，从结构化数据、非结构化文本、日志记录、监控报告等多源数据中，精准识别并抽取出关键实体（如“企业 A”“填埋场 B”“危险废物种类 X”）及其关系（如“运输”“协同处置”）。通过结合命名实体识别（NER）、关系抽取（RE）与事件抽取技术，系统可自动构建出“企业-设施-废物种类-流向路径”的多维实体网络。

知识图谱构建后，进一步引入知识图谱嵌入（knowledge graph embedding）方法，以便将这些实体与关系嵌入连续向量空间中，支持后续推理、相似性计算与行为预测。目前在固废治理领域应用较广的嵌入方法包括 TransE、TransR、RotatE、ComplEx 等，其中 TransE 是基础方法，其原理是将实体和关系视为向量，使得头实体向量与尾实体向量之间通过关系向量相加来近似匹配：

$$h+r\approx t \tag{6-3}$$

式中，h 为头实体（如“企业 A”）；r 为关系（如“运输”）；t 为尾实体（如“填埋场 B”）。模型训练的目标是最小化损失函数：

$$L=\Sigma(h,r,t)\in S\|h+r-t\| \tag{6-4}$$

通过这种方式，模型能够学习到固废实体之间的空间距离，距离越小的实体对越具有实际语义相关性。

进一步地，使用 RotatE 等方法，可以捕捉更复杂的非对称关系与周期关系，这在固废跨区非法转运、“绕行倾倒”等行为建模中尤为重要。例如：

RotatE 模型将关系视为复数域中的旋转变换，即对实体向量进行旋转：

$$t=h \odot r \tag{6-5}$$

式中，$\odot$表示 Hadamard（元素级）乘积。

此机制能够建模如“企业 A →中转站 C →非法填埋点 D”的潜在事件路径。

系统可基于这些嵌入向量进行图遍历、路径搜索与异常检测。例如：通过设定路径规则（path rule），系统可自动识别“高频转运路径”“隐匿环形流向”“协同处理环节缺失”等问题，并借助 LLM 生成问题说明与处置建议。

此外，事件推理还可以利用图神经网络（GNN）进行图结构学习，对知识图谱中实体关系的上下游传播路径建模。例如：图卷积网络（GCN）/图注意力网络（GAT）模型能够在知识图谱上基于实体邻居特征实现迭代更新，有助于判断“某类违规事件是否与特定中转节点或企业存在关联”。

（3）情境感知与指令理解能力

在固体废物治理实践中，管理系统需面对极其复杂的运行场景，例如突发污染事件、临时处置压力激增、资源不均衡调度等情境。这类动态、不确定、高复杂度的问题，传统规则驱动型系统往往难以应对。而大语言模型（LLM）凭借其卓越的语义理解能力与上下文感知推理机制，在构建智能化情境应对策略中展现出显著优势。通过引入情境感知（context awareness）与指令理解（instruction comprehension）机制，LLM 可作为固废治理系统的“认知引擎”，支持对动态环境中问题的深度理解与多策略响应生成。

首先，在情境感知建模方面，LLM 的强上下文记忆机制能够对系统当前状态、历史演化轨迹与未来可达状态进行整体建模。例如，在一个工业园区中，某企业近期危险废物（如废溶剂）产量异常升高，LLM 可识别出这一“情境特征”与“处置容量约束”之间的潜在矛盾，并通过事件链推理预测可能诱发的风险点（如暂存饱和、非法外运）。在处理此类问题时，LLM 不仅能解析静态条件（如法规限制、容量参数），还可结合动态输入（如时间序列变化、监测频次）进行策略联动分析。

在指令理解方面，LLM 具备从自然语言到逻辑表达的转换能力，支持运维人员、监管单位以人类语言方式对系统发起查询或任务指令，如“是否需要增设临时贮运点？”“是否需调整调度路径以规避渗漏点 B?”等。为提升推理质量，可进一步结合 CoT 技术。该方法通过引导 LLM 将复杂任务拆解为多个连贯步骤，使模型具备显式推理路径。例如，系统可将“是否增设储运点”问题拆解为：

① 分析当前产废趋势是否显著异常（时间序列判断）；

② 判断现有暂存容量是否满足处理需求（调度约束匹配）；

③ 检索周边可用设施的调度能力（空间近邻搜索）；

④ 综合评价风险指数与增设必要性（多目标优化）。

通过这种基于步骤链的提示结构，LLM 能生成更具可解释性与操作性的应对策略。

此外，针对固废治理中的多约束条件（如运输车次上限、人力排班、天气因素等），LLM 可借助约束嵌入（constraint embedding）机制，将结构化限制信息转换为语义提示嵌入，并参与推理过程。以 Transformer 架构中的自注意力机制（self-attention）为基础，不同约束条件被映射为特定 Token 序列，通过对这些 Token 的注意力加权学习，模型可理解其优先级与相互影响。例如，LLM 可在调度策略生成过程中识别“高峰时段交通拥堵”与“夜间运输禁令”的约束冲突，自动规避不可行策略路径。

在模型执行阶段，系统通常集成多策略生成与评分机制。LLM 会基于同一情境生成若干候选策略（如不同调度顺序、储运点选择方案、时间安排方案等），并结合规则引擎或强化学习模型进行策略排序与评分。例如：

方案 A：调用 A1 临时中转点＋调整车次频率＋增派调度人手。

方案 B：延后非关键区域转运计划＋延长夜班作业时间。

方案 C：申请区级应急储运点＋降低日转运频次。

通过对这些策略在成本、风险、合规性等维度的综合评估，系统最终向管理者推荐最优或可行策略集，并提供基于自然语言生成的解释说明（如：基于预测趋势与仓储容量判断，建议在园区东侧增设临时转运点，并适当延长夜班作业时间以缓解压力）。

(4) 智能策略生成与闭环优化

以 Transformer 架构为基础的大语言模型，具备强大的语言生成与任务规划能力，可根据结构化或非结构化输入生成多类型决策内容，例如调度方案、监管指令、风险提示和公众沟通文本。例如在调度指令层面，系统可基于输入提示生成如“建筑垃圾跨区转运的最优调度路径”，综合考虑运输路线、实时交通、车辆容量、区域限制等多因素，实现“最小车流与最短时间”兼顾的调度方案。在公众告知与环保倡导层面，LLM 还能根据居民结构、历史投诉记录、垃圾分类参与度等信息，自动生成具有针对性的绿色倡议书或通知，如：为居民区×设计一份适配老年人阅读习惯、鼓励源头分类的回收宣传材料。

更为重要的是，系统并非仅止步于策略生成，而是能够基于“反馈驱动”机制实现闭环优化。通过与强化学习技术（如 PPO）相结合，系统可根据策略执行结果进行反向优化。举例来说，若某策略执行后出现较高投诉率或超时交付，模型将捕捉这些负向信号，并将其用于更新策略生成模型中的参数，从而避免同类错误再次发生。这一闭环机制使系统逐步具备学习能力，真正实现“经验驱动”的动态管理。未来，借助在线学习和多智能体协同优化，固废管理系统将更接近“自适应、自进化”的智能化目标。

(5) 可视化界面与交互式反馈模块

在固体废物智能管理系统中，面向多角色用户（如调度员、执法人员、公众用户等）的可视化界面与交互式反馈模块是实现信息透明、高效沟通与实时响应的关键支点。该模块不仅负责呈现系统所生成的策略结果，还需支持用户输入、语义查询、策略选择及操作反馈等功能，构建起系统与用户之间的闭环互动通道。

在技术实现层面，该模块主要由前端可视化引擎、交互式对话系统和决策输出接口构成。前端部分通常基于万维网地理信息系统（WebGIS）技术（如 OpenLayers、Leaflet）与数据可视化框架（如 Echarts、D3. js）集成，支持地图叠加显示、动态热力图、趋势折线图、警报弹窗等可交互组件。例如，针对危险废物流转情况，系统可在地图上动态呈现车辆轨迹、处置设施状态、警报热点等信息，便于监管单位快速锁定风险点。

交互式对话系统是模块核心，通过集成 LLM（如 GPT-4 或 Claude）模型并结合语音识别技术（ASR）与自然语言生成（NLG），支持用户以自然语言与系统进行实时沟通。例如，调度员可输入“今天是否有垃圾站超出临界容量？”系统将自动检索并回答“垃圾中转站 B 当前填充率为 92%，建议提前调度”。此外，系统还可自动识别输入语句中的时序、实体、意图等要素，结合知识图谱进行问答增强（KBQA）。

决策输出接口则负责将模型生成的策略结构化输出为标准执行模板，推送至管理平台或移动终端。该部分通常需与现有环卫作业系统、电子执法系统、公众小程序等平台打通，支持 RESTful（表述性状态转移）API 调用、Webhook 推送、消息中间件通信等形式，实现策略的快速分发与自动执行。

更进一步，反馈信息的采集与闭环管理也是该模块的重要功能。一方面，通过系统记录用户的点击行为、执行反馈（如任务完成情况、居民投诉信息）可反向输入模型优化模块，提升后续响应质量；另一方面，系统也可通过舆情监测、社交媒体接口等手段采集公众意见，实现“人机协同”式的治理优化。

未来，该模块将朝着“多模态融合交互”的方向发展，结合增强现实（AR）、虚拟助手、触觉反馈等技术，为固废管理构建沉浸式、可解释、可参与的智能交互环境。

6.1.2.3 典型应用场景与案例实践

（1）垃圾分类与动态调度优化

在某市智能环卫平台中，LLM 被用于自动解析居民反馈内容、合成异常报告、调整运输路径。例如，当系统识别到居民频繁投诉“厨余桶被混装”，模型将自动生成“派遣临时检视小组并启动备用转运车”建议方案。

（2）危险废物全流程智能监管

LLM 可结合危险废物流向系统，识别“无资质企业转入”“重复申报”等潜在违法行为，并自动生成执法建议、风险评级与舆情应对策略。

（3）公众互动与科普问答助手

利用 LLM 强大的对话能力，可在政务平台构建“固废问答机器人”，回答如“电子废弃物如何处置?”“装修垃圾在哪里投放?”等问题，提高公众参与度与科普效率。

6.1.2.4 系统性能评估与挑战

尽管基于大语言模型（LLM）的固体废物管理系统展现出强大的泛化能力、语义理解与策略生成优势，但在系统部署与实际运营过程中，仍面临若干技术与治理层面的挑战。这些挑战若不能得到有效解决，将直接影响系统的可落地性、稳定性与长期价值。以下从四个维度详细探讨其核心难题。

（1）数据隐私与监管合规问题

在城市固废治理中，大量关键数据（如企业排放信息、运输路线、居民投放记录、执法通报等）往往涉及公民个人隐私或敏感行业信息。LLM 在训练与推理过程中，需要接触甚至缓存这类数据，这将面临如下风险与合规障碍。

政务云合规性要求：多数地市级固废平台运行于本地政务云，需符合《中华人民共和国网络安全法》《中华人民共和国数据安全法》《中华人民共和国政府信息公开条例》等规定，严禁数据出境与第三方模型黑箱访问。

模型调用的“黑箱性”风险：若使用商用应用程序编程接口（API，如 OpenAI GPT、Anthropic Claude），将存在无法明确控制数据流向的问题，违背政务云合规要求。

技术解决方案：可采用“本地部署＋零信任防护”策略，引入私有化 LLM 模型部署（如 BLOOMZ、ChatGLM 等），同时结合 SM4 国密加密通信、数据脱敏预处理、访问控制策略［基于角色的访问控制（RBAC）、基于属性的访问控制（ABAC）］等机制，确保数据在可控范围内闭环处理。

（2）模型解释性问题

固废管理领域具有较强的监管属性，任何调度、执法、评估建议都需有“可审计、可追溯”的依据。LLM 的黑箱推理过程（尤其是 Transformer 架构）在一定程度上缺乏可解释性，可能导致如下风险。

无法明确策略生成路径：如某次垃圾转运任务被优化为“调整车辆顺序”，在没有解释机制的支持下，管理者无法知道此建议是否基于容量约束、交通预测还是其他偏好权重。

系统问责链条难以闭环：在事件追责中，无法清晰还原模型依据哪条法规、哪段历史记录，降低监管机构信任度。

技术应对路径：可引入可解释人工智能（XAI）方法，如：

使用 SHAP 分析输入因子对模型输出的边际贡献；结合 CoT 技术，强制模型输出“推理路径”作为可审计中间结果；建立“知识-指令-响应”映射图，实现因果链条可视化。

（3）高质量标注数据稀缺问题

固废系统中涉及大量文本、图像、结构化数据（如企业申报表、渗滤液指标表、视频巡查截图等）。LLM 需要大量高质量标注数据进行微调或提示学习，但在现实中面临如下问题。

区域异构性严重：中西部地区或县域缺乏较完善的固废信息系统，原始数据少、结构混乱。场景标注代价高昂：例如危险废物运输路径中的“非法绕行”行为，难以通过人工方式准确打标。数据偏移（data shift）风险大：一个模型在 A 市表现良好，迁移到 B 市往往精度骤降，难以泛化。

解决策略建议：建立联邦学习（federated learning）机制，在不共享原始数据的前提下训练全局模型；引入自监督预训练方式（如文本-图像对比学习、结构化表格预训练）挖掘弱标签；开展多源小样本增广（few-shot augmentation）与主动学习技术，引导模型自动选择关键样本进行精注。

（4）多模态融合精度仍待提升

固废管理场景呈现“强多模态耦合”特征，需综合处理文本数据（执法记录、舆情监控）、图像数据（投放点摄像头、危险标志）、表格/结构化数据（报表、传感器时间序列）。当前 LLM 在单模态任务中表现优异，但在实际融合过程中面临如下问题。

模态间语义对齐难：图像-文本、表格-文本之间缺乏一致的表征空间，导致信息融合存在偏差。例如，“垃圾车满载图像”未能有效联动“车载称重传感器异常值”。缺乏统一融合范式：不同模态输入缺乏统一处理路径，造成模型难以协同理解“时间”“空间”“角色”等信息。

应对路径：使用跨模态 Transformer 架构（如 UNITER、CLIP、BLIP）进行多模态对齐；引入通用多模态嵌入空间（如 ALIGN 框架），统一各模态表示；构建“模态注意力池化机制”，动态调节不同模态在决策中的贡献度。

因此，未来的发展方向应集中于“小样本快速适配＋本地部署＋人机协同＋高解释性”模型框架，配合政策法规持续迭代，构建真正具备“感知-理解-决策-执行-反馈”闭环机制的智能固废治理系统。

6.1.3 自然语言处理技术在知识提取与信息融合中的应用

固体废物治理是一项涉及政策法规、技术工艺、运行管理、公众参与等多领域、多模态信息交织的复杂系统工程。传统的信息系统主要依赖结构化数据支撑，难以处理非结构化和半结构化文本数据如技术规范、处罚通报、运维日志、投诉记录等，从而限制了固废治理过程中的智能感知、辅助分析与动态响应能力。在此背景下，自然语言处理（NLP）技术，尤其是以 Transformer 为基础的大语言模型的演化，成为突破瓶颈的关键力量。其在知识抽取、语义融合、因果推理、角色行为建模等方面，为固废治理的“认知智能”提供了技术根基。

（1）异构文本的实体识别与关系抽取

固废治理过程中，大量数据来源于运维记录、监督文书、现场巡检笔记、舆情通报等非结构化文本。传统信息提取方法基于模板匹配或词典规则，面对句式多变、术语混杂的行业文本容易失效。近年来，BERT、RoBERTa 等预训练语言模型通过上下文双向建模，显著提升了命名实体识别（NER）和关系抽取性能。例如，可构建多标签 BERT-NER 架构，用于从处罚公告中提取“企业名称”“违法情形”“处罚金额”“执法单位”等关键实体。进一步借助结构化关系分类器（如 Bi-LSTM＋Attention）或图卷积网络（GCN）模型，提取出如“企业 X 涉嫌违规倾倒废矿渣于区域 Y”“运输车 A 重量异常及关联 GPS 坐标 Z”类事件三元组。

特别地，在危险废物流转领域，可通过微调 BERT＋CRF 模型，在清单文书中自动识别物料类别（HW 代码）、申报量、贮存周期、转移目的地等关键字段。通过模型训练，还可实现多跳关系识别，如“企业 A 申报物质 B 实际流入企业 C”，辅助监管发现“去向不明”或“虚假转运”等风险。

（2）长文本理解与规则推理

固废治理涉及大量法规与操作规程文档，例如《中华人民共和国固体废物污染环境防治法》《危险废物贮存污染控制标准》《城市生活垃圾管理办法》等。这些文本篇幅长、结构复杂，包含多级嵌套条件和跨段落引用，传统基于关键词的匹配方式难以准确理解其规定意图。为此，NLP 技术采用 Longformer、BigBird 等改进型 Transformer 架构，引入局部注意力机制提升超长文本处理能力。

此外，基于语义角色标记（SRL）与自然逻辑推理（NLI）技术，可让模型理解文本中“谁-做了什么-在什么条件下”的因果结构。举例而言，在处理“若未按要求设置防渗层，应立即停止作业”类条款时，模型需识别出“违规行为→触发义务→执行要求”的逻辑链条。结合思维树（Tree-of-Thought）推理策略，LLM 可从长篇规则中推演出各类场景下的处罚流程、报告义务与整改要求，进而辅助系统生成“基于政策约束的合规路径图”。

（3）多模态文本融合与上下文建模

固废治理中的文本信息往往与图像、时间序列或传感器数据协同出现，例如“焚烧炉温度异常报警＋现场记录文字说明”或“巡检图像＋事件汇报短信”。NLP 模型借助 CLIP、BLIP2 等跨模态对齐模型，实现图文联合嵌入，从而支持基于图像生成摘要、基于文本检索图像、基于异常图像自动生成说明文本等能力。

更进一步，可引入文档级上下文建模机制，将同一事件在不同记录源中的描述融合构建统一语义空间。例如，在处理“某转运站渗漏事件”时，系统可综合调取执法记录、投诉工单、摄像头截图和检测数据，通过 NLP 模型建图并聚合上下文，实现对事件“发生原因-处置过程-责任归属-应急响应”的全过程建模。

（4）基于预训练模型的领域适配与小样本迁移

固废领域存在术语专业性强、数据标注稀缺、知识更新频繁的共性问题，制约了传统

NLP 模型的泛化能力。近年来，以领域自适应（domain-adaptation）为核心的预训练技术如 SciBERT、EnvironBERT 等被引入环保治理场景中，通过在环保类语料上继续预训练，使模型更熟悉行业术语和语义惯用表达。

同时，为应对小样本地区难以获取大量标注数据的困境，可结合提示调优（prompt-tuning）与少样本学习（few-shot learning）策略。例如，设计针对固废运输调度的提示语模板，“若文本中描述为［车辆多次绕行＋夜间无 GPS＋称重异常］，则属于________风险”。利用少量人工标注样本引导模型完成分类任务。结合 LoRA 微调机制，仅训练少量参数即可实现快速部署，显著降低数据依赖与计算成本。

6.2 多模态学习在固体废物处置中的潜力

6.2.1 多源数据融合的废物分类与识别

固体废物处置系统中，多模态数据源日益丰富，涵盖视觉图像（如垃圾投放现场照片）、文本数据（居民反馈、管理日志）、传感器流（称重、液位、气体浓度）与结构化元数据（时间戳、位置编码、车辆识别代号等）。传统机器学习方法（如 SVM、随机森林）在面对这些异构数据时常因模态间表示空间不一致、数据缺失与时间对齐问题而效果受限。多模态学习（multimodal learning）则提供了一种系统性的融合机制，使模型能够同时感知、编码、对齐并推理跨模态信息，从而显著提升固废识别与分类的准确性与稳健性。

（1）基于 CLIP 的跨模态对齐机制

CLIP（contrastive language-image pretraining，对比语言-图像预训练）是 OpenAI 提出的一种图文对齐模型，其核心思想是在一个共享的嵌入空间中最大化匹配图像和其对应文本描述的相似度。模型架构由两个编码器组成：一个图像编码器（如 ViT、ResNet-50），一个文本编码器（如 Transformer/BERT）。以建筑垃圾图像分类为例：

图像编码器输入建筑垃圾的实拍图，输出图像向量 $\boldsymbol{v}_i$；文本编码器输入预定义的描述语句（如“破碎砖块”“混合水泥与钢筋”），输出文本向量 $\boldsymbol{t}_i$；训练目标是最大化 $\cos(\boldsymbol{v}_i,\boldsymbol{t}_i)$ 正样本对，最小化与其他负样本之间的相似度。

训练过程使用 InfoNCE 损失（对比损失）：

$$L=-\frac{1}{N}\sum_{i=1}^{N}\lg\frac{\exp[\cos(\boldsymbol{v}_i,\boldsymbol{t}_i)/\tau]}{\sum_{j=1}^{N}\exp[\cos(\boldsymbol{v}_i,\boldsymbol{t}_j)/\tau]}$$

式中，τ 为温度系数。

此机制可用于固废中的零样本分类，例如新出现的包装材料种类无须重新训练模型，仅需提供语义描述。

（2）三模态融合架构设计（图像＋传感器＋文本）

针对高风险场景如医疗废物处理，可构建三模态融合网络架构（图像 CNN、传感器时间序列 LSTM、文本 Transformer）：

① 图像模态通过 CNN（如 EfficientNet-B5）提取高维视觉特征；

② 传感器模态（温度、液位、NH_3 浓度等）通过 Bi-LSTM 编码捕捉时间动态；

③ 文本模态（工作人员巡检记录、监测日志）经 BERT 提取上下文语义；

④ 三路输出经跨模态（cross-modal）Transformer 编码器交叉融合，输出融合向量 $\boldsymbol{z}$，输入 MLP 进行多分类预测。

为了防止不同模态对融合质量产生负面影响，引入门控多模态单元（gated multimodal units，GMU）：

$$\boldsymbol{z}=\sigma(W_1 x_{\text{img}}+W_2 x_{\text{sensor}})\odot x_{\text{text}}+[1-\sigma(\cdots)]\odot x_{\text{sensor}}$$

该机制可自适应调整不同模态对最终决策的权重。

(3) 中期语义融合机制与语义一致性正则化

为实现语义对齐与跨模态一致性，采用中期融合（intermediate fusion）机制，在各模态特征提取之后通过 Co-Attention 模块实现语义交互。例如，基于多模态 Transformer 设计的 Co-Attention 机制包括以下核心步骤：

假设图像特征 $V\in R^{n\times d}$，文本特征 $T\in R^{m\times d}$。

计算双向注意力权重：

$$A=\text{softmax}(VT^T),B=\text{softmax}(TV^T)$$

得到图文增强表示：

$$V'=AT,T'=BV$$

为提升模态一致性，引入对比正则项损失（contrastive alignment loss），约束图像-文本对之间的表示距离，同时避免模式坍缩。

(4) 模态缺失与补全机制

由于实际中图像或传感器数据可能出现缺失，可采用模态补全网络（如 MFM）或幻觉网络（hallucination network）恢复缺失特征。例如，在没有图像输入时，通过训练一个图文映射网络 $f_{\text{text}\rightarrow\text{img}}$，重建图像嵌入向量：

$$\boldsymbol{X}_{\text{img}}=f(x_{\text{text}})$$

此机制保障多模态系统在模态不完整场景下仍具稳健性。

在部署与评估环节，系统可接入环卫调度平台、政务云与城市物联网平台，支持多模态输入与 API 调用。性能评估需关注准确率、宏 F1 分数、模态一致性指标［如 alignment score（比对得分）］，以及模态健壮性评估（如在部分模态缺失下的性能下降幅度）。

6.2.2 处置工艺动态优化的多模态建模方法

在固体废物处置与资源化的工业体系中，工艺流程复杂、物料组成多变、操作条件动态变化，常常导致传统建模方法难以满足实时优化与决策支持的需求。为适应这一挑战，研究者逐步转向多模态建模方法，即融合图像、传感器、文本、谱图、结构化表格等多种异构数据源，以实现对处置工艺的高精度、强稳健性和可解释性建模。多模态建模不仅可用于精细感知和理解当前工况状态，还能有效支撑处置工艺的智能化动态优化。

6.2.2.1 多模态数据特征与固体废物处置工艺的复杂性

固体废物的处置路径多样，包括焚烧、热解、堆肥、厌氧消化、物理分选、资源回收等。每种工艺在实际应用中均涉及大量数据类型，其主要模态包括：

① 图像模态：热成像反映焚烧炉温区分布，X 射线或可见光图像辅助分选操作。

② 光谱模态：如气相色谱-质谱（GC-MS）、FTIR、拉曼光谱用于分析废物中有机物或

金属成分变化。

③ 时序模态：传感器数据如温度、压力、氧气含量、pH、湿度等，构成多维时序信号。

④ 文本模态：运维日志、故障记录、专家笔记、操作说明书等文本描述含有经验知识。

⑤ 图结构模态：描述工艺设备之间或物质转化之间的拓扑结构（如物料流图、能量流图）。

多模态数据融合的挑战在于异构性（数据结构与维度不同）、异步性（采样频率与时点不一致）与不完备性（模态间存在缺失）。因此，构建统一的感知表示和建立跨模态耦合模型是核心问题之一。

6.2.2.2 多模态建模框架构成

多模态建模主要包括四个核心模块：特征提取、跨模态对齐、融合表示与下游优化。

(1) 特征提取模块

针对不同模态采用定制化的特征编码方法：

① 图像模态：采用 CNN 或 ViT（视觉转换器）提取视觉空间特征。

② 光谱模态：利用 1D-CNN、LSTM 或自编码器提取时间序列谱图特征。

③ 时序数据：使用 GRU、LSTM、Transformer 捕捉变化趋势。

④ 文本模态：基于 BERT、SciBERT 或 TF-IDF＋LDA（词频-逆文档频率＋潜在狄利克雷分配）进行语义建模。

⑤ 图结构数据：基于 GNN、GraphSAGE（图样本与聚合）或 GCN 建模设备节点间关系。

(2) 跨模态对齐模块

解决不同模态间数据维度、语义不一致的问题。常见方法有：

使用共享注意力机制（如跨模态 Transformer）构建共同表征空间；

利用自监督对比学习（如 SimCLR、MoCo）进行模态间样本匹配；

采用低维嵌入联合学习策略，确保不同模态学习到的语义具有一定可比性。

(3) 融合表示模块

多层融合（早期融合、晚期融合、混合融合）：按信息粒度分阶段融合。

多模态图注意力机制（MM-GAT）：通过权重评估不同模态对当前预测任务的贡献度。

动态加权融合：根据当前工况动态选择最相关的模态信息。

(4) 下游优化模块

用于指导工艺操作优化的建模方法包括：

监督学习模型：XGBoost、随机森林、MLP 用于回归或分类任务。

强化学习：基于 DDPG（深度确定性策略梯度）、PPO 或 SAC（软执行者-评价者）的深度强化学习模型用于动作决策与工艺优化。

多目标进化算法：如 NSGA-Ⅱ结合多模态表示，用于在经济性、环保性、安全性之间寻优。

6.2.2.3 典型应用场景

(1) 垃圾焚烧过程的动态控制

在垃圾焚烧炉中，多模态数据（热红外图像、气体浓度传感器、炉排速度、操作日志等）可用于构建炉温预测模型。利用多模态 Transformer 框架，结合强化学习方法，对风速、一次风、二次风、垃圾投放速率等参数实施动态控制，实现低 NO_x 排放与高能效的平衡。

（2）厌氧消化工艺的产气率优化

在污泥厌氧发酵过程中，气体成分（CH_4/CO_2）、pH、VFA 浓度、微生物群落结构等数据可构成多模态输入。通过 GCN+LSTM 建模微生物间协同作用，结合贝叶斯优化实现进料策略的最优设定。

（3）热解与资源回收路径预测

针对热解过程生成油、气、炭三相物质的比例问题，结合谱图（GC-MS）、图像（热解产物显微图）、结构化（温度/时间）等数据，构建多模态判别模型，实现资源回收路径的动态推荐。

6.2.2.4 多模态优化模型的系统部署路径

数据采集与预处理平台建设：部署多类型传感器、自动采样设备，构建统一数据接口与数据清洗机制。

边缘计算+云端建模架构：部分计算在现场终端完成，复杂建模任务委托云端平台执行。

知识增强建模机制：引入工艺知识图谱与故障库，增强模型对异常态与边界条件的判别能力。

可解释性增强设计：结合 SHAP、Attention 可视化、模态重要性分解等方法，提升模型结果的透明度。

6.2.2.5 当前挑战与未来方向

挑战一：模态不对齐与样本缺失问题严重。需开发稳健性更强的对齐算法与模态补全机制。

挑战二：高频数据的实时处理能力受限。引入高效 Transformer 变体（如 Performer、Informer）是提升处理效率的关键。

挑战三：可解释性与可部署性之间存在矛盾。急需构建“结构透明+运行高效”的轻量级模型。

未来，多模态建模方法将更加关注知识图谱驱动的多源知识融合、联邦学习下的模型协同训练以及跨模态小样本迁移学习等方向，为复杂的固体废物处置工艺提供更为精准、高效、低碳的决策支持。

6.2.3 多模态技术在环境影响综合评估中的应用

环境影响综合评估（EIA）是固体废物处置与资源化项目全过程监管与风险控制中的关键环节。其目标是识别、量化并评估项目在建设及运营期间可能对生态环境、人类健康和区域可持续发展所造成的影响。传统的 EIA 方法以现场监测与专家经验判读为主，依赖单一数据源且对动态变化响应迟缓，难以应对当前高频采样、大数据驱动的环境监管形势。多模态技术通过集成遥感图像、污染物传感器数据、自然语言文本、空间地理信息、社会经济数据等异构模态，为环境影响综合评估提供了新的路径和手段。

6.2.3.1 多模态数据源在环境评估中的主要类型

遥感与图像模态：卫星遥感、多光谱/高光谱成像、无人机影像，可反映地表覆盖变化、污染物扩散路径、植被受损区域。环境监测数据模态：自动站空气质量、地下水监测井、水体污染物浓度、噪声数据，呈时序动态特征。文本与语义模态：环评报告、公众意见反馈、企业环境自查记录、政策文件，蕴含政策语义与主观评价信息。GIS空间模态：地形、土地利用类型、生态敏感区分布、排放源-受体路径建模。结构化统计数据模态：人口密度、工业结构、交通流量、能源消耗等社会经济参数。

这些模态之间具有高度互补性。以污染物迁移为例，遥感可用于监视表层污染溯源，监测数据用于定量验证，文本数据可揭示潜在违规排放行为，而GIS用于建模迁移路径与受体暴露重叠度。

6.2.3.2 多模态环境影响评估建模方法框架

（1）跨模态语义对齐与联合表示学习

跨模态语义对齐是环境场景下的难点。例如，公众反映“刺鼻气味加重”，需与传感器中的硫化氢浓度上升建立对应关系。该任务可通过：

① BERT＋LSTM提取文本中的主诉与情绪倾向；

② 基于Transformer的编码器对污染物浓度序列建模；

③ 利用跨模态注意力机制实现语义匹配。

（2）多模态图建模与影响因果路径识别

通过构建“排放源-介质-受体”多模态异构图（heterogeneous multi-modal graph），将污染源类型、污染路径、传播介质、受影响人群作为节点，模态信息作为属性，用于：

① 基于图注意力网络（GAT）计算受影响程度；

② 利用知识图谱嵌入推理潜在污染路径或生态风险链条。

（3）多目标影响指数预测与评价

环境影响评估通常需要综合考虑多维指标，包括：

① 环境质量影响（如空气质量指数、水体富营养化指数、土地退化指数）；

② 健康风险影响（基于暴露剂量-反应模型估算）；

③ 生态系统服务影响（基于生态功能丧失的经济价值量化）。

多模态融合模型可在预测模块中整合各类模态信息，使用深度神经网络或多任务学习结构，实现不同指标的联合预测。

6.2.3.3 典型应用案例分析

案例一：基于遥感＋文本的填埋场环境风险识别。

通过遥感图像识别新增“黑臭”区域，结合环评报告与群众举报信息，利用BERT模型识别异常描述，再用GCN构建图结构表征风险空间布局，实现对非法排放的自动识别与定位。

案例二：多模态数据驱动的地下水污染归因。

融合地下水监测井数据（时间序列）、历史排污许可记录（文本）、地质层位图（图像），基于图卷积网络构建多层污染因果图谱，最终确定污染主因。

案例三：面向生态保护红线的环境影响等级评估。

结合无人机图像识别、物种调查文本、空间分布图以及历史天气数据库，通过多模态融合网络（FusionNet）训练等级判别器，实现不同项目对生态红线区潜在影响的等级量化。

6.2.3.4 未来发展方向

面向政策评价的多模态逻辑分析：通过对政策文本与实际污染指标数据的模态对比，评估环保政策的落实效果。

与大模型结合的环境语义理解与生成：结合如GPT-4、CLIP等跨模态大模型，提高对复杂多源数据的语义抽取与因果推理能力。

多模态环境预警系统构建：构建具备预测、可解释、响应能力的智能EIA辅助决策系统，支持环境突发事件的早期识别与应对。

6.3 生成式人工智能模型的创新应用

生成式人工智能（generative artificial intelligence，GAI）模型，特别是以生成对抗网络（GAN）、变分自编码器（VAE）、扩散模型（diffusion model）以及大型语言模型（如GPT、Claude等）为代表的新一代智能工具，正在推动固体废物管理向更高层次的智能化与自动化方向发展。生成式模型不仅具备从历史数据中学习潜在分布并生成高质量样本的能力，还可模拟复杂系统的未来演化过程，为处置路径优化、废物流仿真、环境响应预测等提供有效支撑。

6.3.1 固体废物处置路径优化的生成式模拟

固体废物处置路径的优化不仅涉及处置技术的选择，还需综合考虑垃圾组成、能源回收效率、环境影响、经济成本、运输方案及法规约束等多维因子。传统优化方法如线性规划、混合整数规划或启发式算法虽能提供部分方案，但在应对组合爆炸、数据不完备与高维决策空间时存在明显局限。生成式人工智能模型则提供了以数据驱动的路径生成与仿真能力，为处置路径设计与策略优化提供了突破性手段。

6.3.1.1 处置路径优化问题建模

固体废物处置路径可表示为一个图结构，其中节点为处置单元（如预处理、焚烧、厌氧消化、资源回收等），边表示工艺连接或物流路径。路径优化问题本质上可视为“废物流-处理节点-排放端”的多目标组合优化问题，目标函数可包括：总能耗最小化；温室气体排放最小化；资源回收率最大化；运维成本最小化；环境风险约束满足。

6.3.1.2 生成式模型在路径模拟中的作用

（1）基于GAN的路径生成模型

使用图生成对抗网络（graph-GAN），从历史项目案例中学习路径结构分布，生成多样性高但可行性强的候选方案。判别器用于评估路径合法性（如物料流守恒、法律规范匹配），生成器通过迭代进化生成优化路径。

（2）基于VAE的工艺空间嵌入

将处置路径嵌入潜在空间后，用VAE对工艺流程进行降维编码和新路径重构，探索潜在的“未观察但优质”的处理方案，可作为多目标优化的初始种群或备选路径库。

（3）扩散模型用于复杂路径场景模拟

对于耦合度高、节点选择依赖性强的复杂系统（如城市废物协同处理中心），利用扩散模型可逐步构建符合先验约束的优化路径，并实现多方案多场景并行输出。

（4）基于大语言模型的知识增强路径推荐

结合大语言模型（如 ChatGPT）解析处置技术规范、法律文本、历史运行数据等非结构化信息，构建多维知识图谱，为生成式模型提供“知识增强”的结构先验与语义约束。

6.3.1.3 集成优化系统架构设计

生成式路径优化的系统通常包括：

① 数据接口层：接入物料特性数据库、技术工艺参数库、法规与政策文本。

② 路径生成模块：基于 GAN/VAE/扩散模型的处理路径生成。

③ 可行性判别模块：评估技术逻辑正确性、约束满足度与环境影响。

④ 多目标评估模块：采用多目标进化算法（如 NSGA-Ⅲ）对生成路径进行综合打分。

⑤ 可视化与交互界面：实现路径结构图可视化、指标对比与人工筛选功能。

6.3.2 新型资源化技术与材料设计的生成式建模

在固体废物资源化进程中，尤其是在废物衍生材料的高值化利用环节，材料设计与新工艺路径探索是推动资源循环与低碳转型的关键环节。传统材料设计与工艺筛选依赖于大量试验、经验积累与有限参数组合的逐一验证，开发周期长且探索空间有限。生成式人工智能模型则通过深度学习与概率建模的融合，实现材料结构、成分设计与性质预测的“从需求反推结构”建模能力，为新型资源化路径提供加速器。

6.3.2.1 生成式建模在资源化材料设计中的优势

结构-性能空间高效探索：通过生成模型对化学空间、微观结构空间进行概率建模，可在成千上万种可能性中快速生成具有高性能潜力的材料配方或微结构。

反向设计能力强：可根据目标性能指标（如热稳定性、比表面积、吸附能力等），直接反向生成可能的废物基原料组合与处理方式。

节省实验资源与开发周期：在原型材料生成前进行“数字实验”，提高实验命中率，降低研发成本。

6.3.2.2 典型生成模型在材料资源化中的应用方法

（1）基于变分自编码器（VAE）的材料成分生成

针对多种工业废物（如冶炼渣、粉煤灰、污泥灰等），基于其已知化学成分数据，训练 VAE 模型构建潜在变量空间，并在该空间中采样生成新的可行配比，用于开发新型生态建材或吸附剂。

（2）基于生成对抗网络（GAN）的微观结构模拟

在多孔碳材料、纤维复合物等场景中，使用 GAN 模型学习已有材料的微观图像分布，生成具有目标孔隙率、孔径分布的候选结构图样，为 3D 打印与结构仿真提供结构样本。

（3）基于图生成模型的固废分子结构生成

对于从有机固废（如废塑料、食品残渣）中提取的可转化分子，使用 GraphVAE（图变分自编码器）或 MolGAN（分子生成对抗网络）等图生成模型，模拟反应路径与分子组装机制，用于开发可降解聚合物或催化剂载体。

（4）材料-工艺协同生成建模

将处理工艺（热解、碳化、模板合成等）视为过程条件向量，与材料生成模型联动输入，通过条件GAN（CGAN）或扩散模型，实现“材料-工艺-性能”三维协同建模。例如，在开发粉煤灰基吸附剂时，根据设定pH与温度条件自动生成最佳碳化路径与目标结构。

6.3.2.3 生成式设计平台的架构建议

① 知识图谱层：集成物理化学知识、处置工艺流程、环保规范，提供先验约束。

② 材料生成模块：基于VAE、GAN、扩散模型等生成候选结构或配比。

③ 性能预测模块：通过集成机器学习模型预测新材料在不同条件下的性能表现。

④ 可视化模块：展示生成材料的结构、组成、性能雷达图，实现专家交互验证。

⑤ 实验推荐引擎：基于贝叶斯优化框架推荐最优试验组合，提升实验效率。

6.3.3 数据稀缺场景下的虚拟数据生成与增强

在固体废物处置与资源化的研究与工程实践中，许多关键环节仍面临数据稀缺、标签不足、实验代价高昂的问题。这些问题在新污染物识别、新材料性能预测、极端环境反应建模等任务中尤为突出。为缓解小样本难题，生成式人工智能模型提供了虚拟数据生成与增强的新思路，通过在数据空间中构造“可信但未观测”的样本，提高模型的泛化能力与稳定性。

6.3.3.1 数据稀缺问题的典型场景

① 新污染物处置工艺缺乏历史数据：如全氟和多氟烷基化合物（PFAS）、微塑料、锂电池废物等处置路径尚不成熟，相关监测或运行数据不足。

② 极端条件下实验困难：高温高压、强酸强碱等环境下实验代价高、安全风险大，导致数据获取受限。

③ 稀有类标签分布不均衡：如特定工况下才出现的异常排放事件，其样本极少。

④ 小样本任务建模难度大：如新材料设计中针对某类指标的极端优化需求，仅有数十组已知实验数据。

6.3.3.2 生成式数据增强方法体系

（1）基于VAE的结构化数据增强

适用于处理流程、材料组成、传感器序列等结构化数据。通过对潜在空间建模，实现数据平滑插值与目标导向采样，在数据空间中补全过渡区域，提升模型稳健性。

（2）基于GAN的样本重构与对抗增强

针对光谱、图像等模态，训练生成器合成与真实样本相似但不重复的样本，判别器保证生成样本的真实性。适合高维复杂分布的模态数据增强，如FTIR光谱、扫描电子显微镜（SEM）图像等。

（3）条件生成模型（CGAN、CVAE）

通过引入目标属性（如处理温度、污染物浓度）作为条件输入，实现面向目标属性的样本定向增强，提高模型对极端输入条件的适应性。

（4）扩散模型在高分辨率数据合成中的应用

适用于高精度结构图、过程轨迹模拟等复杂模式数据的生成，具备出色的细节建模能力，可用于工艺动态响应或复杂微观图形模拟增强。

（5）结合大语言模型的语义数据增强

适用于环境报告、操作记录、环评文本等非结构化数据。通过大语言模型生成语义一致、格式规范的虚拟样本，提升文本分类与情感识别任务精度。

6.3.3.3 典型应用示例

① 在危险废物识别任务中，使用 CVAE 增强小样本污染物结构特征，实现多类别识别准确率提升 9.8%；

② 在填埋气预测模型训练中，基于 VAE 生成的温度-产气序列增强原始数据集，提升模型稳定性并显著减少欠拟合；

③ 在固废处置知识图谱构建中，利用 GPT 模型生成规范化工艺描述，弥补文本训练数据不足问题。

6.3.3.4 集成增强策略与建模流程建议

① 样本筛选-生成-筛除三阶段机制：先定义真实样本边界，再生成大量候选样本，最后用置信度机制筛除低可信样本。

② 与迁移学习联合使用：通过小样本领域生成增强＋迁移已有模型参数，提高小样本领域建模精度。

③ 引入领域约束的生成控制机制：通过专家规则、物理公式、能量守恒等知识图谱约束生成过程，提高数据物理合理性。

6.3.3.5 未来发展趋势

生成模型与领域知识融合：实现知识驱动的样本生成，提升数据科学意义与可解释性。主动学习联合虚拟样本生成：模型自适应识别“应生成但缺失”的样本区域，实现高效数据闭环。可信性可控的样本评价机制：构建生成样本质量评价指标体系，提升增强数据的可用性与可重复性。

总之，在数据不足、实验受限、类别不平衡等典型问题频发的固体废物处置研究中，虚拟数据生成与增强技术正成为智能建模系统中不可或缺的重要支撑，为推动 AI 在环境工程中的广泛落地提供了坚实基础。

6.4 边缘计算与实时监控的未来趋势

随着传感器技术、工业物联网（IoT）和人工智能模型的快速发展，固体废物管理系统正朝着“感知-分析-控制”一体化的实时智能化演进。特别是在废物流动复杂、空间分布分散的大型处理体系中，传统的云端集中处理模式在数据传输延迟、带宽瓶颈与隐私安全等方面存在明显不足。边缘计算（edge computing）作为一种分布式智能计算范式，通过在靠近数据源处部署轻量化模型与实时决策系统，为固废处置过程提供高效、稳定、智能的动态监测与调控能力。

6.4.1 基于边缘 AI 的实时废物流追踪与调控

固体废物从源头产生、分类收集、运输中转到终端处理，形成了一条复杂的空间-时间多层次物流链。实现对这一路径中废物流的实时感知、智能调控，是提升资源利用效率和环境响应能力的关键。基于边缘 AI 的废物流追踪系统融合边缘计算节点、嵌入式智能识别模型、多模态传感器网络与实时控制策略，构建了覆盖“感知-识别-分析-响应”全过程的智能控制体系。

（1）系统组成架构

边缘节点设备：部署于垃圾投放点、中转站、运输车、处置设施等关键节点，具备本地计算、数据缓存与 AI 模型推理能力。

嵌入式多模态传感器系统：包括图像采集（摄像头）、重量传感器、RFID 读取器、气体传感器、GPS 定位模组等，用于全面感知废物状态、种类与位置。

轻量化边缘 AI 模型：采用微型机器学习（TinyML）、移动网络（MobileNet）、边缘图神经网络（Edge-GNN）等架构，实现图像识别、行为检测、垃圾类型分类与运输轨迹异常识别。

本地响应与远程协同机制：可实现本地异常预警与初步调控，并将关键特征信息上传云端，实现云-边协同分析优化。

（2）关键技术路径

实时图像识别与异常检测：通过边缘设备实时识别垃圾投放行为、违规投放类型，结合背景建模与目标检测算法，提升识别准确率。

基于轨迹数据的运输路径优化：采集车辆 GPS 与负载数据，构建废物流动图，通过图神经网络与边缘优化算法实现动态路径推荐与拥堵规避。

事件驱动的边缘推理机制：在检测到异常事件（如过载、气体泄漏、非法倾倒）时，边缘节点立即启动本地推理模块，提高响应速度。

跨节点协同建模机制：多个边缘节点可基于联邦学习共享模型梯度，实现无须上传原始数据的协同建模。

（3）典型应用实例

① 某城市餐厨垃圾收运系统基于边缘部署的图像识别与 RFID 模块，实现了对垃圾桶装载率、分类准确性和投放时间的连续追踪，运输调度成本降低了 12%；

② 在工业园固废运输场景中，通过嵌入式传感器＋边缘 AI 分析器动态监控运输轨迹与车载浓度，提前发现两次异常倾倒事件并启动应急机制；

③ 利用轻量化 YOLOv5 模型边缘部署，对垃圾转运站投放行为进行实时识别，非法投放识别准确率达 94.6%。

（4）未来发展趋势

① 超低功耗与高计算比边缘芯片研发：如 RISC-V 架构 AI 芯片用于延长边缘设备续航。

② 边缘智能操作系统融合生态构建：推动与现有工业系统［如监控与数据采集（SCADA）、可编程逻辑控制器（PLC）］的接口标准化与模块互联。

③ 与数字孪生平台集成：通过边缘采集数据驱动数字孪生模型实现物理-虚拟双向调控。

④ 结合 5G/6G 等高速网络：提升边缘节点之间协同效率，实现废物流全生命周期闭环管理。

6.4.2 边缘计算支持的污染排放预警与治理

在固体废物处置设施运行过程中，排放污染物（如有毒气体、颗粒物、重金属、恶臭物质）对周边环境与公众健康构成潜在威胁。传统污染监测依赖定点采样与定期上报，难以及时响应突发异常。边缘计算通过在污染排放点部署近源智能感知与分析节点，具备低延迟、高频率、本地决策能力，可实现排放过程的连续监控、实时预警与快速调控，为构建智慧环保系统提供核心支撑。

(1) 系统功能架构

污染感知终端：集成多参数［NO_x、SO_2、$PM_{2.5}$、挥发性有机物（VOCs）、温度、湿度等］传感器与边缘处理模块，部署在烟囱、车间、风口等关键排放节点。

边缘 AI 分析单元：结合时间序列预测模型（如 LSTM、Informer）、异常检测算法（如孤立森林、AutoEncoder）对污染数据进行本地实时分析。

预警与应急响应模块：设定多级阈值和智能判定规则，识别排放异常后触发声光报警、工艺调整或远程联动治理设备。

云-边协同监管系统：边缘节点上传预警摘要与核心特征，云端系统完成区域污染综合建模、政策评估与风险预判。

(2) 关键技术支撑

连续多模态数据流建模：融合气体浓度、电量负载、烟温波动、工艺日志等数据源，实现污染源行为模式的动态识别。

低功耗高频采样优化机制：结合事件驱动采样策略与压缩传输技术，提升边缘节点续航能力与数据有效性。

基于知识图谱的规则推理引擎：引入污染因果关系图谱，辅助判断排放源类型与成因，提升预警准确率。

边缘可解释性 AI 模型部署：采用 LightGBM＋SHAP 等轻量可解释模型，使本地治理策略具备透明决策基础。

(3) 典型应用案例

① 在某垃圾焚烧厂部署边缘气体传感节点，通过 Informer 模型预测 SO_2 浓度波动趋势，实现 5 分钟级预警响应，排放超标率降低 46%；

② 某化工园区在关键废气排放口部署边缘 AI 盒子，通过 AutoEncoder 模型检测到 VOCs 异常激增，联动风机调速系统实现自适应治理。

(4) 未来发展方向

① 面向多污染物协同控制的边缘-云协同模型：提升边缘节点多维感知能力，实现颗粒物（PM）/VOCs/NO_x 等污染物间耦合建模与治理联动。

② 智能治理装备的边缘接口开放：推动治理设备（如脱硫装置、吸附塔等）与边缘节点的实时联动与自主控制。

③ 区域级污染源网络化管理平台构建：通过边缘节点组网构建区域污染源态势图，实现污染分布可视化与协同决策。

边缘计算赋能污染排放的预警与治理系统，将推动系统从“监测驱动”向“智能响应”转变，实现固废处理设施的绿色、安全、透明运行，是智慧环保发展的关键方向。

6.4.3 智能化固废处置设备的边缘技术集成

随着固体废物处置设备智能化趋势不断加快，传统的单机操作向网络化、自主化、实时响应转变。边缘计算作为关键基础设施之一，在智能装备中的集成与协同能力逐渐成为影响系统运行效率与智能化水平的核心要素。通过边缘计算的本地处理、低延时推理与自治控制能力，固废处置设备可实现运行状态的实时评估、设备间协同控制、能耗优化与设备故障预测，推动处置系统向更加高效、节能、安全的方向演进。

（1）边缘计算集成架构

嵌入式边缘计算单元：集成于破碎机、压缩机、焚烧炉、热解装置、分选系统等关键设备中，实现本地数据采集、运行特征分析与策略执行。

边缘 AI 模块：支持图像识别（垃圾识别、火焰图像分析）、传感器信号处理（振动、电流、电压、温度等）和模型推理任务（故障诊断、寿命预测等）。

边缘控制接口：打通设备 PLC 或执行器接口，形成“感知-决策-控制”闭环回路，支持工艺调节、设备启停与异常纠偏。

边缘协同网络：多个设备边缘节点通过局域网或无线通信形成协同体系，支持数据同步与工艺链级联优化。

（2）核心功能模块

设备运行状态感知与异常识别：基于边缘部署的 AI 模型对设备运行曲线进行实时拟合，识别出负载异常、热值波动、能效异常等问题。

预测性维护与自我诊断：结合振动信号、电流波形、声纹分析等特征，利用边缘推理模型预测设备故障概率与剩余寿命，辅助实现维修计划优化。

能耗优化控制与调节：在多台设备协同运行场景下，基于边缘节点分析设备负载状态与能源消耗数据，动态调整运行策略，实现单位处理能耗最小化。

人机交互与远程可视化接口：边缘设备通过嵌入触控屏幕与移动终端连接，支持本地操作监控，同时通过 5G/Wi-Fi（无线保真）传输关键参数至远程中控系统。

（3）典型应用案例

① 某城市垃圾热解装置集成边缘处理模块，实现炉膛内温度场分布的实时建模与燃烧控制曲线自适应调整，使热解效率提高约 11%；

② 某资源化工厂在分选设备集成图像识别边缘单元，实现异物剔除自动识别与分类调控，人工干预率降低 60%；

③ 某大型压缩设备通过边缘振动分析模块进行故障预警，压缩机停机故障率降低 31%，设备有效运转率提高至 96%。

（4）未来发展趋势

① 边缘-设备一体化设计加速：未来处理设备将原生集成边缘处理能力，缩短信号延迟，提升控制实时性。

② 模块化边缘 AI 模型开发：构建可插拔式模型库，实现边缘端模型按需部署与快速切换。

③ 边缘安全防护机制完善：加强边缘端的数据安全、访问权限与异常行为检测能力，确保智能设备的网络安全性。

④ 边缘与工业元宇宙的融合探索：通过边缘数据驱动虚实同步模型，为数字孪生与工业元宇宙应用提供实时数据底座。

总之，边缘技术与固废智能装备的深度融合，正在为构建“自治感知-智能响应-持续演化”的新型固体废物处置系统提供坚实的技术基础，是推进固废处置装备向高效、智能、绿色升级的关键支撑。

6.5 数字孪生技术与智能化模拟

6.5.1 固体废物处置设施的虚拟试验场景模拟

在传统处置系统开发与运营过程中，设施的物理搭建、工艺调试与运维演练高度依赖经验与线下试验，既费时又存在风险。而数字孪生支持的虚拟试验场景模拟通过构建与物理系统一致的仿真环境，使得设计方案评估、运行状态预测、极端工况演练等得以在虚拟空间中提前验证，为固体废物处置设施的智能运维提供了强有力的支持。

（1）虚拟试验模拟平台组成

几何模型层：基于 BIM/CAD（建筑信息模型/计算机辅助设计）构建处置设施空间结构的三维模型，提供物理结构基础。

数据驱动模型层：融合历史运行数据、传感器实时流、控制逻辑等，驱动系统动态行为仿真。

物理建模层：针对关键过程（焚烧、热解、干化、脱附等）建立热力学、流体力学或化学动力学模型。

智能仿真引擎：集成 AI 预测模块、规则引擎与场景驱动机制，实现虚拟环境下的任务交互与演练模拟。

可视化与交互界面：支持 3D 动态展示、工况切换、参数设置、运行跟踪与风险分析。

（2）典型应用功能

工艺流程虚拟调试：在系统上线前进行流程逻辑校验与控制策略仿真，降低初始调试成本与时间。

极端工况应急演练：模拟火灾爆炸、超温超压、废气泄漏等风险事件，评估应急响应方案的可行性与效率。

多方案设计比选：将不同工艺配置导入孪生系统，模拟能源消耗、污染物排放、处理能力等指标，辅助最优方案选择。

新技术预研验证：如新型催化剂反应路径、能源耦合机制等技术路径在数字环境中实现初步验证与敏感性分析。

（3）应用示例

① 某城市焚烧厂在项目建设前构建数字孪生体，完成了七种处理流程方案的运行模拟，最终选定能效最优、排放最稳的组合，节省设计优化时间约 50%；

② 某资源化中心基于虚拟演练平台开展高温废气泄漏模拟，辅助制定了三类应急响应策略，并在年度应急演练中全部通过验证；

③ 某科研机构使用孪生平台评估等离子体热解反应器不同输入条件下的温度分布与焦油生成量，指导物料优化配比。

（4）未来发展方向

① 与边缘计算协同实时驱动孪生系统：实现物理设备状态的高频实时映射，支撑在线仿真与即时优化决策；

② 基于多物理场耦合的高精度模型开发：融合热、流、化、力多物理场特性，提升复

杂过程模拟的准确性；

③ 数字孪生平台与生成式 AI 协同：结合 AI 生成不同控制策略或故障场景，加速试验设计与方案迭代；

④ 构建开放式固废孪生模型库：推动跨机构共享可重用的处理工艺模块与设备模型，提升行业孪生建模效率。

6.5.2 数字孪生技术在设施运行优化中的应用

在固体废物处置设施进入运行阶段后，传统的监测与优化往往依赖周期性人工巡检和静态规则控制，难以及时适应复杂系统内部的非线性耦合变化。数字孪生技术通过构建设施运行的实时数字映射和虚拟反演模型，实现运行参数的动态预测、控制策略的智能调整和运行状态的多维评估，从而显著提升系统运行的稳定性、经济性与环境合规性。

（1）核心优化功能

动态运行监测与趋势预测：孪生体实时同步物理设备状态（如负载、电流、热值、浓度等），结合 AI 预测模型（如 LSTM、Transformer）进行趋势预判与隐患预警。

自适应工艺控制优化：基于仿真结果反向反馈控制策略，如调整风量、加料频率、热解温度等，实现高效低耗运行。

能耗与排放协同优化：通过模拟不同运行条件下的能量转化效率与污染物排放量，实时调整工艺参数以实现“双控”目标。

设备寿命与维护策略评估：利用数字孪生建模设备磨损、腐蚀、老化过程，预测维修窗口，避免突发故障，提高设备可用性与计划性维修比例。

（2）典型应用案例

① 某生活垃圾焚烧厂利用孪生模型与实时数据联动调整一次风与炉排速度，实现碳排放降低 12%，炉温波动减少 38%；

② 某污泥干化设施通过孪生仿真与历史数据训练热效率模型，优化热源切换逻辑，年节省天然气费用达 21 万元；

③ 某危废处置中心集成孪生平台与 AI 报警系统，识别处理单元温控异常趋势，实现提前 6 小时预警并修正投料策略。

（3）关键技术支撑

孪生体-控制系统闭环架构：构建物理系统与仿真模型之间的控制数据闭环，实现在线模型修正与实时策略更新。

多源异构数据融合与建模：整合 SCADA 系统、传感器网络、运维日志等多源数据，提高仿真模型泛化能力。

高性能建模计算平台：采用图形处理器（GPU）加速、分布式仿真、混合建模等方法支持高频率、多目标工况的动态模拟。

运行优化指标体系构建：构建涵盖能耗、排放、负载、效率、风险等多维评价指标，用于模型训练与运行策略评价。

（4）未来发展方向

① 孪生模型与强化学习联合优化控制：实现运行策略的自主学习与滚动优化，适应系统长期动态变化。

② 孪生平台与碳排放核算系统集成：支持精准碳排放估算与低碳运行策略制定，服务“双碳”目标。

③ 多设施协同孪生调度系统构建：实现园区级或城市级固废处置设施之间的协同优化调度与能流平衡。

④ 与移动终端和 AR/VR（虚拟现实）集成的可视化运维：实现运维人员基于可穿戴设备实时访问孪生体，提升操作便利性与智能化水平。

6.5.3 虚实结合的固废治理方案动态反馈系统

在固体废物治理系统中，治理方案往往需依据实际运行数据动态调整。传统方案调整具有滞后性、碎片化、响应慢等问题。通过构建虚实结合的动态反馈系统，即以数字孪生模型为核心，融合实时感知、智能分析与策略反馈机制，可实现治理方案的持续优化与快速响应，显著提升系统应对复杂工况与突发情境的能力。

（1）系统总体框架

物理系统层：包括焚烧、热解、填埋、资源化等处理设施，以及配套传感器网络与执行机构。

虚拟映射层（数字孪生体）：实时同步物理系统状态，驱动运行预测、工艺演练与参数仿真。

智能反馈层：集成 AI 分析模型（如异常检测、优化推荐、因果推理等），形成治理建议或策略修正路径。

交互决策层：将虚拟系统分析结果转化为可执行的操作指令或人员提示，并通过人机接口交互反馈。

（2）关键功能模块

多场景治理方案库：储备不同运行模式、处理工艺、负载变化下的典型治理策略，支持方案匹配调用。

实时差异分析机制：比较当前物理系统状态与孪生模型预测偏差，判断是否触发策略修正。

反馈路径生成与验证模块：根据仿真结果快速生成工艺参数调整路径，并在虚拟环境中进行可行性验证。

治理策略滚动更新引擎：引入强化学习、自适应优化等算法，持续优化策略生成逻辑。

（3）典型应用场景

① 在高湿度垃圾突增情境下，系统自动识别燃烧效率下降趋势，快速生成三种加风-减料组合策略，在孪生平台验证后自动执行，提升热值稳定性；

② 在资源化产物（如炭渣）质量波动时，系统反馈调整温度与滞留时间参数，工艺响应周期缩短约 70%；

③ 针对某填埋场渗滤液异常上升事件，孪生系统快速模拟地下水流动路径并反馈增设截流沟渠建议，提前 72 小时完成处置准备。

（4）发展趋势与挑战

① 虚实联动闭环的强化学习集成：提升系统自适应策略演化能力，实现跨周期、跨季节智能响应。

② 标准化治理反馈模板构建：构建适用于不同固废场景的模块化反馈逻辑与策略规范。

③ 面向多源数据的融合机制优化：增强对图像、传感器、运维日志等数据的统一建模与反馈触发机制。

④ 跨平台部署与多系统联动能力提升：支持与调度系统、监管系统、平台和中台之间的多级联动。

通过构建虚实融合、闭环可控的动态反馈系统，固体废物治理将迈向实时响应、自我学习、智能决策的新阶段，为高效安全、绿色低碳的治理体系构建提供技术保障。

课后思考与练习

1. 请结合《中华人民共和国固体废物污染环境防治法》的结构特点，简述大语言模型（LLM）在政策语义解析中的作用，包括嵌入表示、多头注意力机制与规则图谱构建三个方面，并说明其相较于传统人工解读的优势。

2. 试绘制并说明一个基于 LLM 的固体废物政策解读与执行方案生成系统的整体架构图，明确指出其包含的模块、输入输出内容以及知识图谱的作用路径。

3. 参考“危险废物收运系统建设方案自动生成”案例，请分析该系统是如何利用区域异构数据（如产废量、路线、处置能力）结合微调 LLM 完成个性化方案输出的。请尝试撰写一段 Prompt（提示词）示例，用于引导模型生成具体方案内容。

4. 请结合知识图谱嵌入方法（如 TransE、RotatE），说明其在识别固废跨区非法转运行为中的应用原理。请写出 RotatE 模型中实体向量的旋转表达式，并解释其为何能捕捉非对称与周期性关系。

5. 针对当前基于 LLM 的智能固废治理系统在“数据隐私合规性”与“模型可解释性”方面的挑战，请提出至少两项技术应对策略，并简要评价其适用性与实现难度。

参考文献

[1] 潘杰，王娟，王楠. 大语言模型与谣言：生成与检测的综述[J]. 计算机科学，1-18.

[2] 秦董洪，孔令儒，白凤波，等. 基于大语言模型的开放域对话系统综述[J]. 计算机工程与应用，1-30.

[3] 王坤峰，苟超，段艳杰，等. 生成式对抗网络 GAN 的研究进展与展望[J]. 自动化学报，2017，43（03）：321-332.